国家骨干高职院校工学结合创新成果系列教材

自动化生产线安装与调试

主　编　郭　平
副主编　韦成才
参　编　陈君霞　李晓东　陈　平
主　审　姚开武

中国水利水电出版社
www.waterpub.com.cn

内 容 提 要

本教材共有7个项目：项目1介绍自动化生产线的特点、类型和应用，以及BA-AT-03型自动化生产线的结构和基本功能；项目2介绍西门子S7-1200 PLC的工作原理、编程基础；项目3介绍自动化生产线的核心技术，包括传感器、电机驱动技术、气动控制、工业通信网络技术、变频器技术等基础知识和应用；项目4介绍BA-AT-03型自动化生产线4个单元的安装与调试；项目5介绍自动化生产线整体的安装与调试；项目6介绍触摸屏在自动化生产线中的应用；项目7介绍工业机器人的特点、应用和发展趋势。

本书可作为高职高专电气自动化、机电一体化等专业相关课程的教材，也可以作为相关工程技术人员研究自动化生产线的参考书。

图书在版编目（CIP）数据

自动化生产线安装与调试 / 郭平主编. -- 北京 : 中国水利水电出版社, 2015.1(2021.1重印)
国家骨干高职院校工学结合创新成果系列教材
ISBN 978-7-5170-2956-4

Ⅰ. ①自… Ⅱ. ①郭… Ⅲ. ①自动生产线—安装—高等职业教育—教材②自动生产线—调试方法—高等职业教育—教材 Ⅳ. ①TP278

中国版本图书馆CIP数据核字(2015)第029257号

书 名	国家骨干高职院校工学结合创新成果系列教材 **自动化生产线安装与调试**
作 者	主编 郭 平 主审 姚开武
出版发行	中国水利水电出版社 （北京市海淀区玉渊潭南路1号D座 100038） 网址：www.waterpub.com.cn E-mail：sales@waterpub.com.cn 电话：（010）68367658（营销中心）
经 售	北京科水图书销售中心（零售） 电话：（010）88383994、63202643、68545874 全国各地新华书店和相关出版物销售网点
排 版	中国水利水电出版社微机排版中心
印 刷	北京瑞斯通印务发展有限公司
规 格	184mm×260mm 16开本 11印张 261千字
版 次	2015年1月第1版 2021年1月第2次印刷
印 数	3001—5000册
定 价	**38.00**元

前言

自动化生产线综合应用了电工电子、传感器应用、PLC控制、气动技术等多种技术。本教材基于工作过程组织内容，以典型的自动化生产线为载体，将理论知识和实践技能分解到不同的项目和任务中，提高学生综合运用技术的能力。本教材根据高职高专的教育特点，以“理论知识够用为度，以就业为导向”的高等职业教育指导思想，精选教学内容，体现以技能训练为主线、相关知识为支撑点的编写思路，注重理论与实践的统一。

本教材在内容编排上主次分明，重点突出，力求突出以下特点：

（1）本教材注重对学生的专业技能动手能力的培养，突出教材的可读性和实用性。在编写上，做到理论知识浅显易懂、实践训练内容丰富，基础知识和应用实例有机结合，使学生易学、易懂、易上手。

（2）本书按照“学中做，做中学”的教学理念组织每个教学任务，提高学生的学习兴趣和效率。

（3）结构新颖，以项目任务驱动教学，设定项目内容，提出项目目的，侧重操作技能和工程意识的培养。

（4）图文并茂，实用性强，更易于学生学习理解。

本书由郭平任主编，负责全书内容的组织和统稿。

韦成才任副主编，陈君霞、李晓东、陈平参与了本教材的编写。

本书由姚开武任主审。

由于时间和水平的限制，书中难免存在错误或遗漏之处，恳请广大读者批评指正。

编者

2014年9月

目 录

目 录

项目1 自动化生产线认知

任务1.1 自动化生产线简介

【知识和能力目标】

1. 了解自动化生产线的概念、技术特点和类型。

2. 了解自动化生产线在实际生产中的应用。

1. 自动化生产线的概念

自动化生产线是现代工业的生命线，机械制造、电子信息、石油化工、轻工纺织、食品制药、汽车生产以及军工业等现代化工业的发展都离不开自动化生产线的主导和支撑作用，其在整个工业及其他领域中也有着重要的作用。

自动化生产线是在自动化专机的基础上发展起来的。自动化专机是单台的自动化设备，它只能完成产品生产过程中单个或少数几个工序。在工序完成后，经常需要将已完成的半成品及生产过程信息采用人工方式传送到其他专机上继续新的生产工序。这种生产方式，特别是人工的参与过程，不但降低了生产效率，也给产品的质量带来了隐患，不利于实现产品生产的高效率和高质量。

自动化生产线是产品生产过程所经过的路线，即从原料进入生产现场开始，经过加工、运送、装配、检验等一系列生产线活动所构成的路线。自动化生产线按照产品的生产流程，通过自动化输送系统及其他辅助装置，将各种自动化专机连接成一体，使整个系统按照规定的程序自动地工作，省去了专机之间的人工参与过程。这种生产方式的优点是缩短了生产周期，提高了生产效率，稳定和提高了产品质量，降低了劳动强度，缩小了生产占地面积，提高了经济效益，有利于产品更新。

2. 自动化生产线的技术特点

自动化生产线技术的最大特点是综合性和系统性。

技术的综合性指的是将机械、气动、传感检测、电机驱动、PLC、网络通信以及人机界面等多种技术进行有机结合，并综合应用到自动化生产线上。

技术的系统性指的是自动化生产线上的传感检测、传输与处理、分析控制、驱动与执行等部件在微处理单元的控制下协调有序地工作，并通过一定的辅助设备构成一个完整的机电一体化系统，自动地完成预定的全部生产任务。

3. 自动化生产线的类型

自动化生产线的类型多种多样，可按其不同的特征进行分类。根据工作性质不同可以分为切削加工自动线、装配自动线及综合性自动线等；根据工件输送方式可分为料槽输送自动线、机械手输送自动线、传送带输送自动线以及带随行夹具的自动线等；根据生产批量的大小又可分为大批大量生产的专用自动线和多品种成批生产的可变自动线；根据自动线生产节拍特性分为固定节拍自动线和非固定节拍自动线；根据生产线对加工任务的适应性可分为刚性自动线和柔性自动线。

刚性自动化生产线主要通过机、电、液、气等硬件控制方式实现，只能生产某种或工艺相近的某类产品，表现为生产产品的单一性。刚性自动化生产线生产率高，但柔性较差，当加工工件变化时，需要停机、停线并对机床、夹具刀具等工装设备进行调整或更换，通常调整工作量大，停产时间较长。刚性自动化生产线一般用在产量稳定的大批量生产的场合。

柔性自动化生产线是一种技术复杂、高度自动化的系统，它将微电子学、计算机和系统工程等技术有机地结合起来，理想和圆满地解决了机械制造高自动化与高柔性化之间的矛盾。柔性自动化生产线不仅可以将人力从繁重或重复性劳动中解放出来，而且可以大大降低新品上线的成本。也就是说，当有新品推出时，工厂只需更换新品的模具或夹具即可，而无需重造或更换整条生产线，以实现生产的柔性化，最大限度地降低固定资产的成本。柔性自动化生产线一般应用在多品种、中小批量生产的场合。

4. 自动化生产线的发展趋势

自动化生产线的发展趋势是提高可调性，扩大工艺范围，提高加工精度和自动化程度。为了适应中小批量、多品种产品装配的要求，需要建立没有固定装配节拍、能够自动从装配一种零部件转换到装配另一种零部件或机器的柔性装配系统。也就是说，自动化生产线将发展成为能快速调整的可调自动化生产线，能满足生产商适时变化的生产要求。在这种系统中，采用各种有一定的视觉、触觉和决策能力的多关节装配机器人和自动传送装置，增加了自动化生产线在生产过程中的灵活性，能实现多品种、中小批量生产的自动化。多品种可调自动化生产线技术的发展，降低了自动化生产线生产的经济批量，而且在机械制造业中的应用越来越广泛，更为可观的是已经向高度自动化的柔性制造系统发展。

5. 自动化生产线的应用

自动化生产线作为大批量生产核心的组件将机械技术、电工电子技术、网络通信技术、传感器技术、信息技术等融为一体，是典型的机电一体化设备。它在汽车制造、机械加工、食品加工、家用电器、建筑材料等领域有着广泛的应用。

图 1.1 所示为某汽车公司的自动化冲压生产线。采用了 7 台冲压专用机器人，应用先

图 1.1 自动化冲压生产线

进的冲压视觉对中系统和全线监控系统等最新软件技术，将原有卡车生产中的人工手动操作提升为全线自动化生产，大幅提升了生产效率和质量稳定性，降低了次品率。

图 1.2 所示为某公司的果蔬汁罐装饮料生产线。果蔬汁罐装饮料生产线主要包括吹瓶部分、水处理部分、果汁饮料调配部分、灌装部分、包装部分等。生产线的高速运转，年产量可达到 12 万 t，极大地提高了生产效率，增强了企业的竞争能力。

图 1.2　果蔬汁罐装饮料生产线

图 1.3 所示为某公司的药品全自动包装生产线。生产线集光、机、电、气于一体，由计算机控制，完成铝塑泡罩包装和自动折叠药品说明书及药版的纸盒包装全自动连续运行的药品包装。该产品具有先进的自检功能，自动识别破泡罩、缺药、缺药版、缺说明书等版块，具有空盒检测记忆，并可对废品 100%剔除。

图 1.3　药品全自动包装生产线

图 1.4 所示为某汽车公司的焊装车间自动化生产线。该焊装车间自动化程度达到了 90%，拥有 231 台机器人。大量机器人的运用，进一步保证了焊接品质，提高了质量稳定性。焊装车间采用了组合式夹具，采用柔性化生产线，可同时应对 6 种车型的复合生产，各分总成均采用自动化生产线，并通过机械化输送系统送往下一生产工位。此外，为了保证产品品质，焊装车间内运用了 4 台机器人检查系统，通过严格鉴定每台车身的焊接品质，严格把好质量关。

图 1.4 某汽车公司的焊装车间自动化生产线

任务 1.2 BA－AT－03 型自动化生产线

【知识和能力目标】

1. 了解 BA－AT－03 型自动化生产线各组成单元及其基本功能。
2. 认识 BA－AT－03 型自动化生产线的系统运行方式。

由于生产的产品不同，各种类型的自动化生产线的规模不一，结构有别，但是自动化生产线的核心技术和功能实现方式几乎都是相同的。本教材将以 BA－AT－03 型自动化生产线实训装置为载体，对自动化生产线的使用、安装、调试及维护等应用技术进行介绍。

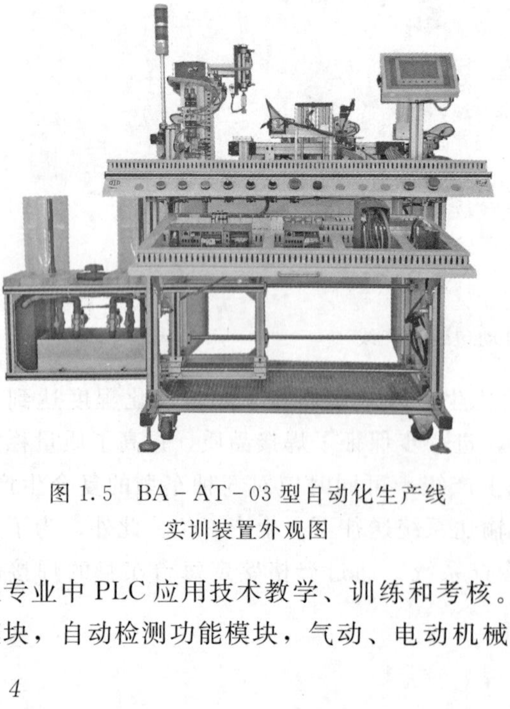

图 1.5 BA－AT－03 型自动化生产线实训装置外观图

1. BA－AT－03 型自动化生产线概述

BA－AT－03 型自动化生产线实训装置如图 1.5 所示，该装置由以下 4 个单元组成：供料加工单元、输送单元、分拣单元、机械手翻转单元。

该实训设备以西门子最新应用于制造行业中的 SIMATIC S7－1200 为核心，配合工业总线通信接口，集成变频器、人机界面、通信网络、多种传感器，实现自动化技术相关专业中 PLC 应用技术教学、训练和考核。设备包含：自动送料功能模块，传送带功能模块，自动检测功能模块，气动、电动机械手功能模块，PLC 与变频器控制系统，直流调速模块，步进驱动模块，报警功能模块，人机界面 PLC 网络通信系统，气动控制系统等，构成自动分拣与姿势调整的主从工作站。

BA－AT－03 型自动化生产线实训考核设备是一种典型的自动化生产线的机械平台，系统各机构采用了气动驱动、变频器驱动和步进电机位置控制技术，体现了“核心技术一体化”教学模式，在教学内容上对核心技术进行了扩充、深化和丰富，可以激发学生的学习兴趣和钻研精神，让学生在实例的导向下，综合各种不同的课程、不同的实验实训以及各个不同学习阶段的学习内容，全面了解和掌握核心技术及其应用，并提高核心技术的综合应用能力，开拓学生的专业思路，对其技术创新能力的培养起到了潜移默化的作用。

图 1.6　供料单元

2. BA－AT－03 型自动化生产线各工作单元介绍

(1) 供料单元（图 1.6）。供料单元的主要配置有大工件装料管（料仓）、送料气缸、磁感应接近开关、光纤传感器等。供料单元的基本功能是：按照需要将放置在料仓中的工件自动送出到传送带上，以便输送单元的皮带传动装置将工件运送往下一个工作单元。

(2) 机械手翻转单元（图 1.7）。机械手翻转单元的主要配置有支架、直流电机、气动手指、电磁阀组、薄型气缸等。机械手翻转单元的基本功能是：按照需要将传送带上姿势摆放不正确的工件通过机械手夹取并翻转进行工件姿势的矫正，然后将他们重新放到传送带上。

图 1.7　机械手翻转单元

(3) 输送单元（图 1.8）。输送单元的主要配置有三相交流电动机、光电编码器、电感式传感器、电容式传感器、光电传感器、皮带、变频器等。输送单元的基本功能是：按照需要将静置在传送带上的工件自动送往其他工作单元，并对传送带上的工件进行材质、颜色以及工件的摆放姿势的判别从而分辨工件的信息以供分拣单元对工件进行分拣和机械手翻转单元对工件摆放姿势的矫正。

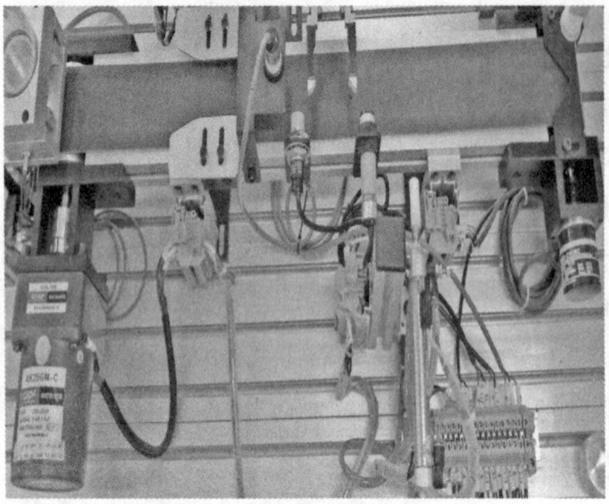

图 1.8 输送单元

（4）分拣单元（图 1.9）。分拣单元的主要配置有电磁阀组、直行气缸、步进电动机、丝杆、步进电动机驱动器等。分拣单元的基本功能：将上一单元送来的工件进行分拣，使不同颜色和材料的工件分拣到不同的立式料仓。

3. 自动化生产线工作运行方式

BA-AT-03 型自动化生产线由 4 个工作单元组成，配备有 2 台西门子 S7-1200 系列 PLC，控制每一个单元的执行功能。生产线可以采用工业以太网进行通信，有手动工作和自动工作两种工作模式。手动工作模式时，通过单元的主令信号和系统中各个传感器，可以实现该生产线的一个单步的运行操作。自动工作模式时，通过工业以太网互联成一个整机系统运行，各个单元通过网络进行数据通信，各运行设备之间能自动协调工作，实现了自动化生产线整机稳定有序地运行。

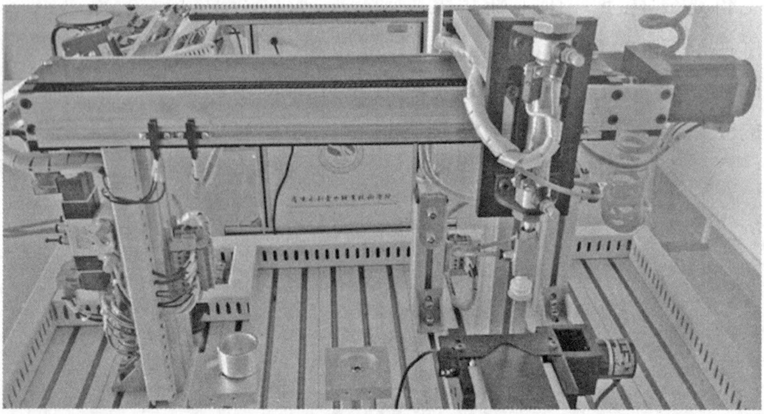

图 1.9 分拣单元

项目2　S7－1200可编程控制器（PLC）技术应用

任务2.1　S7－1200 PLC认知

【知识和能力目标】

1. 了解S7－1200 PLC的特点与基本结构。
2. 掌握S7－1200 PLC的工作原理。
3. 掌握S7－1200 PLC的程序结构。

2.1.1　S7－1200 PLC的特点与基本结构

1. S7－1200 PLC的特点

传统的生产机械自动控制装置多采用继电器、接触器控制，称之为继电器控制系统。继电器控制系统具有结构简单、价格低廉、容易操作等优点；同时又具有体积庞大、生产周期长、接线复杂、故障率高、可靠性及灵活性差等缺点。为解决这类问题，在20世纪60年代末研制出了可编程控制器。

可编程序控制器（Programmable Logic Controller，PLC），实质上就是一种工业控制计算机，是为了满足工业控制的要求而设计的控制器。PLC是综合了计算机技术、自动控制技术和通信技术而发展起来的一种通用工业自动控制装置，具有体积小、功能强、可靠性高及维护方便等一系列优点，已成为工业领域的主流设备。PLC是目前最可靠的工控机，也是工业控制的三大支柱（机械人、PLC、CAD/CAM）之一。PLC控制系统示意图如图2.1所示。

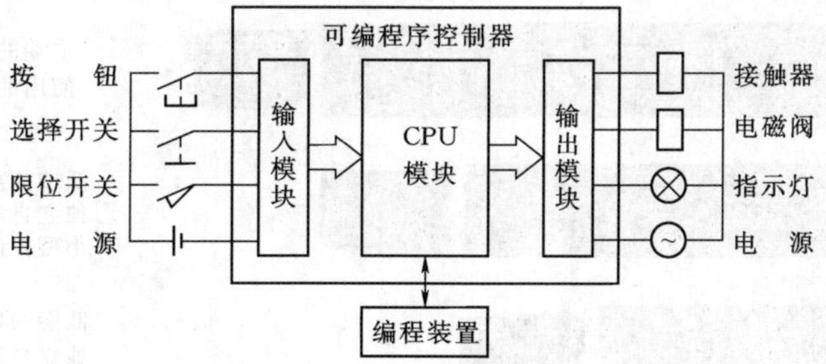

图2.1　PLC控制系统示意图

在BA－AT－03型自动化生产线中，使用2个西门子S7－1200系列的PLC来进行控制。SIMATIC S7－1200是西门子公司推出的新一代的模块化小型PLC，主要面向简单而高精度的自动化任务。S7－1200结构紧凑、成本低廉、组态灵活且具有功能强大的指令集，内置PROFINET端口，利用PROFINET网络CPU可以用于编程或与HMI面板、其他CPU通信。S7－1200是S7－200的后续版本，包含了S7－200的原有功能并新增了更多功能，可以满足更广泛领域的应用。西门子S7－1200系列PLC外形图如图2.2所示。

图2.2　S7－1200系列PLC外形

西门子公司的PLC型号原来主要有S7－200/300/400。S7－200产品是西门子公司利用收购的一家美国公司开发软件和产品，为了能够争夺PLC的低端市场而整合上市的，而S7－300/400主要是面向中高端市场的。S7－200采用STEP7 Micro/Win编程，而S7－300/400采用的是STEP7编程。2009年S7－1200应运而生，S7－1200是S7－200的替代而不是简单升级，在欧美低端市场将全部被S7－1200产品覆盖，在我国S7－1200的市场占有率也在逐年递增。S7－1200的定位是中低端小型PLC产品，硬件结构由紧凑模块化结构组成，系统I/O点数、内存容量，均比S7－200多出30%，是在充分考虑客户多年需求的基础上精心设计的。图2.3所示为西门子PLC产品定位。

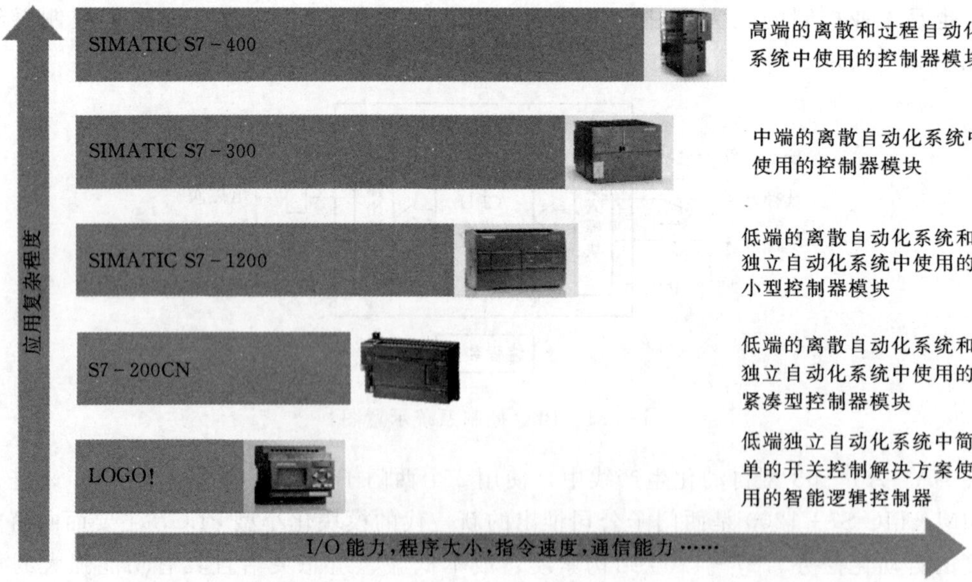

图2.3　西门子PLC产品定位

2. S7－1200 PLC 的基本结构

SIMATIC S7－1200 PLC 硬件采用模块化结构。所谓模块化，即它的硬件是由机架和模块组成，模块插在模块插座上，后者焊在机架中的总线连接板上，有不同槽数的机架供用户选用。用户可以选用不同档次的 CPU 模块、品种繁多的 I/O 模块和功能模块，对硬件配置的选择余地较大，维修时更换模块也很方便。基于模块化设计的 S7－1200 PLC 系统主要由导轨和各种模块组成，构成硬件系统的主要模块有 CPU 模块、信号板、信号模块、通信模块。下面简单介绍各个模块的功能。图 2.4 为 S7－1200 系列 PLC 的组成模块。

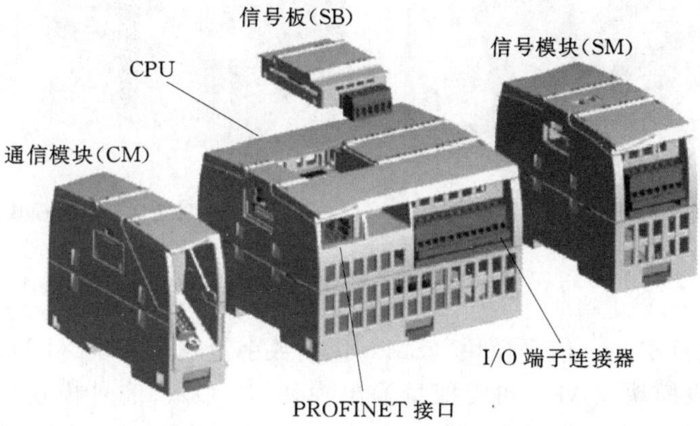

图 2.4　S7－1200 系列 PLC 的组成模块

(1) 导轨。导轨是安装 S7－1200 的机架，导轨用螺钉紧固安装在支撑物上，S7－1200 PLC 的所有模块均直接安装在导轨上。所有的 SIMATIC S7－1200 硬件都具有内置安装夹，能够方便地安装在一个标准的 35mm DIN 导轨上。

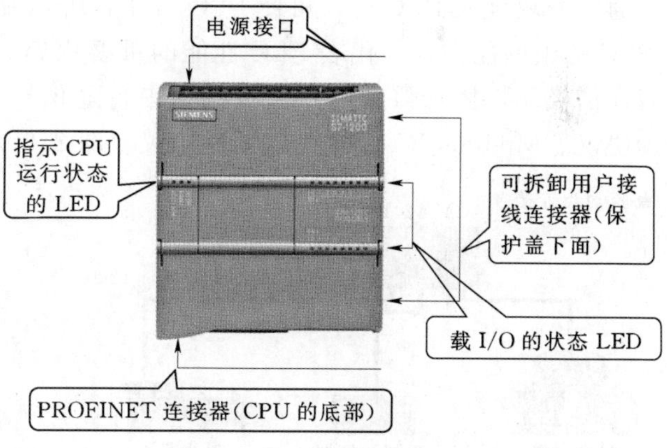

图 2.5　S7－1200 CPU 模块

(2) CPU 模块。CPU 模块跟一般计算机系统一样，是 PLC 的控制中枢，用来执行用户程序。S7－1200 CPU 中集成有 PROFINET 以太网接口，6 个高速计数器，2 点高速脉 (PTO) 或脉宽调制 (PWM) 输出，16 个具有参数自整定功能的 PID 控制器，能完成速度和位置控制的 PLC open 运动功能块。目前，西门子公司提供 CPU1211C、CPU1212C 和 CPU1214C 三种类型，不同的 CPU 模块提供不同的特性和功能，可以有效帮助用户针对不同应用创建解决方案。S7－1200 CPU 模块如图 2.5 所示。

(3) 信号板 (SB)。信号板为 S7－1200 PLC 所特有，信号板可以在不改变 CPU 体积的条件下，给 CPU 添加少量数字量或模拟量 I/O 通道。信号板有 8 种型号，拆卸方便，可以按照实际的应用需求进行选择。信号板安装如图2.6所示。

图2.6　信号板安装

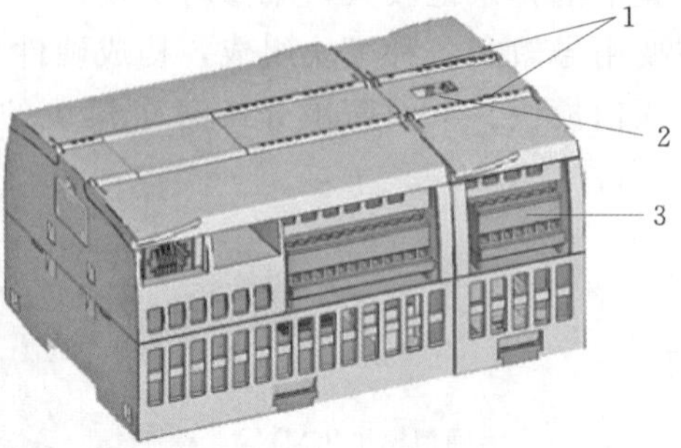

图2.7　信号模块

1—信号模块I/O的状态LED；2—总线连接器；3—可拆卸用户接线连接器

（4）信号模块（SM）。信号模块（SM）包括数字量输入模块（DI）、数字量输出模块（DO）、模拟量输入模块（AI）和模拟量输出模块（AO）。信号模块安装在CPU右侧，不同的CPU可扩展模块数不一样，最多可以扩展8个信号模块。信号模块如图2.7所示。

（5）通信模块。S7－1200 CPU最多可以添加3个通信模块，安装在CPU模块的左侧。通信模块接入PLC后，可使PLC与计算机，或PLC与PLC进行通信。通信模块代表PLC的组网能力，是代表PLC性能的重要内容。通信模块为RS485和RS232接口的串行通信模块，执行强大的点到点高速串行通信，支持协议包括ASCII通信协议、USS驱动协议、Modbus RTU主站和从站协议。图2.8为利用通信模块进行串行通信。

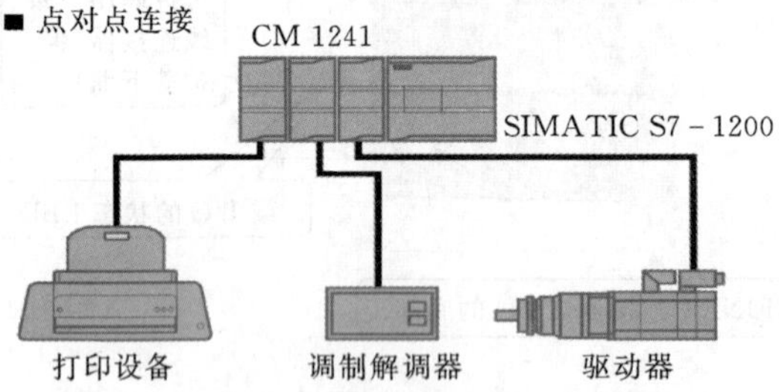

图2.8　利用通信模块进行串行通信

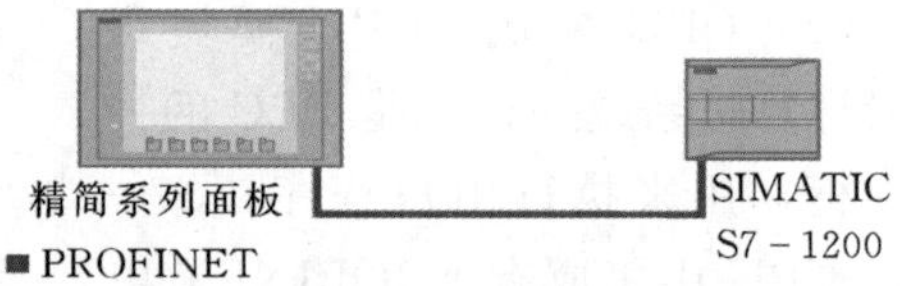

图2.9　S7－1200与精简系列面板的通信

（6）SIMATIC HMI精简系列面板。SIMATIC HMI精简系列面板的触摸屏操作直观，有4in、6in、10in和15in四种规格，其防护等级为IP65，可以在恶劣的工业环境中使用。S7－1200与SIMATIC HMI精简系列面板两者使用同一个软件，可同时组态，编程控制器与HMI均采用工业以太网接口，堪称无缝兼容。图2.9为S7－1200与精简系列面板的通信。

（7）集成的PROFINET接口。工业以太网提供了针对制造业控制网络数据传输的以太网标准。该技术基于工业标准，利用了交换以太网结构，具有很高的网络安全性、可操作性、实效性，且成本低，可最大限度地满足用户的需求。PROFINET 是新一代基于工业以太网技术的自动化总线标准，为自动化通信领域提供了一个完整的网络解决方案。

S7－1200 集成有 PROFINET 接口，可以用来与 STEP 7 Basic 软件通信，或与 HMI 面板通信，或与其他 CPU 通信。此外，它还通过开放的以太网协议支持与第三方设备的通信。图 2.10 为利用 PROFINET 实现自动化控制网络。

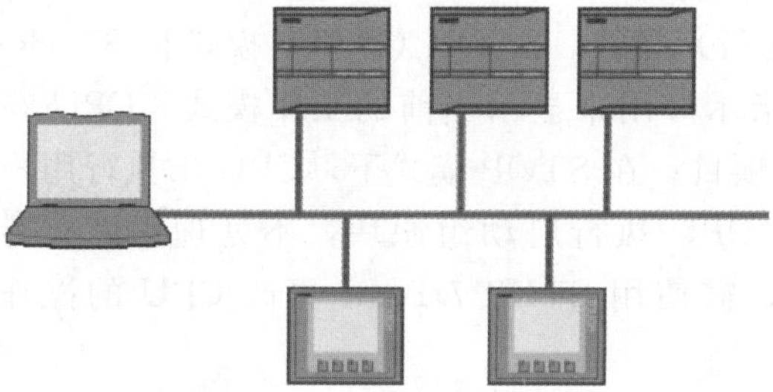

图 2.10　利用 PROFINET 实现自动化控制网络

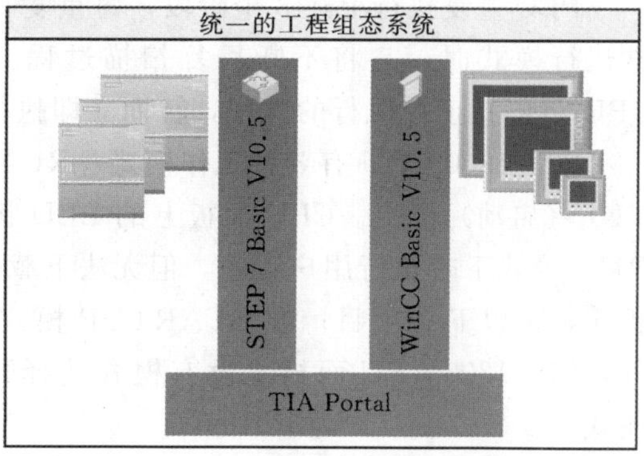

图 2.11　编程工具 TIA Portal

（8）编程软件。SIMATIC STEP 7 Basic 是西门子公司开发的高集成度工程组态系统，包括面向任务的 HMI 智能组态软件 SIMATIC WinCC Basic。上述两个软件集成在一起，称为 TIA（Totally Integrated Automation，全集成自动化）Portal，它提供了直观易用的编辑器，用于对 S7－1200 和精简系列面板进行高效组态。除了支持编程以外，STEP 7 Basic 还为硬件和网络组态、诊断等提供通用的工程组态框架。STEP 7 Basic 提供了两种编程语言（LAD 和 FBD）。有两种视图：Portal（门户）视图，可以概览自动化项目的所有任务；项目视图，将整个项目（包括 PLC 和 HMI）按多层结构显示在项目树中。编程工具 TIA Portal 如图 2.11 所示。

2.1.2　S7－1200 PLC 的工作原理

PLC 是一种工业控制计算机，其工作原理建立在计算机工作原理基础之上。PLC 的工作方式是一种不断循环的顺序扫描工作方式，程序的执行是按照顺序逐条依次完成，然后又返回第一条指令开始新一轮的扫描。PLC 的工作过程一般可分为 3 个主要阶段：输入采样阶段、程序执行阶段和输出刷新阶段，如图 2.12 所示。

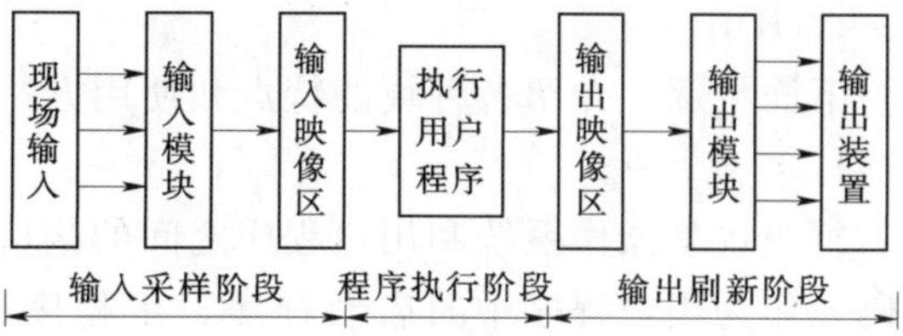

图 2.12　PLC 的工作过程

（1）输入采样阶段。PLC 上电后，首先完成硬件和软件的初始化操作，然后 PLC 将所有物理输入点上的状态复制到输入过程映像区中存储。在整个工作周期中，采样结果的内容不会改变，而且这个采样结果将在 PLC 执行程序时被使用。在非输入采样阶段，即使外部输入状态发生变化，程序也不读入新的输入数据，目的是为了提高PLC的抗干扰能力和可靠性。

（2）程序执行阶段。PLC逐条按顺序扫描用户程序（从上到下，从左到右），同时进行逻辑运算和处理，再将程序执行的结果写入输出映像区中保存。程序执行的结果在整个程序未执行完毕之前不会输出到端口。

（3）输出刷新阶段。在执行完用户所有程序后，PLC将输出过程映像区中的数据复制到寄存输出状态的输出锁存器中，最后通过输出端子驱动用户设备。

PLC重复执行上述3个阶段，每重复一次的时间称为一个扫描周期。当PLC处于正常运行模式时，它将不断重复扫描过程。如果程序中使用了中断，发生中断事件时，CPU将停止正在执行的程序，转而立即执行中断子程序。

S7－1200 CPU有3种工作模式：RUN（运行）模式、STOP（停机）模式和STARTUP（启动）模式。CPU面板上的LED状态指示灯用来显示当前的工作模式。CPU在RUN模式下时执行用户程序，但无法下载任何项目；在STOP模式下，CPU不执行用户程序，可以下载项目；在STARTUP模式下，CPU执行启动组织块，不处理中断。另外，S7－1200 CPU面板上没有模式选择开关，需使用STEP 7 Basic更改CPU的操作模式。

2.1.3　S7－1200 PLC的程序结构

S7－1200 CPU支持模块化编程，即将一个复杂程序分解成若干个独立的、较小的程序段，目的就是降低程序复杂度，使程序设计、修改、调试和维护等操作简单化。S7－1200提供各种类型的块，可以存放用户程序和相关数据。根据需要，用户程序可以由不同的块构成，用户在SIMATIC STEP 7 Basic中生成用户程序，然后将它下载到CPU中。各种块的关系如图2.13所示。

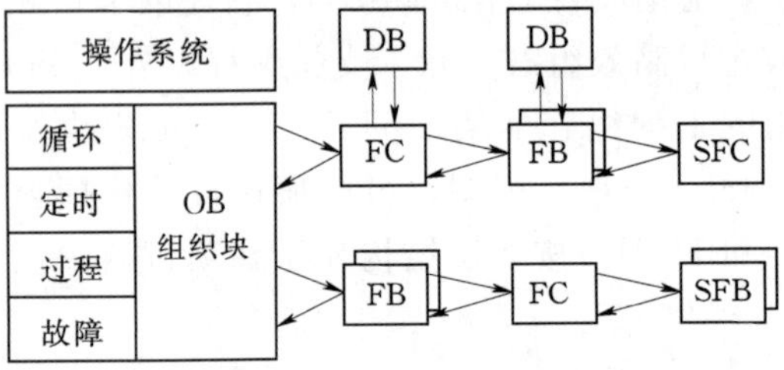

图2.13　各种块的关系

S7－1200中主要有以下几种类型的块：①组织块（Organization Block，OB）；②功能（Function，FC）；③功能块（Function Block，FB）；④全局数据块（Global Data Block，DB）；⑤背景数据块（Instance Data Block，IDB）

下面将逐一介绍各种块的特点和使用方法。

1. 组织块

组织块是操作系统和用户程序之间的接口，由操作系统来调用。用户在组织块中编写代码，作为用户程序中的启动程序、主程序、各种中断响应程序以及错误处理程序等。S7－1200提供大量的组织块，用组织块可以创建在特定的时间执行的特定程序，或者响应特定时间段程序。

（1）程序循环组织块。程序循环组织块OB1是用户自己编写的主循环组织块，相当于高级语言的主程序或主函数，是必须要有的，通过它调用其他的FC和FB程序块。PLC运行时反复执行OB1中的程序。程序循环组织块OB1的优先级等级最低，可被其他各种类型的程序处理中断。

（2）启动组织块。当 CPU 从停止状态改变为运行状态时，首先执行一次启动组织块，来完成程序的初始化。当启动组织块执行完后，程序循环组织块才开始执行。默认的启动组织块为 OB100。

（3）中断组织块。中断是由硬件驱动或者软件驱动的信号，中断信号使 CPU 暂停正在执行的程序，并进入中断服务程序。如果没有中断事件，CPU 循环执行 OB1；如果出现中断事件，因为 OB1 的中断优先等级最低，系统会执行完当前程序的当前指令后，立即响应中断，执行该事件的组织块（即中断程序）。CPU 根据分配给各个组织块的优先级来确定中断事件的处理顺序，优先级高的组织块可中断优先级低的组织块。

2. 功能和功能块

功能和功能块都是用户自己编写的程序块，相当于其他高级语言中的子程序。用户可以在功能和功能块中编写程序，然后在主程序 OB1 中调用。功能没有自己的存储区，如果需要长期存储数据，可将输出值赋给全局存储器，如 M 存储器或全局数据块。可以在程序的不同位置多次调用同一个功能，这可以简化重复执行的任务的编程。功能没有固定的存储区，功能执行结束后，其临时变量中的数据就丢失了。可以用全局数据块或 M 存储区来存储那些在功能执行结束后需要保存的数据。而功能块拥有自己的存储区，即背景数据块，通过背景数据块传递参数，因此在调用功能块时必须指定一个背景数据块。调用同一个功能块时使用不同的背景数据块，可以控制不同的设备。

3. 全局数据块和背景数据块

数据块就是用来存储数据的区域，分为全局数据块和背景数据块。全局数据块是所有的逻辑块（OB、FC、FB）都可以使用的数据区，需要用户自己编辑全局数据。背景数据块是和某个 FB 相关联，即作为功能块的存储区域。背景数据块是由编辑器自动生成的，不由用户编辑。

任务 2.2　S7－1200 程序设计入门

【知识和能力目标】

1. 熟悉 STEP 7 Basic 编程软件。
2. 掌握 S7－1200 PLC 的硬件组态。
3. 掌握 S7－1200 PLC 的程序设计方法。
4. 掌握 S7－1200 PLC 的编程指令。

2.2.1　STEP 7 Basic 编程软件

TIA Portal 集成各种 SIMATIC 产品，包括用于 SIMATIC 控制器编程的 SIMATIC STEP 7 Basic 以及用于 HMI（人机界面）的智能组态软件 SIMATIC WinCC Basic 等。TIA Portal 中各种产品协同工作，可以在同一个工程组态系统中完成 PLC 组态和可视化任务。用于编程（STEP 7）和可视化（WinCC）的组件并不是单独存在的软件，它们的所有数据均存储在一个可访问的公共项目文件中，这样可以更快速、高效地开发 HMI 应用程序。STEP 7 Basic的功能包括PLC编程、硬件和网络组态、诊断等。

1. STEP 7 Basic系统要求

安装SIMATIC STEP 7 Basic V10.5对计算机的要求如下：

（1）处理器类型：Pentium 4，1.6GHz或类似。

（2）内存容量：至少1GB以上。

（3）硬盘空间：至少2GB以上。

（4）操作系统：Windows XP Professional SP3或Windows 2003 Server R2 StdE SP2或Windows 7（Home Premium、Professional、Enterprise、Ultimate），Windows 2008 Server StdE R2。

（5）显卡：32MB RAM，32位颜色深度。

（6）屏幕分辨率：1024×768像素。

（7）网络：10Mbit/s以太网或更快。

2. 安装STEP 7 Basic

软件安装的具体步骤如下：

（1）双击文件夹“STEP 7 Basic V10.5”中的“Start”，开始安装软件。刚开始安装程序要进行初始化操作，需要等待几分钟，如图2.14所示。

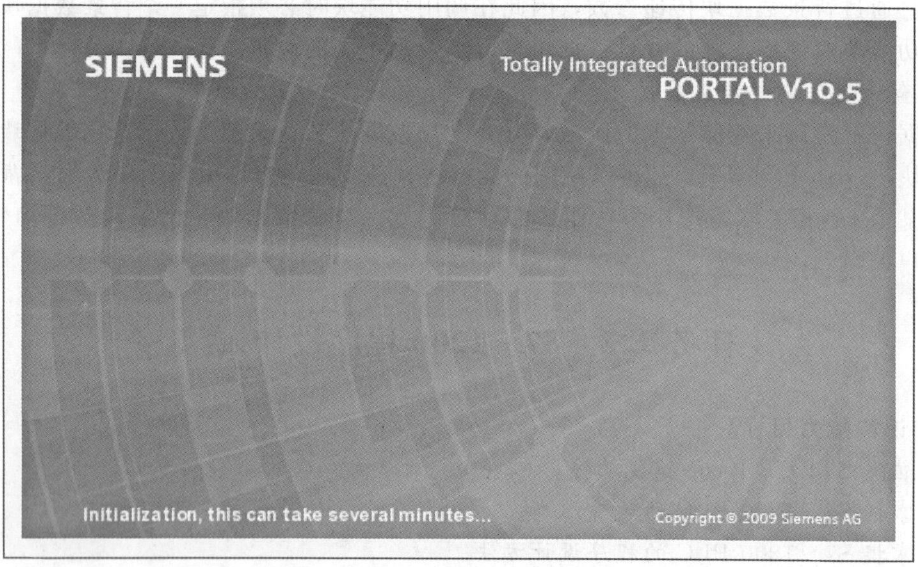

图2.14　安装程序初始化操作

（2）在选择安装语言对话框中，选择需要的安装语言，点击“Next”按钮，如图2.15所示。

（3）在选择产品语言对话框中，采用默认设置，只有英语显示，如图2.16所示。

（4）在产品安装路径对话框中，选择所需的安装路径，如图2.17所示。接下来是软件的安装信息以及软件授权协议，如图2.18所示。选择接受显示的许可证协议条款，点击“Install”按钮，开始安装软件。

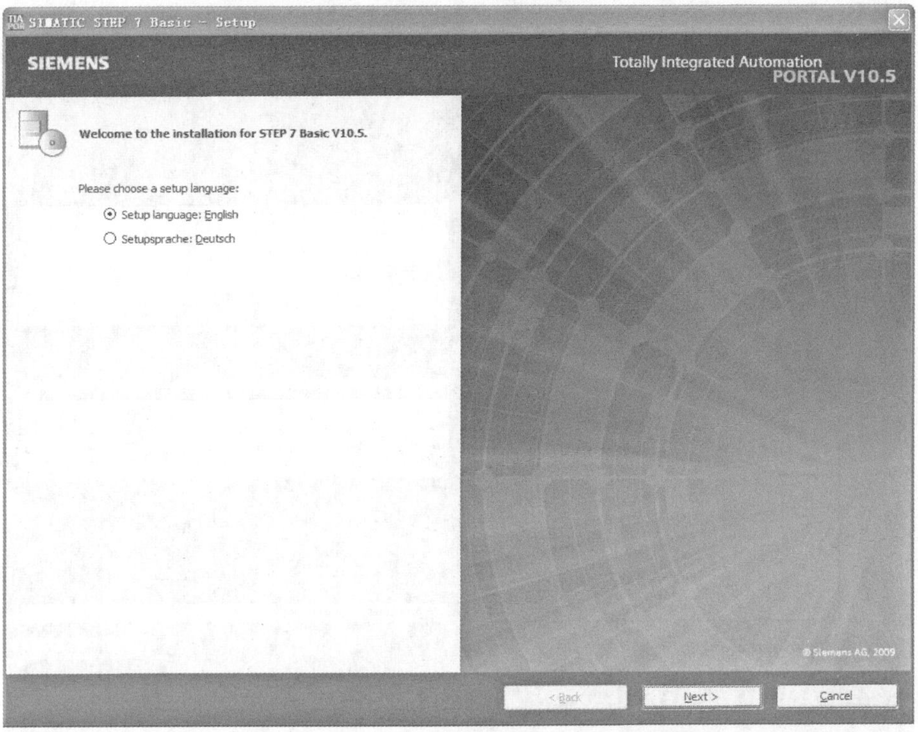

图 2.15　选择安装语言

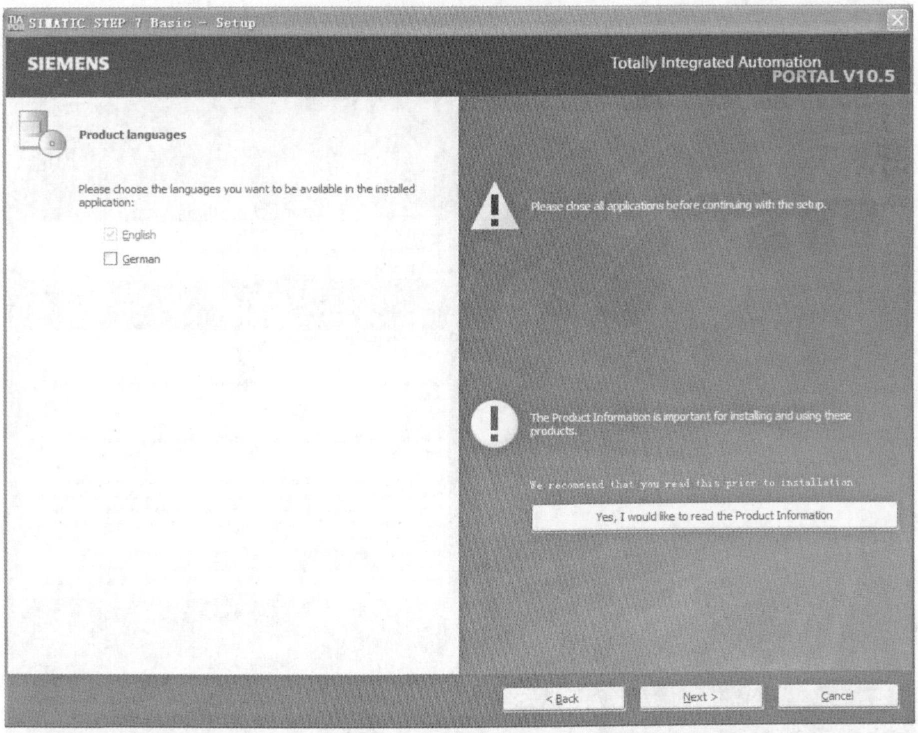

图 2.16　选择产品语言

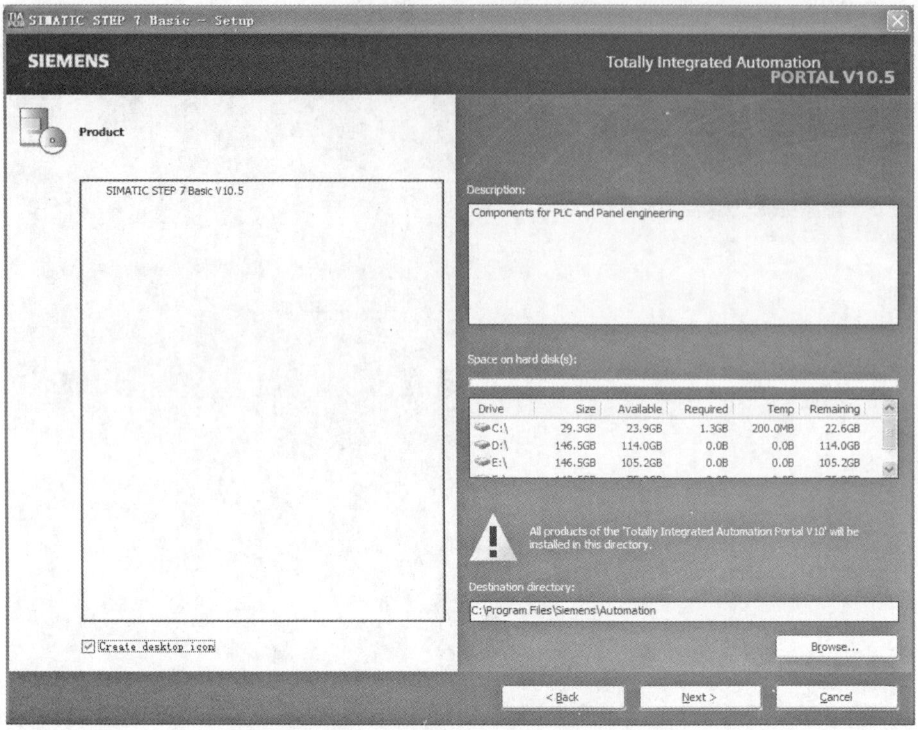

图 2.17　选择安装路径

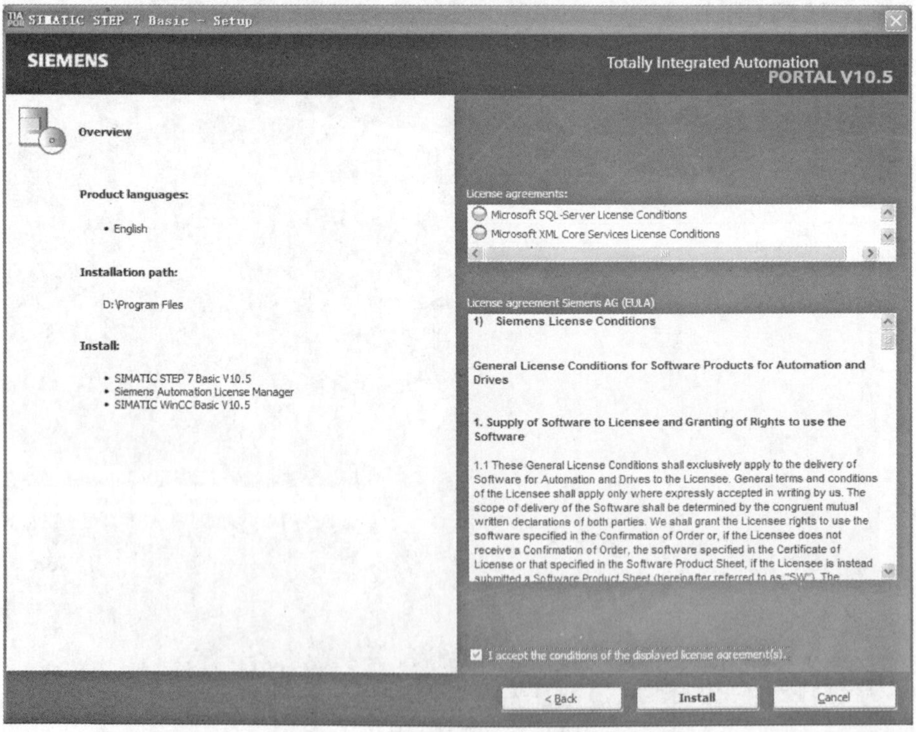

图 2.18　软件安装信息和授权协议

（5）开始安装软件，安装的软件包括 SIMATIC STEP 7 Basic V10.5、Siemens Automation License Manage、SIMATIC WinCC Basic V10.5 3 个软件，如图 2.19 所示。

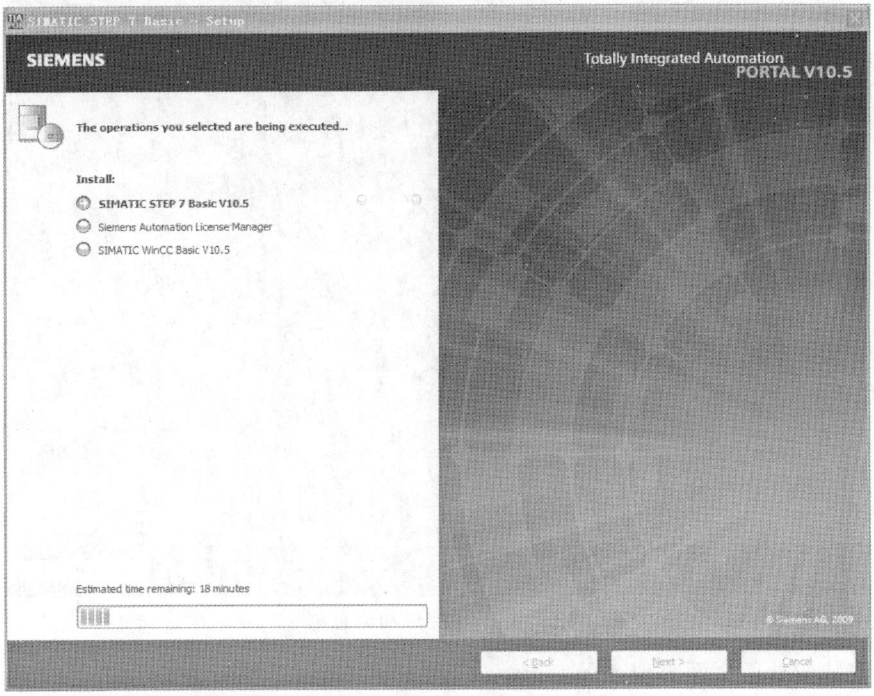

图 2.19 开始安装软件

（6）安装过程中会自动安装微软公司的 SQL Server 2005，如图 2.20 所示。

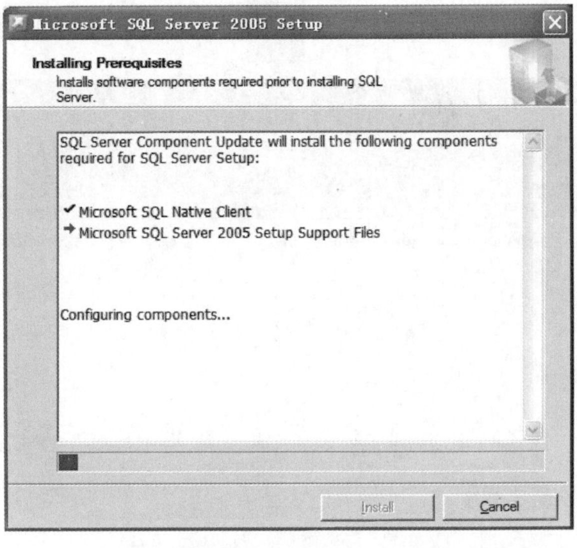

图 2.20 安装 SQL Server 2005

（7）安装成功，显示安装成功消息框，点击“Restart”按钮，重启计算机，如图 2.21 所示。

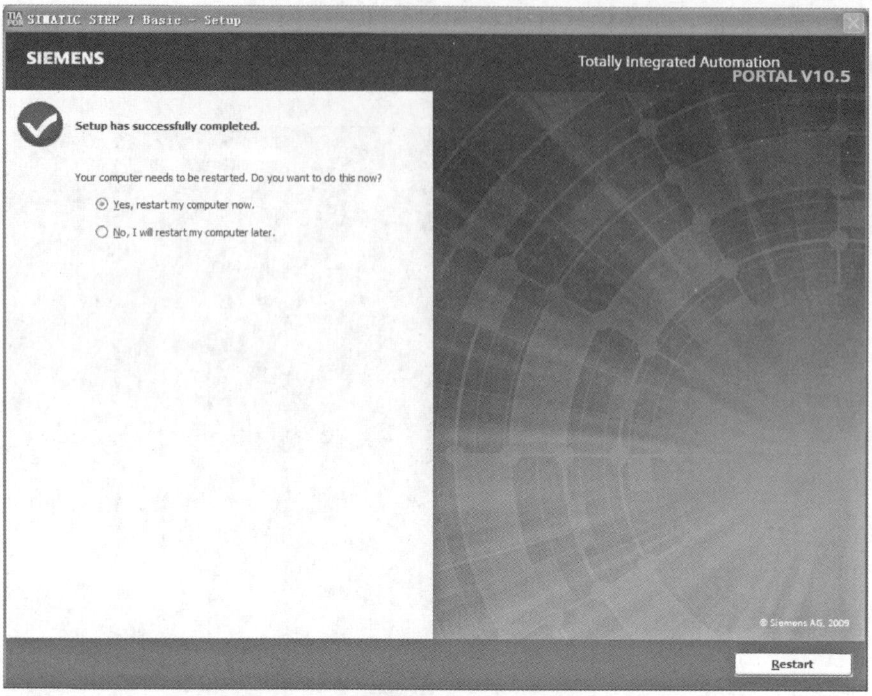

图 2.21　安装成功消息框

（8）安装成功后桌面出现“Automation License Manage”和“Totally Integrated Automation Portal V10”两个快捷图标，点击图标，打开 Automation License Manage（自动化许可证管理器）软件，如图 2.22 所示。点击图标，打开 TIA 软件，如图 2.23 所示。

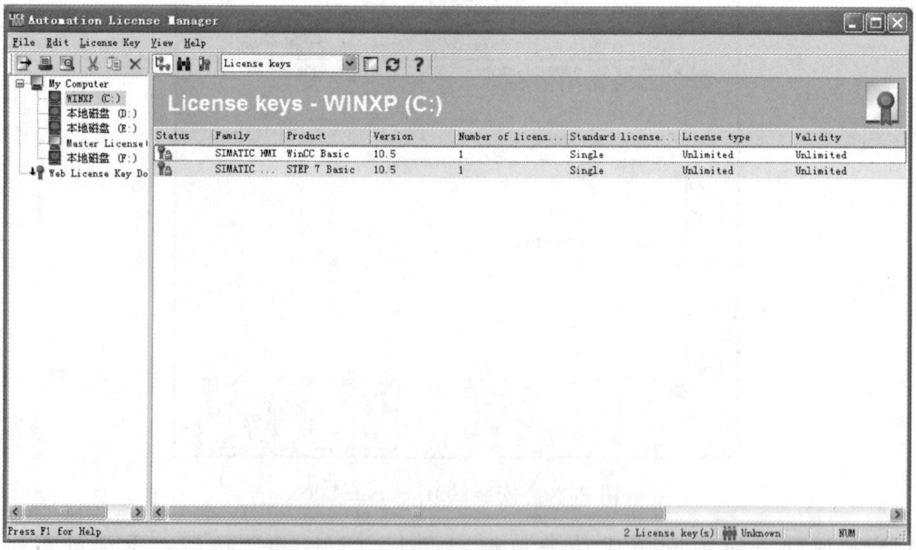

图 2.22　自动化许可证管理器软件

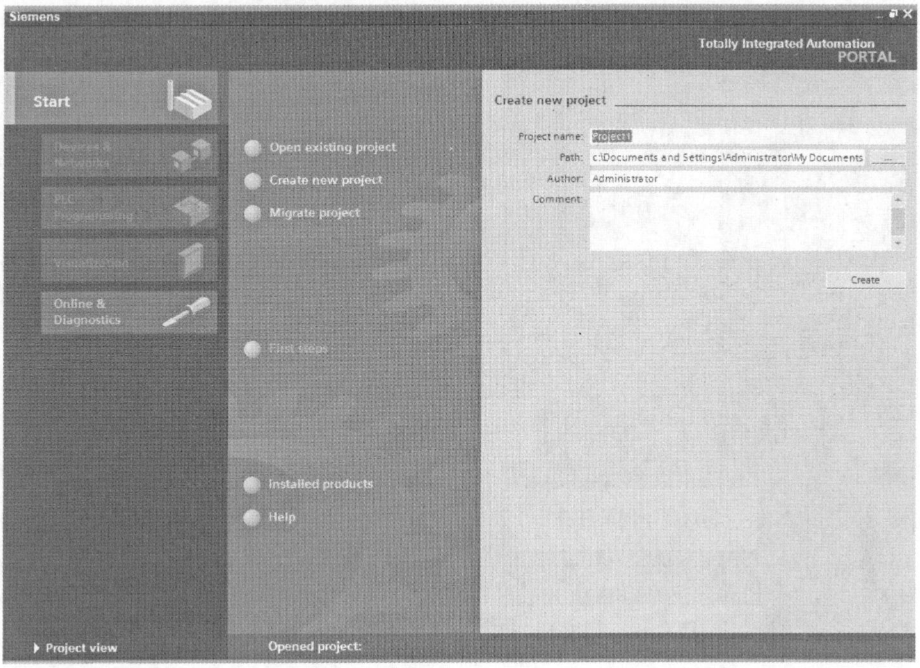

图 2.23　TIA 软件

3. TIA Portal 的视图

TIA Portal 提供了两种不同的工作视图，分别是支持面向任务组态的 Portal 视图和支持面向对象组态的项目视图。Portal 视图可以让开发者方便选择、切换不同的编辑器，其界面如图 2.24 所示。Portal 视图可分为 3 个部分：①选择不同的任务；②任务操作选项；③所选操作的选择窗口。另外，点击左下角的“项目视图”按钮，就可以切换到项目视图。

项目视图是以结构格式显示项目所有的单元，方便开发者进行项目数据访问。项目视图如图 2.25 所示。项目树展示了所有设备和项目数据，可以在项目树中完成添加新设备、编辑已有的设备、处理项目数据等任务。

4. S7－1200 的编程语言

IEC 61131 是 PLC 的国际标准，其中定义的 5 种国际标准编程语言为指令表（Instruction List，IL）、结构文本（Structured Text，ST）、梯形图（Ladder Diagram，LAD）、功能块图（Function Block Diagram，FBD）、顺序功能图（Sequential Function Chart，SFC）。不同的编程语言适合不同知识背景的用户采用，一般情况下，大型 PLC 可以同时支持这 5 种标准编程语言，而中小型 PLC 只支持其中几种。S7－1200 支持的编程语言有梯形图（LAD）和功能块图（FBD）两种，下面简单介绍一下这两种编程语言。

（1）梯形图。梯形图（LAD）是一种图形语言，比较形象直观，容易掌握，是应用广泛的编程语言。梯形图与继电器控制电路的表达方式极为相似，具有直观易懂的优点，适合熟悉继电器控制电路的用户使用。梯形图采用了传统控制图中继电器的触点、线圈等术语和符号，并增加了功能更强、使用灵活的控制指令，特别适合于数字量逻辑控制。梯

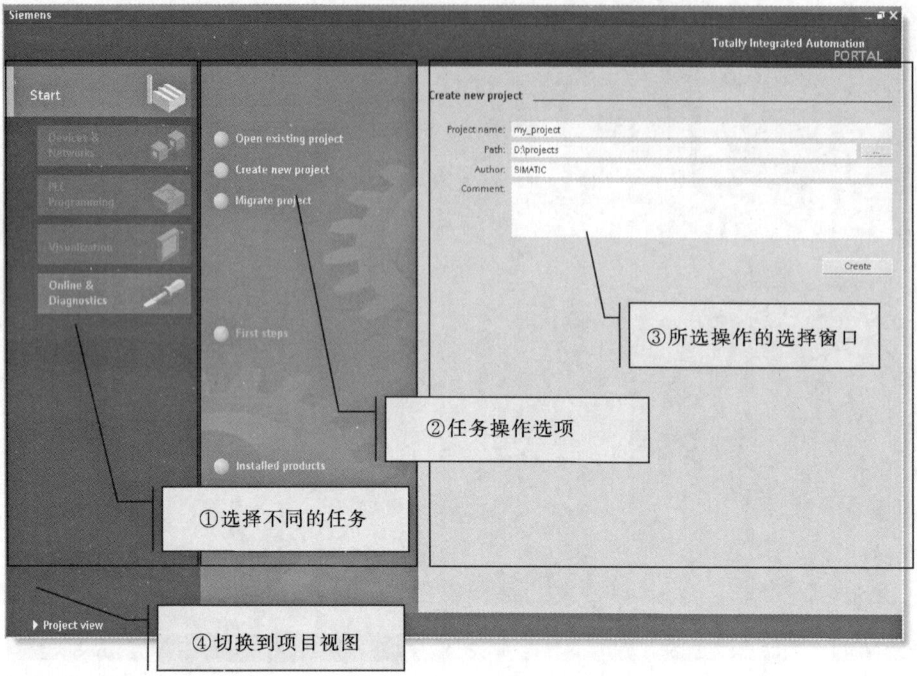

图 2.24　Portal 视图

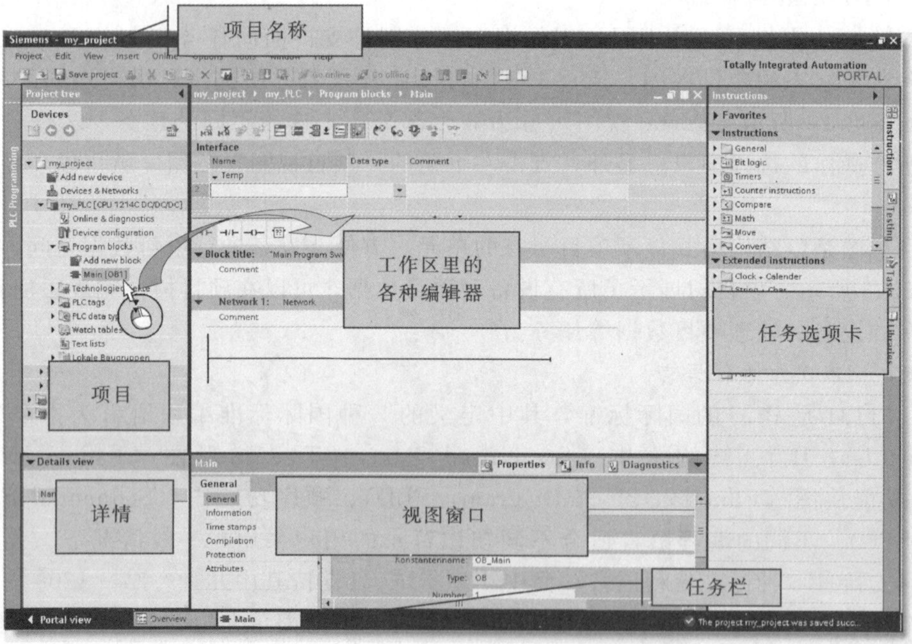

图 2.25　项目视图

形图按自上而下、从左到右排列。在分析梯形图逻辑关系时，可以假想有一个能流从左向右流动；当一个触点闭合时，能流就可以从此触点流过；当线圈有能流流过时，输出便被接通。梯形图编程语言举例如图 2.26 所示。

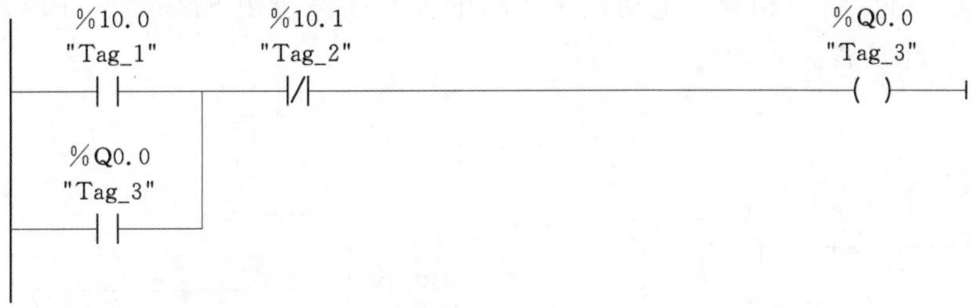

图 2.26　梯形图编程语言举例

(2) 功能块图。功能块图使用类似数字电路里的逻辑功能图，有数字电路基础的人很容易掌握。但是国内很少人使用功能块图语言。梯形图和功能块图都是图形化的编程语言，容易理解和掌握。功能块图编程语言举例如图 2.27 所示。

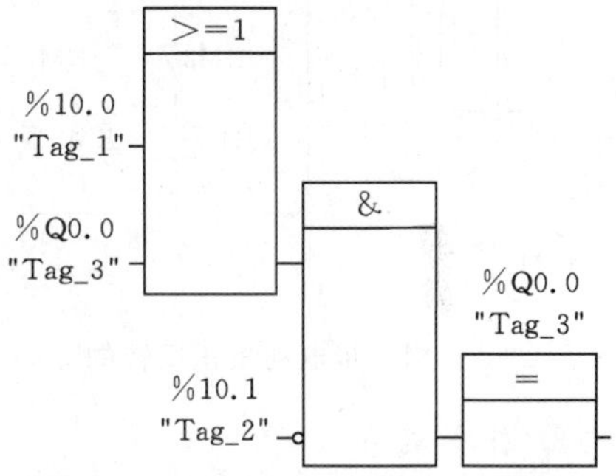

图 2.27　功能块图编程语言举例

编程时用户可以根据自己的习惯选择编程语言。这两种语言的转换可以通过双击某个代码块，打开程序编辑器，在工作区下方的属性窗口中“常规”→“语言”→“LAD/FBD”选项实现，如图 2.28 所示。

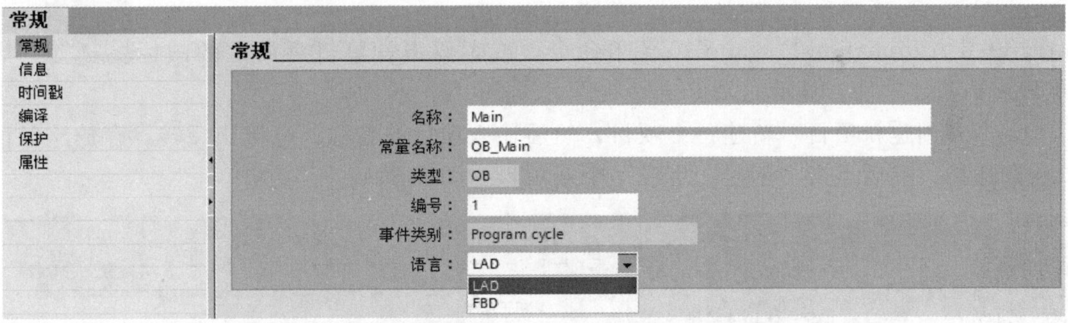

图 2.28　编程语言切换

2.2.2　一个简单任务：异步电动机正反转控制

1. 任务导入

在生产过程中，许多生产机械常常要求运动部件能向正反两个方向运动。例如工厂里车床、钻床、磨床、铣床等许多生产机械都需要三相异步电动机的正反转控制。如图 2.29 所示，可以利用正、反接触器改变三相异步电动机定子绕组相序来实现电动机正反转。

2. 任务分析

三相异步电动机要实现正反转控制，将其电源的相序中任意两相对调即可，称之为换相。为了避免换相时发生两相短路事故，两个接触器采用互锁控制，确保两个 KM 线圈不能同时得电。可以将三相异步电动机正反转的控制线路改由 S7－1200 PLC 来实现，图 2.30 为 PLC 外部接线。

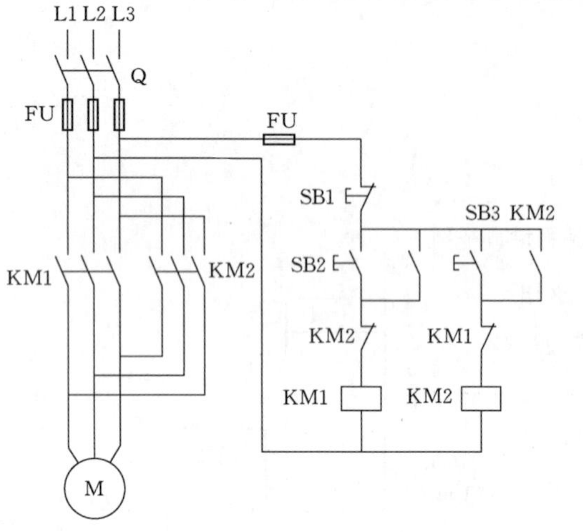

图 2.29　三相异步电动机正反转的控制线路

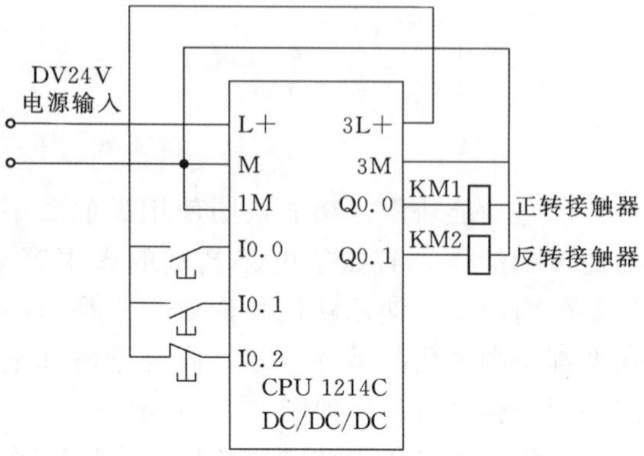

图 2.30　S7－1200 PLC 外部接线

3. 任务实施

（1）生成一个新的项目。通过 Windows 的“开始”→Siemens Automation →Totally Integrated Automation Portal V10 菜单命令，或者双击计算机桌面上的图标，启动 TIA Portal 软件，显示的是 Portal 视图。

点击“创建新项目”新建一个项目，然后输入项目的名称：电机正反转，存放路径可以任意选择，然后点击“创建”生成一个新项目（图 2.31）。

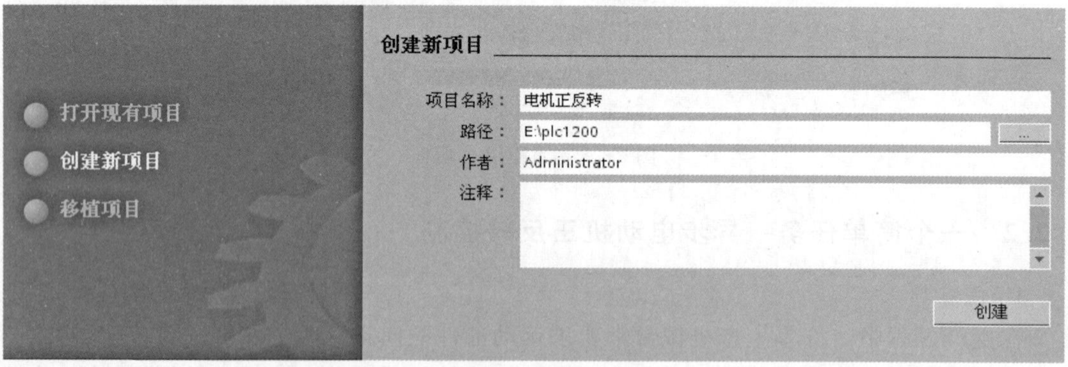

图 2.31　创建新项目

（2）添加新设备。点击左下角的“项目视图”按钮，从 Portal 视图切换到项目视图。在项目树（图 2.32）中可以看到新建的项目“电机正反转”，双击“添加新设备”，弹出如图 2.33 所示的对话框。首先选择“SIMATIC PLC”，然后选择 S7－1200 PLC 的型号和订货号，本项目选用 CPU 1214C，订货号 6ES7 214 - 1AE30 - 0XB0。点击确定，添加一个 S7 - 1200 PLC，同时打开设备和网络编辑器（图 2.34）。

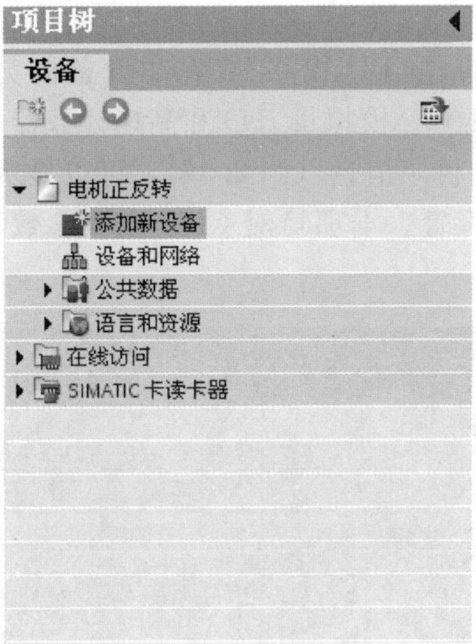

图 2.32　项目树

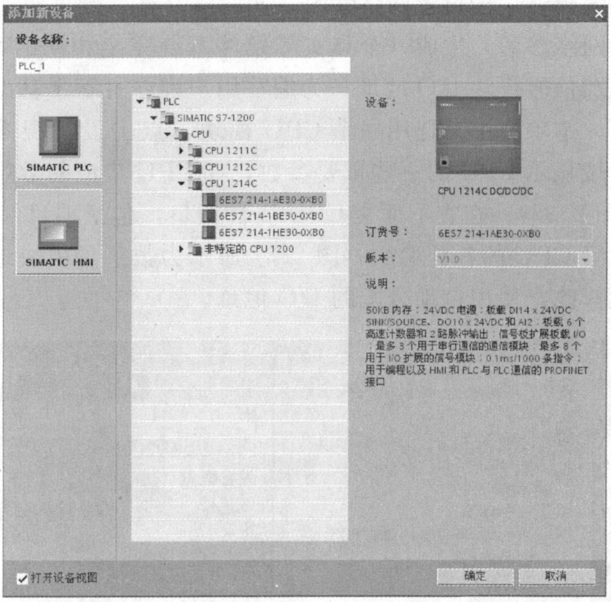

图 2.33　添加设备对话框

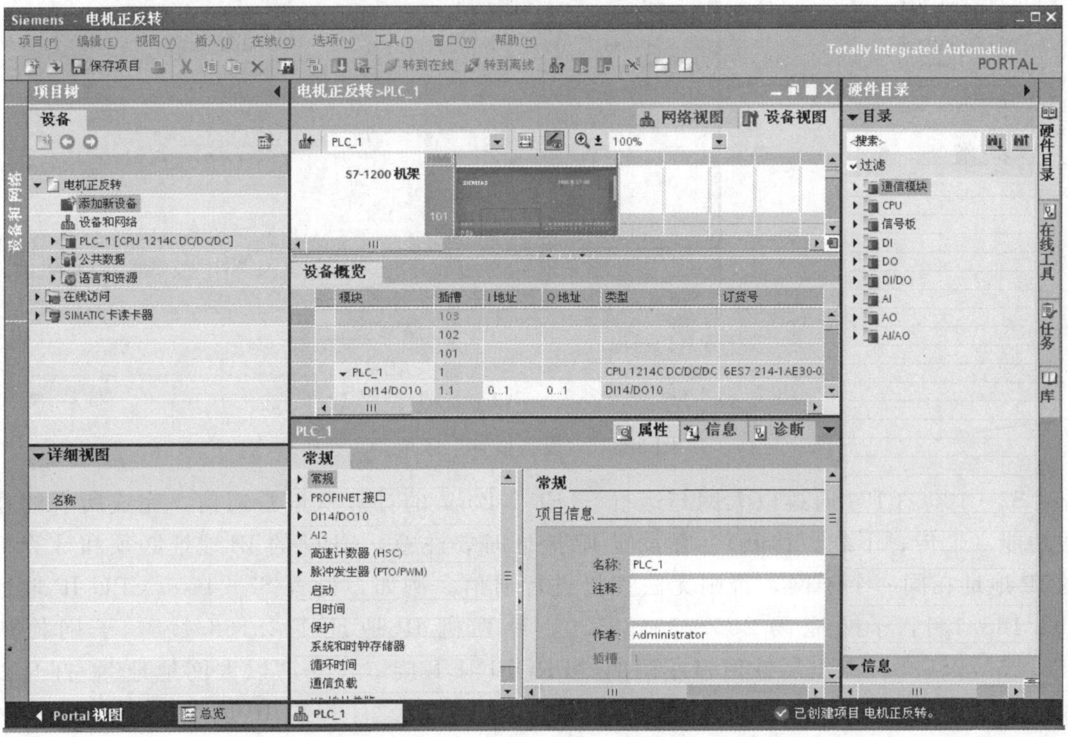

图 2.34　设备和网络编辑器

（3）硬件组态。在设备和网络编辑器（图2.34）中有两个按钮“网络视图”和“设备视图”，可以在这两个编辑器间任意切换。设备编辑器用于设置设备和模块的参数，网络编辑器用于设置网络参数，使设备互连。硬件组态就是在设备和网络编辑器中配置设备和网络参数，生成一个与实际硬件系统完全相同的系统。硬件组态自动分配CPU、信号板及信号模块I/O地址，为编写用户程序打下了基础。

本项目中只选用一个CPU模块，点击设备视图中的“CPU模块”，在“设备概览”区域显示CPU的一些重要参数，如CPU集成的数字量I/O、模拟量I/O和高速计数器等（图2.35）；在它下面是CPU属性窗口，包括项目信息和目录信息（图2.36），可以显示、设置CPU的各种参数，图2.37所示为数字量模块地址设置。本项目对CPU模块参数不做修改，使用自动分配的I/O地址。

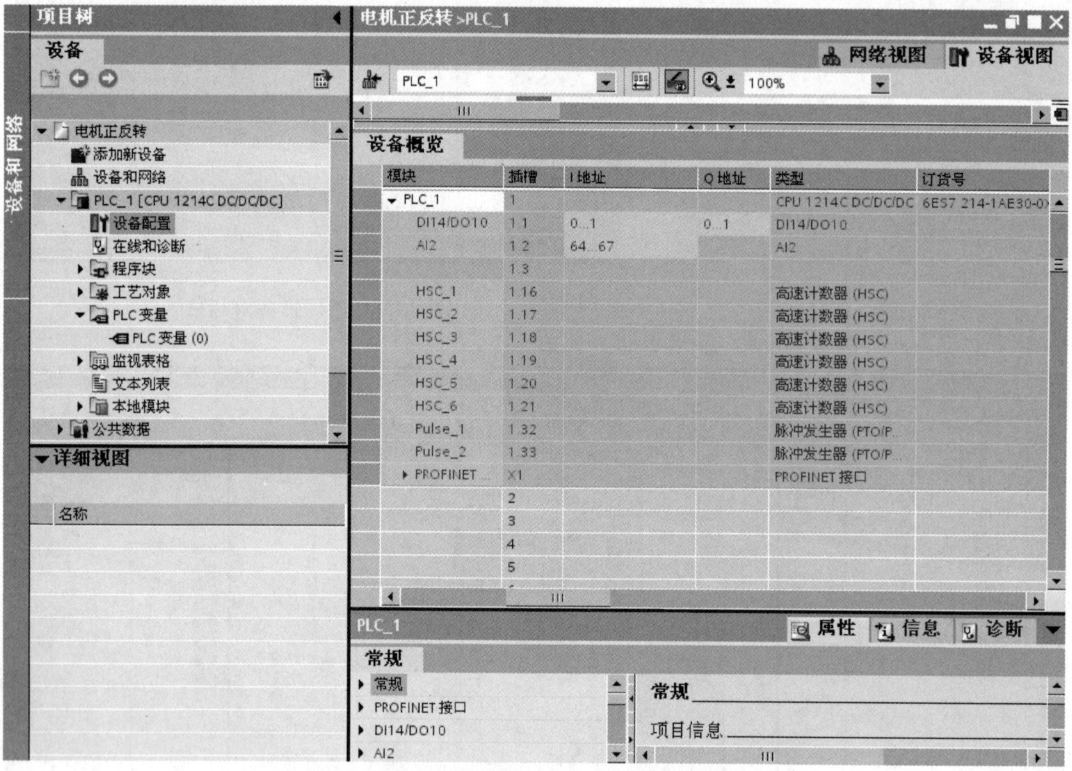

图2.35 “设备概览”区域

S7-1200 CPU通过以太网与运行STEP 7 Basic的计算机进行通信，完成所有的在线功能（上传、下载、诊断）。在设置IP地址时要注意，CPU的IP地址必须和计算机的IP地址在同一个子网，否则无法直接进行通信。例如，设置S7-1200 CPU IP地址192.168.1.1，子网掩码255.255.255.0，计算机IP地址192.168.1.5，子网掩码255.255.255.0。点击属性窗口左侧的“PROFINET接口”→“以太网地址”，打开以太网地址配置窗口，设置CPU的IP地址（图2.38）。计算机IP地址设置如图2.39所示。

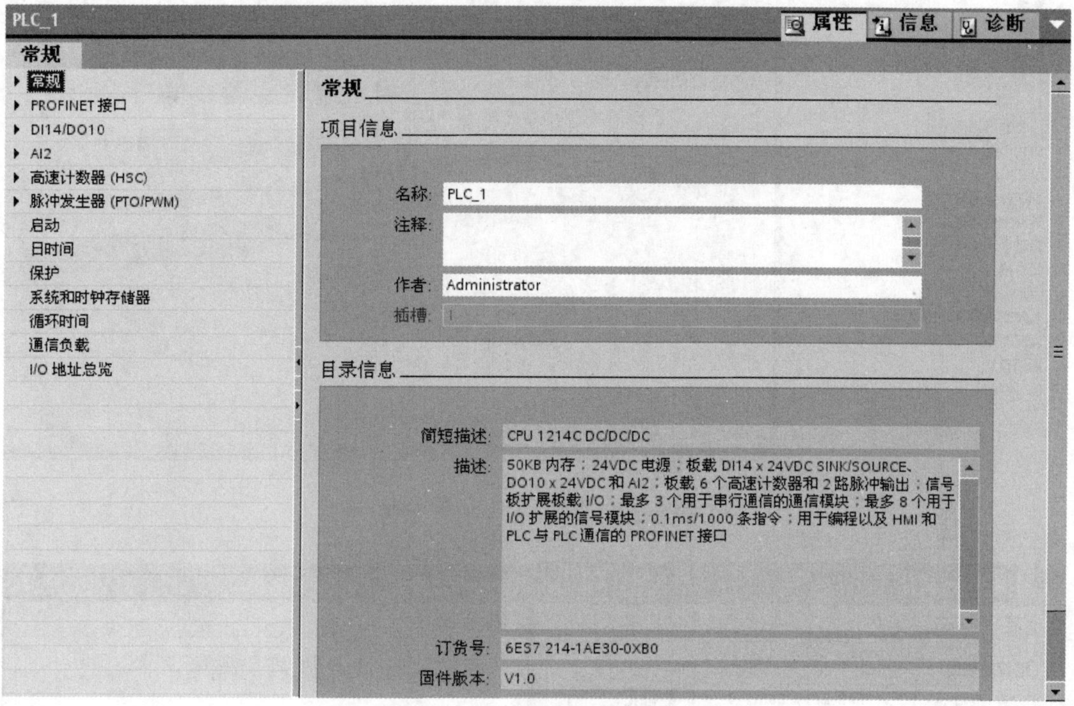

图 2.36　CPU 属性窗口

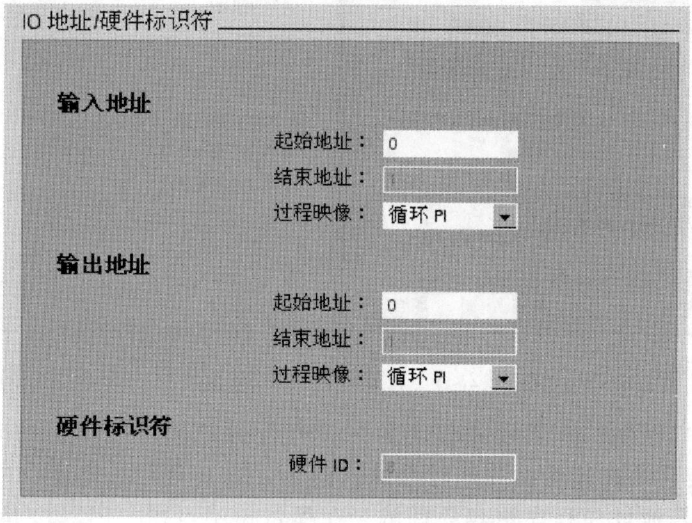

图 2.37　数字量模块地址设置

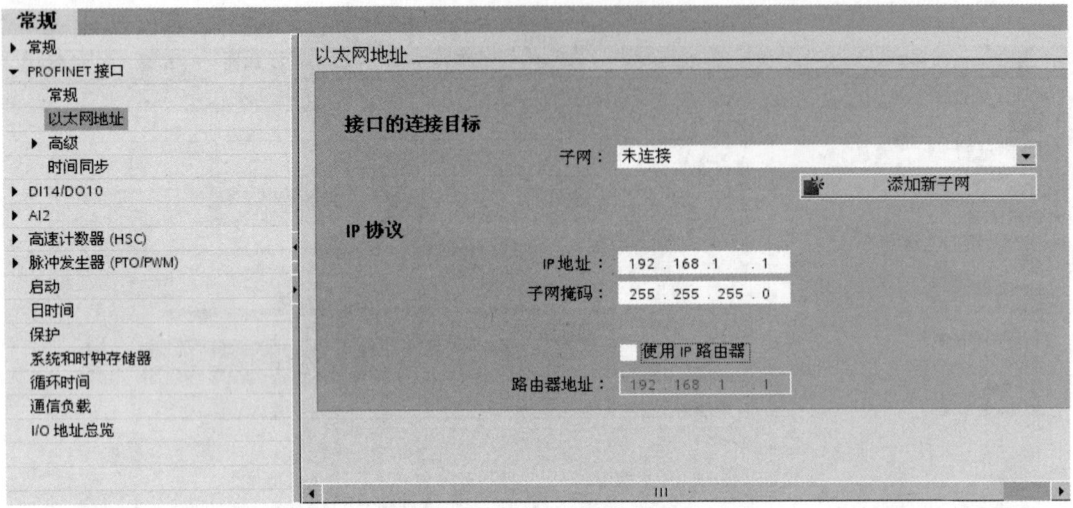

图 2.38 设置 CPU 的 IP 地址

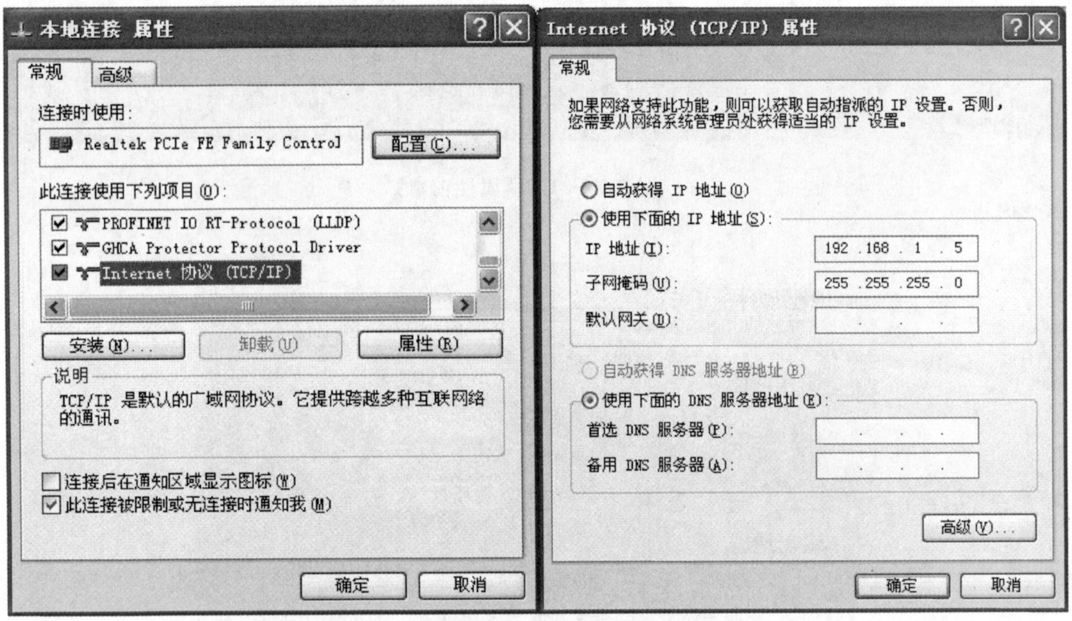

图 2.39 设置计算机的 IP 地址

(4) 创建用户程序。为了增强程序的可读性，通常用符号地址访问变量，STEP 7 Basic 在编译时会自动将其转换为绝对地址。例如，I0.0 是绝对地址，“正转按钮”是它的符号地址，符号地址使程序更容易理解。在项目树中点击“PLC 变量”，打开 PLC 变量表(图 2.40)，用来定义 PLC 的变量，内容包括变量的名称、数据类型、地址等。

点击“项目树”→“程序块”→“添加新块”，打开添加程序向导(图 2.41)，选择需要添加程序类型，包括组织块、功能块、功能和数据块。本任务不需要添加新程序块，直接在 OB1 中编程，双击“Main [OB1]”打开程序编辑器(图 2.42)。程序编辑器右侧

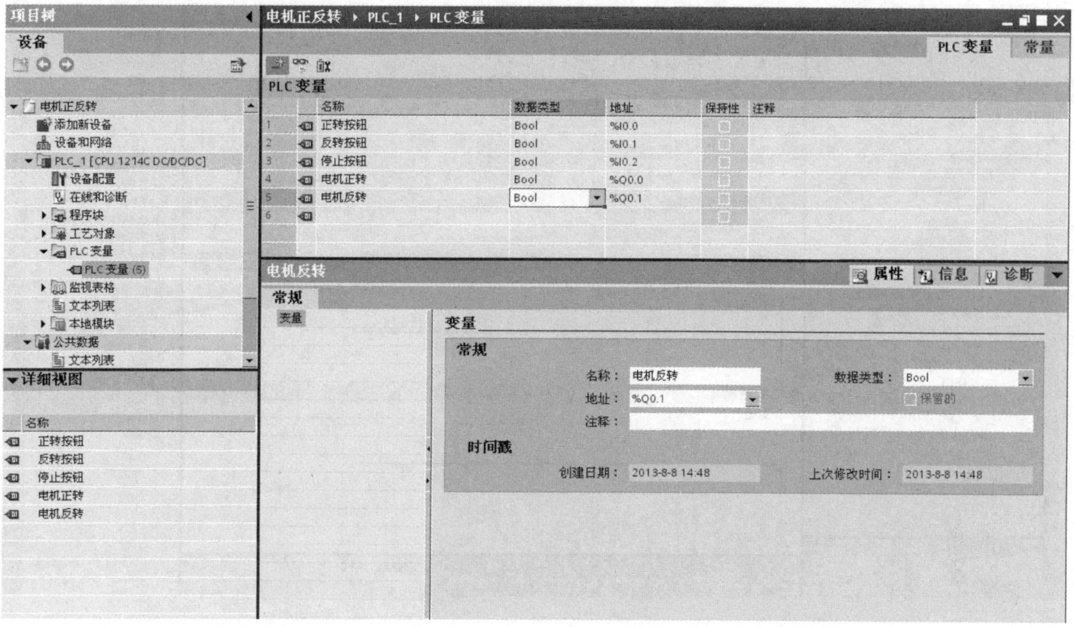

图 2.40　PLC 变量表

为指令窗口，包括收藏夹、指令和扩展指令。用户编写程序时，只要将指令拖拽到程序段上，然后填写指令参数即可。

图 2.41　添加程序向导

电动机正反转 PLC 控制梯形图如图 2.43 所示。

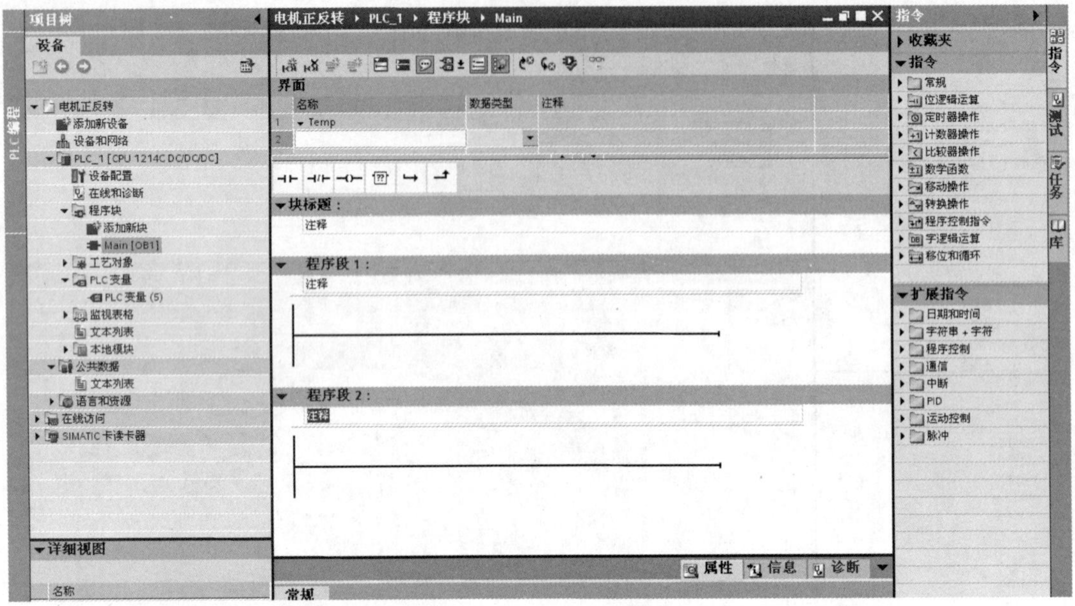

图2.42　程序编辑器

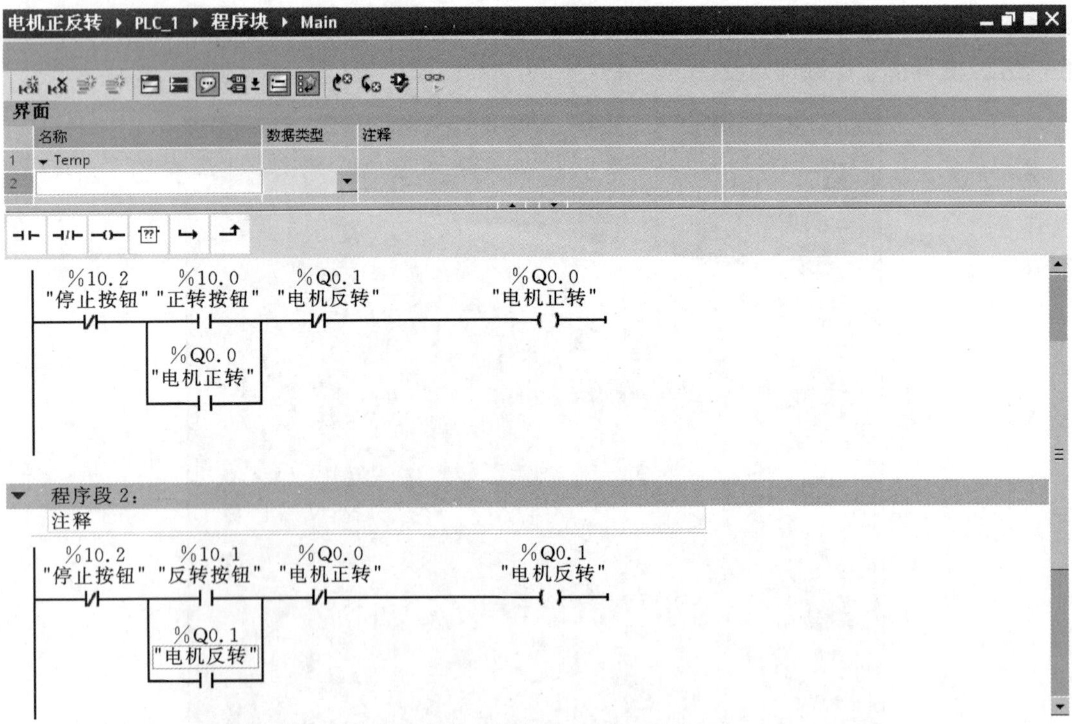

图2.43　电动机正反转PLC控制梯形图

（5）编译与下载用户程序。点击菜单“编辑”→“编译”选项（图2.44），可以进行程序的编译。编译后在信息窗口输出编译结果，如果有错，必须进行修改，直到无错后才能下载程序。若没有对程序进行编译，在下载之前编程软件会自动对程序进行编译。

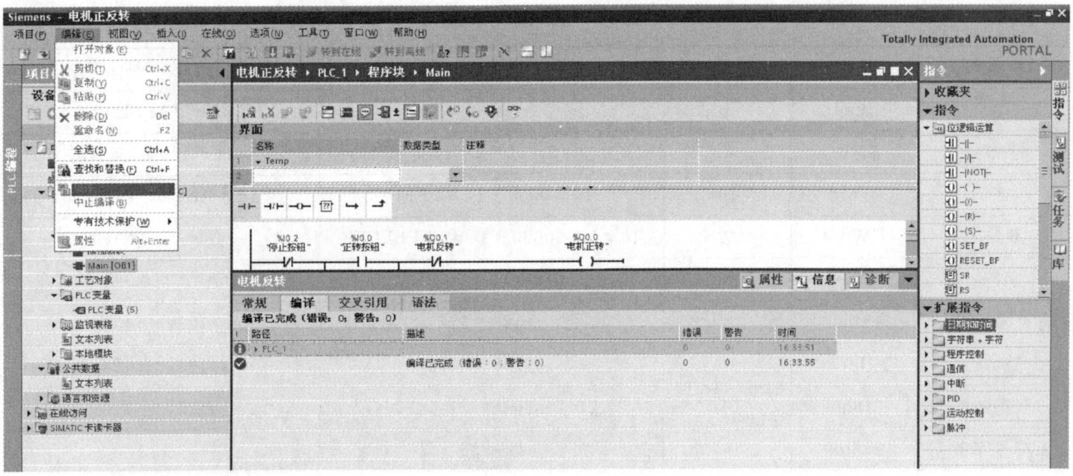

图 2.44　编译菜单和编译信息

编译完后就可以下载程序，点击菜单“在线”→“下载到设备”，将已经编译的硬件组态数据和用户编写的程序下载到选中的设备。下载完后，就可以将 PLC 切换到运行状态。

2.2.3　编程基础

2.2.3.1　系统存储区

系统存储区根据功能划分出不同的区域供用户使用。S7－1200 PLC 的 CPU 主要包含过程映像输入区、过程映像输出区、物理输入/物理输出区、位存储区、临时数据区和数据块等 7 个存储区。

过程映像输入区（I）：PLC 采用循环扫描的工作方式，在扫描开始阶段，CPU 首先从过程中读取各个输入点的状态，并记录在过程映像输入区，供用户程序使用；需要注意的是，输入过程映像区的数据只在输入扫描这一阶段中刷新，在程序运行过程中即使外部过程信号发生了变化也不会影响过程映像输入区的内容。

过程映像输出区（Q）：在执行用户程序过程中得到的输出值，将被存入过程映像输出区。当下一个循环扫描周期开始时，才被从过程映像输出区传送到输出点控制外部执行元件。

位存储区（M）：可以存储用户程序的中间运输结果或标志位。

物理输入/输出区（I _ ：P/Q _ ：P）：可以立即读取/写入 CPU、信号板和信号模块的物理输入点。

局部临时数据区（L）：存储块的临时数据，仅在本地范围内有效。

数据块（DB）：用户根据需要自己创建的数据存储区，分为全局数据块和背景数据块两种。

2.2.3.2　数据类型

数据是程序处理和控制的对象。数据类型描述数据的属性，表 2.1 列出了 S7－1200

PLC 支持的基本数据类型。

表 2.1　　基本数据类型

数据类型	符号	位数	取值范围	常数举例
位	Bool	1	1，0	TRUE，FALSE 或 1，0
字节	Byte	8	16#00～16#FF	16#12，16#AB
字	Word	16	16#0000～16#FFFF	16#ABCD，16#0001
双字	DWord	32	16#00000000～16#FFFFFFFF	16#02468ACE
字符	Char	8	16#00～16#FF	‘A’，‘t’，‘@’
有符号字节	SInt	8	－128～127	123，－123
整数	Int	16	－32768～32767	123，－123
双整数	Dint	32	－2147483648～2147483647	123，－123
无符号字节	USInt	8	0～255	123
无符号整数	UInt	16	0～65535	123
无符号双整数	UDInt	32	0～4294967295	123
浮点数	Real	32	$\pm1.175495\times10^{-38}$～$\pm3.402823\times10^{38}$	12.45，－3.4，-1.2×10^{3}
双精度浮点数	LReal	64	$\pm2.2250738585072020\times10^{-308}$～$\pm1.7976931348623157\times10^{308}$	12345.12345，-1.2×10^{40}
时间	Time	321	T#－24d20h31m23s648ms～T#24d20h31m23s648ms	T#1d_2h_15m_30s_45ms

2.2.3.3　指令介绍

1. 位逻辑操作指令

S7－1200 PLC 的位逻辑操作指令见表 2.2，本书只对部分指令进行讲解。

表 2.2　　位逻辑操作指令

位指令	描述	位指令	描述
－||－	常开触点	SR	置位复位触发器
－|/|－	常闭触点	RS	复位置位触发器
－|NOT|－	逻辑操作取反	－|P|－	P 触点
－( )－	输出线圈	－|N|－	N 触点
－(*f*)－	输出线圈取反	－(P)－	P 线圈
－(R)－	复位输出	－(N)－	N 线圈
－(S)－	置位输出	P_TRIG	P 触发器
SET_BF	置位指定范围的位	N_TRIG	N 触发器
RESET_BF	复位指定范围的位		

常开触点对应位置等于 1 时，接通该触点；等于 0 时，断开该触点。常闭触点对应位等于 1 时，断开该触点；等于 0 时，接通该触点。

NOT 逻辑反相器：能取反能流输入的逻辑状态，如果没有能流流入 NOT 触点，则会有能流流出；如果有能流流入 NOT 触点，则没有能流流出。

输出线圈指令用于线圈驱动，将输出位的新数值写入输出映像寄存器。反向输出线圈：如果有能流通过反向输出线圈，则输出位设置为 0；如果没有能流通过反向输出线圈，则输出位设置为 1。

指令应用举例 1 如图 2.45 所示。

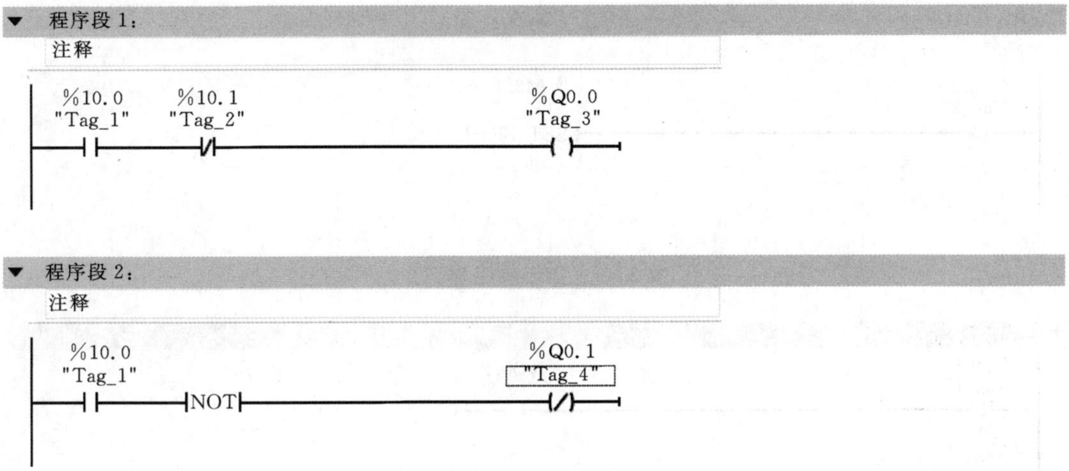

图 2.45 指令应用举例 1

程序及运行结果分析如下：当常开触点 I0.0 接通，且常闭触点 I0.1 断开时，接通输出线圈 Q0.0（见图 2.45 程序段 1）。当常开触点 I0.0 断开，没有能流流过 NOT 触点，则有能流流出，流过相反输出线圈，则 Q0.1 的输出位为 0 状态（见图 2.45 程序段 2）。

S 置位指令将指定地址置 1 并保持；R 复位指令将指定地址复位为 0 并保持。（SET _ BF）区域置位指令将从指定位置开始的多个位地址置位为 1 并保持；（RESET _ BF）区域复位指令将从指定位置开始的多个位地址复位为 0 并保持。

指令应用举例 2 如图 2.46 所示。

程序及运行结果分析如下：当 I0.0 接通时，置位 Q0.0（见图 2.46 程序段 3）；当 I0.1 接通时，将从 M2.1 开始的 5 个连续的位置位为 1（见图 2.46 程序段 4）。

P 触点是上升沿检测触点，N 触点是下降沿检测触点。指令应用举例 3 如图 2.47 所示。

程序及运行结果分析如下：输入信号 I0.0 出现上升沿时（即状态由 0 变为 1 时），则该触点接通一个扫描周期。P 触点下方的 M0.0 用来存储 I0.0 上一个扫描周期时的状态（见图 2.47 程序段 5）。输入信号 I0.1 出现下降沿时（即状态由 1 变为 0 时），则该触点接通一个扫描周期。N 触点下方的 M0.1 用来存储 I0.1 上一个扫描周期时的状态（见图 2.47 程序段 6）。

P 线圈是上升沿检测线圈，N 线圈是下降沿检测线圈。指令应用举例 4 如图 2.48 所示。

程序及运行结果分析如下：当 P 线圈前方由断电变为通电时，则输出位 Q3.0 被置位 1 个扫描周期，其下方的 M0.2 用来保存 Q3.0 上一个扫描周期时的状态（见图 2.48 程序段 7）。

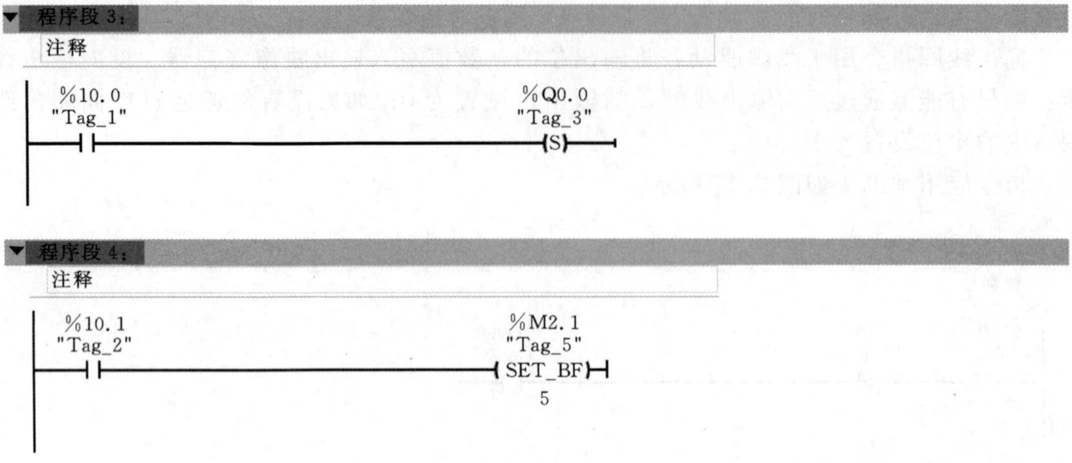

图 2.46　指令应用举例 2

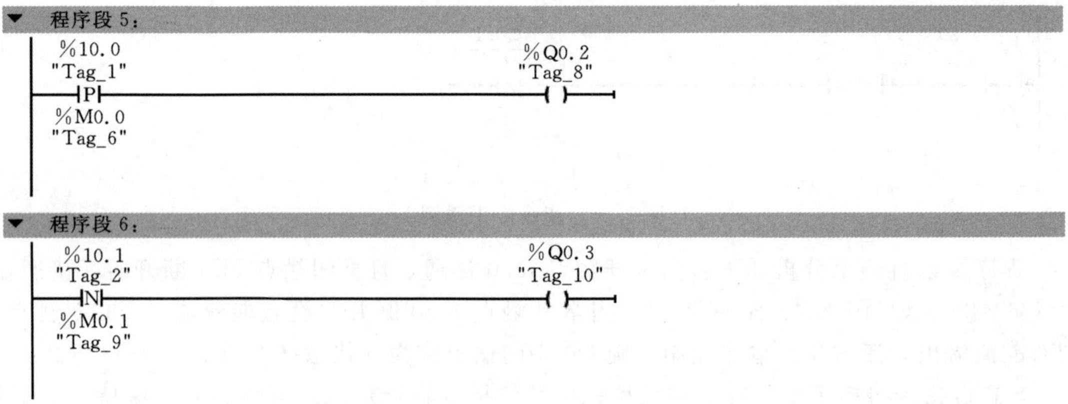

图 2.47　指令应用举例 3

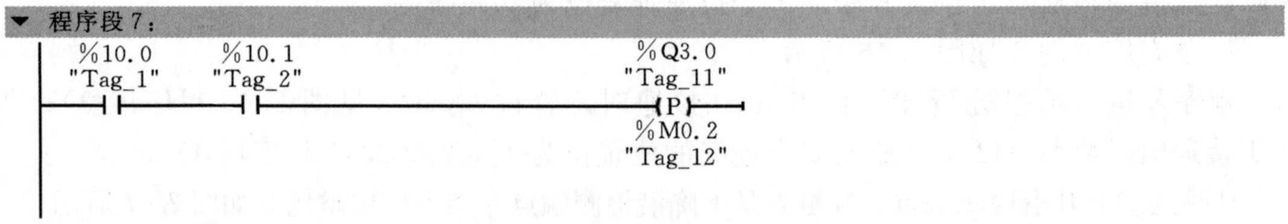

图 2.48　指令应用举例 4

多点置位指令将指定的地址开始的连续若干个地址置位（变为 1 状态并保持）；多点复位指令将指定的地址开始的连续若干个地址复位（变为 0 状态并保持）。指令应用举例 5 如图 2.49 所示。

如果输入 I0.0 信号状态为“1”，则置位输出 M4.0、M4.1、M4.2、M4.3（见图 2.49 程序段 8）；如果输入 I0.1 信号状态为“0”，则复位输出 M4.4、M4.5、M4.6、M4.7（见图 2.49 程序段 9）。

【例 2－1】 试采用一个按钮控制两台电动机依次启动。控制要求：按下按钮 SB1，第

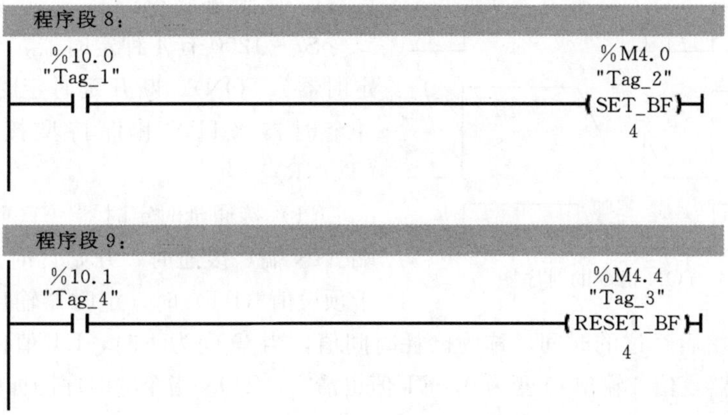

图 2.49　指令应用举例 5

一台电动机启动；松开按钮 SB1，第二台电动机启动；按下停止按钮 SB2，两台电动机同时停止。

I/O 分配表见表 2.3。

表 2.3　　　　[例 2-1] 的 I/O 分配表

输　入		输　出	
I0.0	启动按钮 SB1	Q0.1	电动机 1
I0.1	停止按钮 SB2	Q0.2	电动机 2

控制程序如图 2.50 所示。

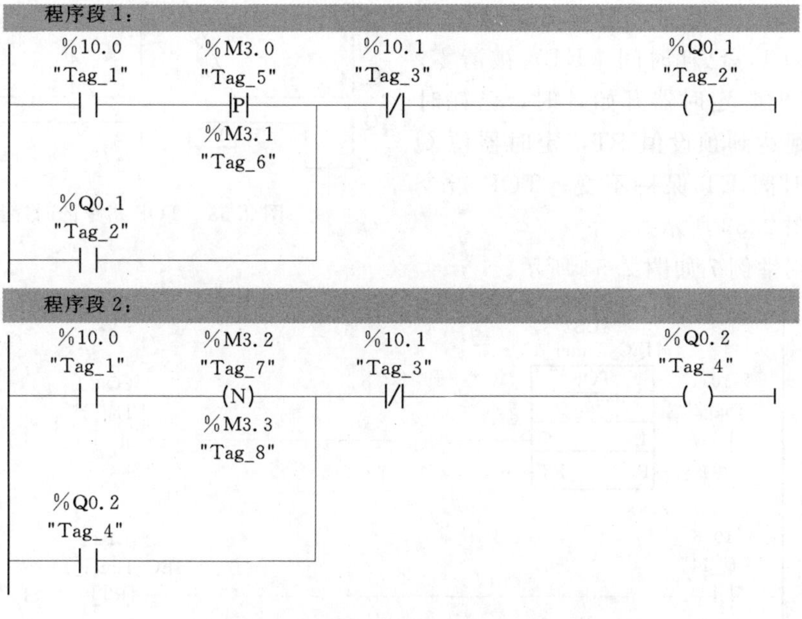

图 2.50　[例 2-1] 的控制程序

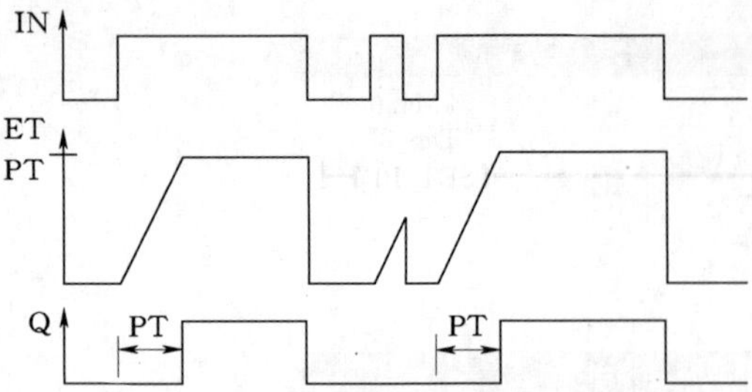

图 2.51　TON 指令的时序图

2. 定时器指令

S7－1200 有 4 种定时器，分别是接通延时定时器（TON）、断开延时定时器（TOF）、脉冲定时器（TP）和保持型接通延时定时器（TONR）。

（1）接通延时定时器（TON）。当使能输入端（IN 端）接通时，开始计时；当计时时间大于预设值（PT）时，定时器输出位 Q 被置位为 1；ET 是定时开始后经过的时间，称为已耗时间值，当 Q 变为 1 时，ET 值保持不变；当 IN 端断开时，定时器复位，输出 Q 变为 0，ET 值也清零。TON 指令的时序图如图 2.51 所示。

指令应用举例 6 如图 2.52 所示。

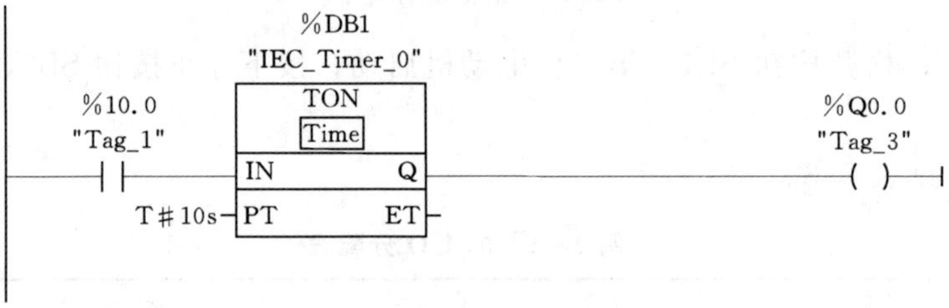

图 2.52　指令应用举例 6

程序及运行结果分析如下：当 I0.0 接通时，Q0.0 延迟 10s 接通。

（2）断开延时定时器（TOF）。当使能输入端（IN 端）接通时，定时器输出位 Q 立即被置位为 1，已耗时间（ET）被清零；当 IN 端断开时，定时器开始计时，已耗时间累计，直到达到预设值 PT，定时器位 Q 断开，已耗时间 ET 保持不变；TOF 指令的时序图如图 2.53 所示。

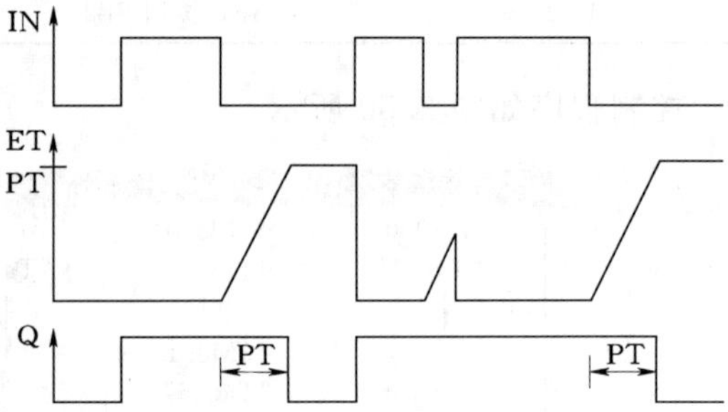

图 2.53　TOF 指令的时序图

指令应用举例 7 如图 2.54 所示。

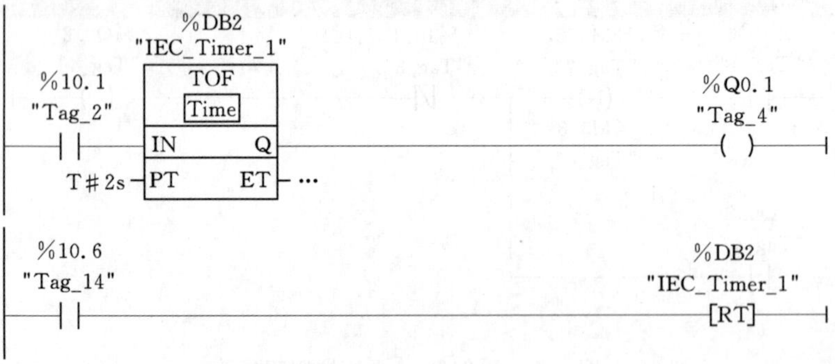

图 2.54　指令应用举例 7

程序及运行结果分析如下：当I0.1接通时，Q0.1立即接通；当I0.1断开时，Q0.1延迟2s断开。当接通I0.6时，定时器复位线圈RT通电，定时器被复位，已耗时间清零，输出端变为0状态。

(3) 脉冲定时器（TP）。当使能输入端（IN端）的状态由0变为1时，定时器输出位Q产生一个预先设定时间的脉冲；在此期间，即使IN端信号发生变化，也不会影响脉冲输出；TP指令的时序图如图2.55所示。

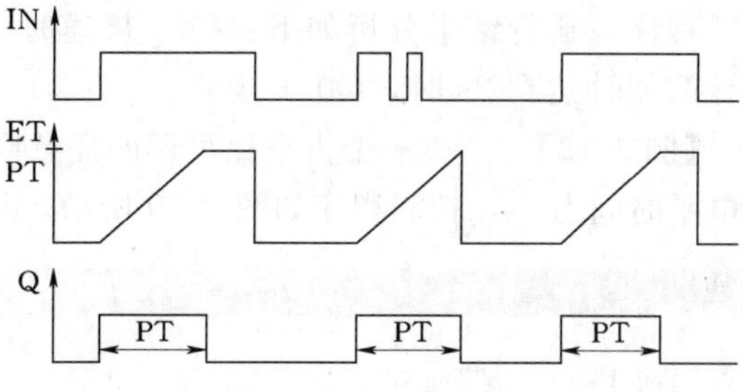

图 2.55　TP 指令的时序图

指令应用举例8如图2.56所示。

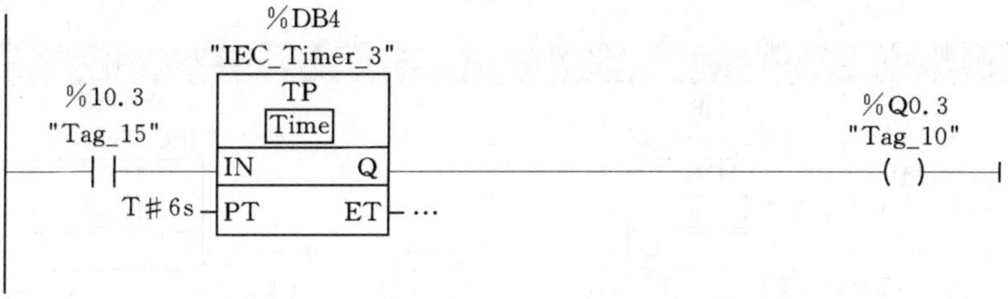

图 2.56　指令应用举例 8

程序及运行结果分析如下：当输入端IN端出现信号上升沿时，输出端Q输出6s长度脉冲，输出完毕，输出端Q变为0状态。

(4) 保持型接通延时定时器（TONR）。当使能输入端（IN端）接通时开始定时，输入端电路断开时，计时保持不变；可以累计多个计时时间，直到达到预设时间PT，输出位Q变为1状态；可以用复位端（R端）对定时器复位，累计时间复位，同时输出端Q也被复位。TONR指令的时序图如图2.57所示。

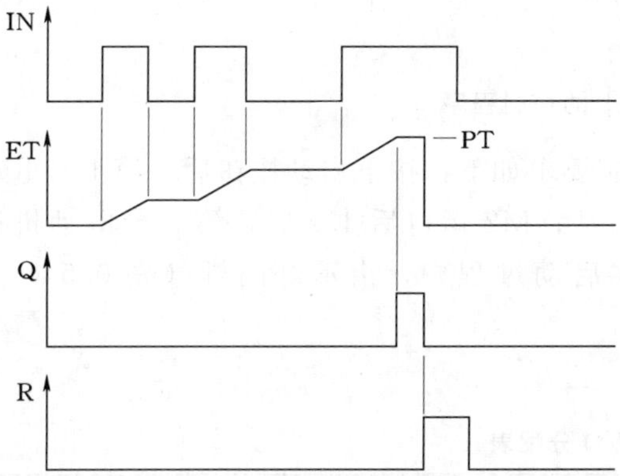

图 2.57　TONR 指令的时序图

指令应用举例9如图2.58所示。

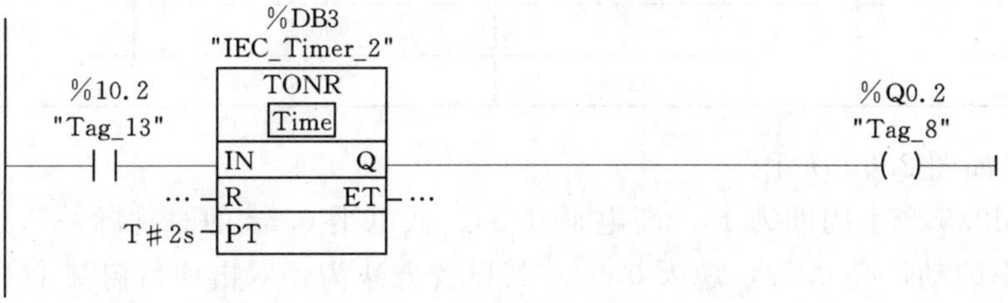

图 2.58　指令应用举例 9

程序及运行结果分析如下：I0.2接通时，定时器开始计时，断开时定时器停止计时；当计时累计达到2s时，Q0.2接通。

【例2－2】　产生一个占空比可调的任意周期的脉冲信号，脉冲信号的低电平时间为1s，高电平时间为2s，控制程序如图2.59所示，其中I0.0为启动按钮，I0.1为停止按钮。

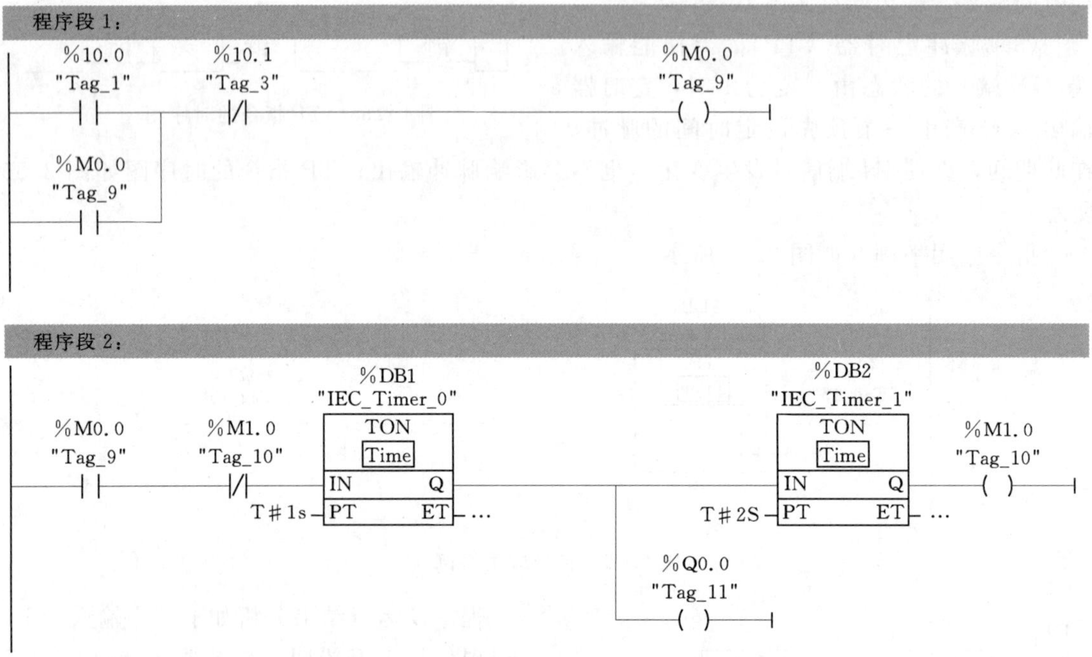

图2.59　[例2－2] 的控制程序

【例2－3】　某机械设备有3台电动机，控制要求如下：按下启动按钮后，第1台电动机M1启动；运行4s后，第2台电动机M2启动；M2运行后15s后，第3台电动机启动。按下停止按钮，3台电动机全部停止。在启动过程中，指示灯闪烁（亮0.5s，灭0.5s），在运行过程中，指示灯常亮。

I/O分配表见表2.4。

表2.4　　[例2－3] 的I/O分配表

输　入		输　出	
I0.0	启动	Q0.0	指示灯
I0.1	停止	Q0.1	电动机M1
		Q0.2	电动机M2
		Q0.3	电动机M3

控制程序如图2.60所示。

程序中M0.5产生周期为1s、高电平0.5s、低电平0.5s的时钟脉冲。这样指示灯将以1Hz的频率闪动，亮0.5s，熄灭0.5s。其设置方法为：双击项目树某个PLC文件夹中的“设备配置”，打开该PLC的设备视图，在图2.61中选中左边窗口的“系统和时钟存

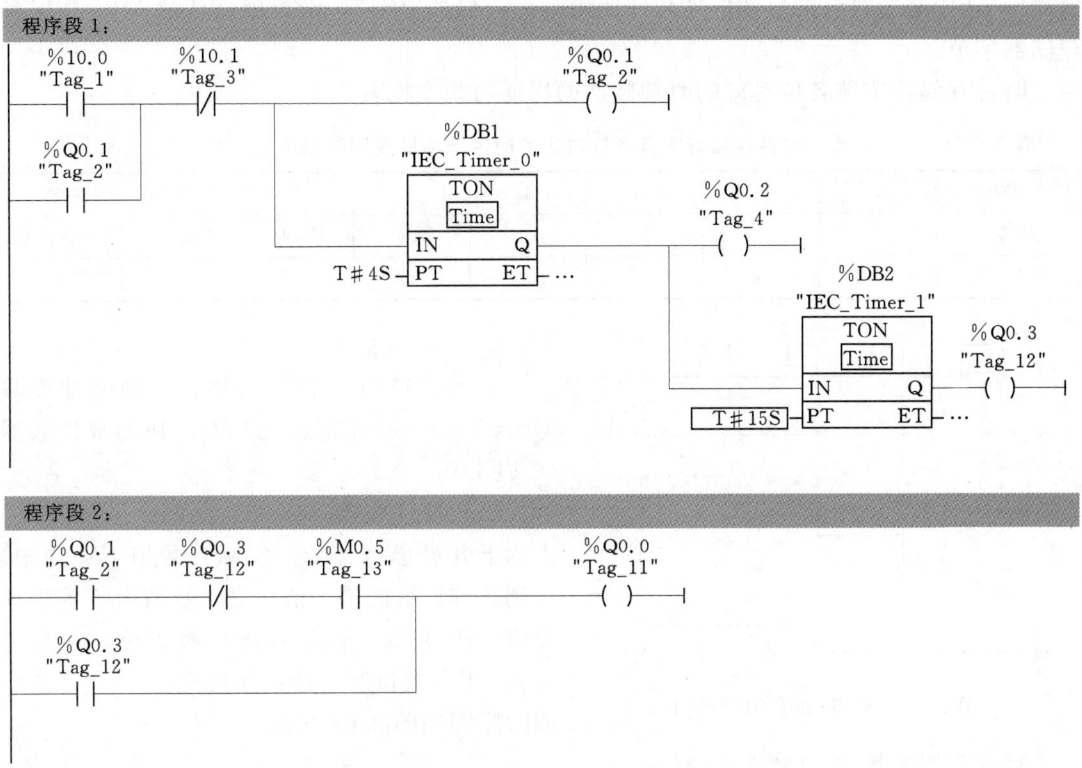

图 2.60　[例 2-3] 的控制程序

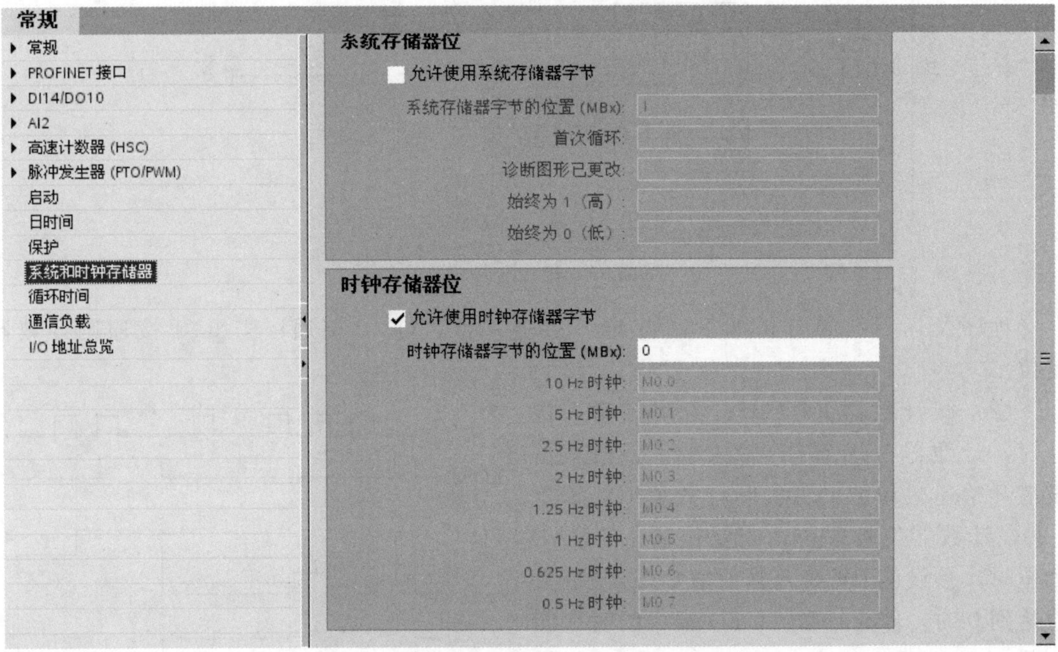

图 2.61　组态系统存储器字节与时钟存储器字节

储器”，选中右边窗口的复选框“允许使用时钟存储器字节”，设置用默认的 MB0 作时钟存储器字节。

时钟存储器字节各位对应的时钟脉冲的周期与频率见表 2.5。

表 2.5　　时钟存储器字节各位对应的时钟脉冲的周期与频率

位	7	6	5	4	3	2	1	0
周期/s	2	1.6	1	0.8	0.5	0.4	0.2	0.1
频率/Hz	0.5	0.625	1	1.25	2	2.5	5	10

3. 计数器指令

S7－1200 有 3 种计数器，分别是加计数器（CTU）、减计时器（CTD）和加减计数器（CTUD）。

（1）加计数器（CTU）。在每一个 CU 输入的上升沿递增计数，实际计数值 CV 递增，直到达到计数的最大值；当计数值大于等于预设值（PV）时，该计数器位被置位；当复位输入（R）置位时，计数器被复位。CTU 指令的时序图如图 2.62 所示。

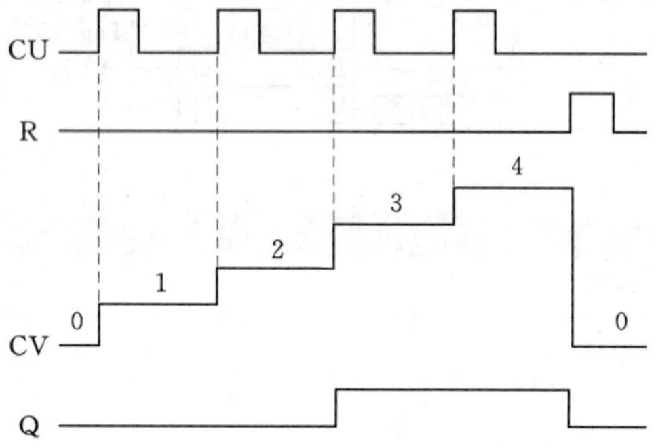

图 2.62　CTU 指令的时序图

指令应用举例 10 如图 2.63 所示。

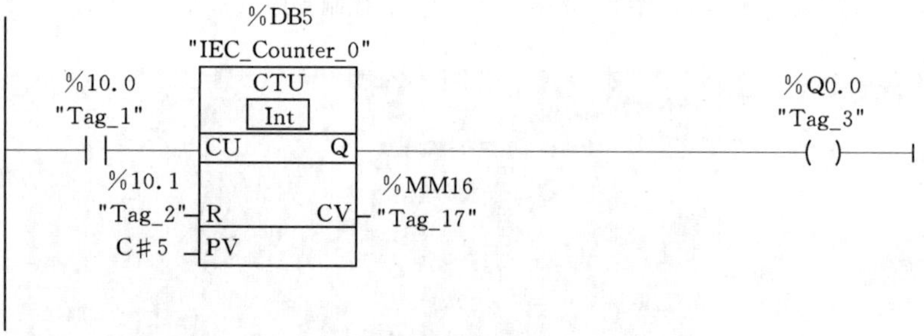

图 2.63　指令应用举例 10

程序及运行结果分析如下：当 I0.0 接通 5 次，Q0.0 接通；当 I0.1 接通则计数器复位。

（2）减计数器（CTD）。当使能输入接通时，计数器在每个 CD 输入的上升沿从预设值开始递减计数；当实际计数值 CV 等于 0 时，计数器位被置位；当复位输入 LOAD 置位时，预设值 PV 装入当前值 CV；当计数值达到 0 时，停止计数。CTD 指令的时序图如图 2.64 所示。

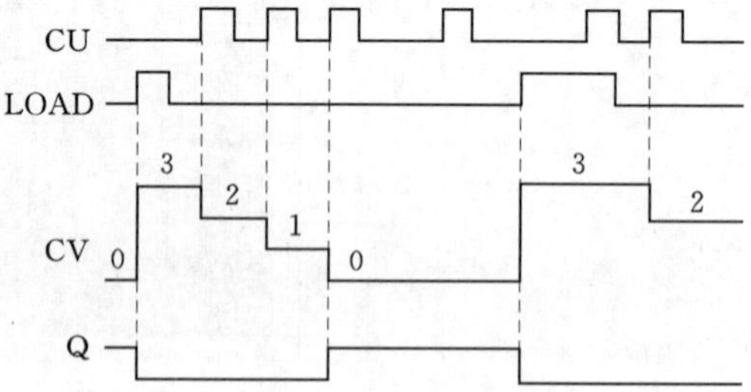

图 2.64　CTD 指令的时序图

指令应用举例 11 如图 2.65 所示。

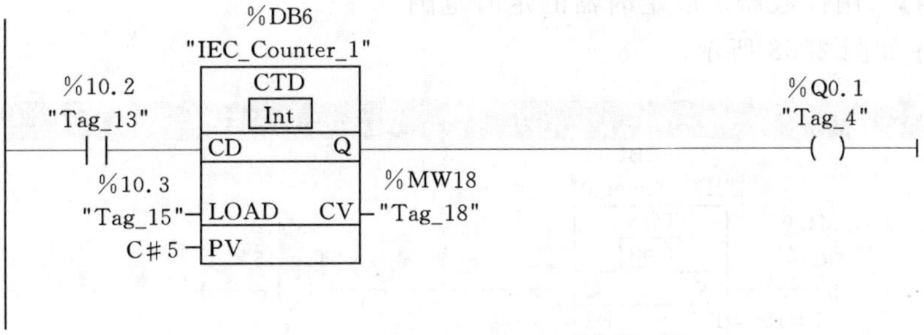

图 2.65　指令应用举例 11

程序及运行结果分析如下：当 I0.2 接通 5 次，Q0.1 接通，I0.3 复位计数器。

(3) 加减计数器（CTUD）。在每个 CU 输入的上升沿递增计数，在每一个 CD 输入的上升沿递减计数；如果同时出现计数脉冲 CD 和 CU 的上升沿，实际计数值 CV 保持不变；实际计数值 CV 大于等于预设值 PV 时，输出端 QU 为 1，反之为 0；实际计数值 CV 小于等于 0 时，输出端 QD 为 1，反之为 0；当复位输入 R 端置位时，计数器被复位；当装载输入端 LOAD 为 1 时，预设值 PV 被装入实际计数值 CV，输出 QU 变为 1 状态，QD 被复位为 0。CTUD 指令的时序图如图 2.66 所示。

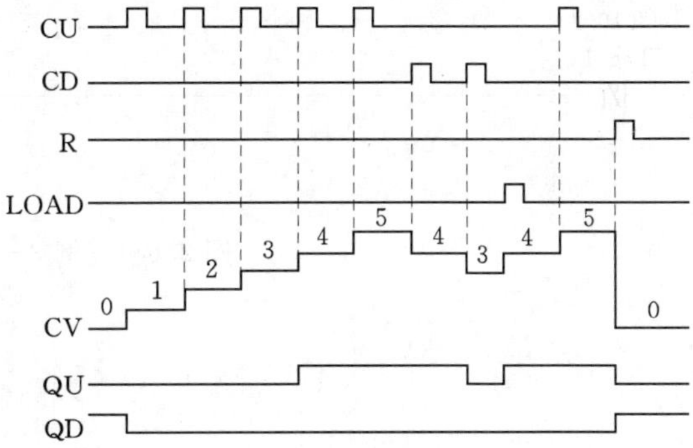

图 2.66　CTUD 指令的时序图

指令应用举例 12 如图 2.67 所示。

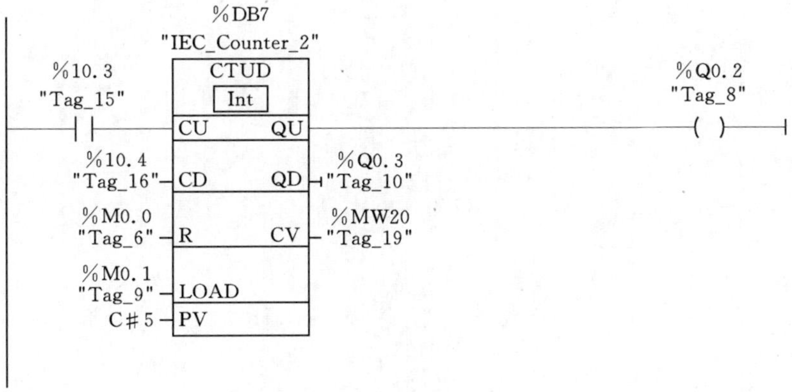

图 2.67　指令应用举例 12

程序及运行结果分析如下：只有当计数值大于或等于 5 时，输出 Q0.2 的信号状态即为“1”，其他情况下输出 Q0.2 的信号状态为“0”。只有当计数值小于或等于“0”，输出 Q0.3 的信号状态就为“1”，其他情况下输出 Q0.2 的信号状态为“0”。

【例2-4】 用计数器扩展定时器的定时范围。

控制程序如图2.68所示。

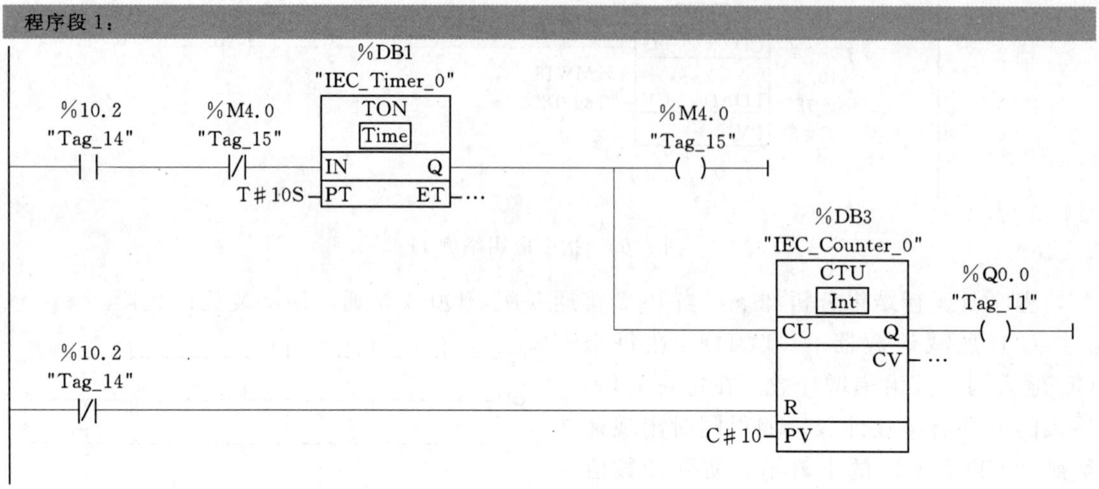

图2.68　[例2-4]的控制程序

项目3　自动化生产线核心技术应用

任务3.1　自动化生产线中传感器的使用

【知识和能力目标】

1. 掌握磁性开关及其应用。
2. 掌握光电开关及其应用。
3. 掌握光纤传感器及其应用。
4. 掌握接近开关及其应用。
5. 掌握光电编码器及其应用。

3.1.1　磁性开关

1. 磁性开关简介

磁性开关就是通过磁铁来感应的开关，这个“磁”就是磁铁，开关就是干簧管。干簧管是干式舌簧管的简称，是一种有触点的无源电子开关元件，具有结构简单、体积小、便于控制等优点。平时两个由特殊材料制成的簧片是分开的。当有磁性物质靠近时，在磁场磁力线的作用下，管内的两个簧片被磁化而互相吸引接触，簧片就会吸合在一起，使结点所接的电路连通。外磁力消失后，两个簧片由于本身的弹性而分开，线路也就断开了。常见磁性开关如图3.1、图3.2所示，其中图3.1磁性开关常用于回转气缸上，图3.2磁性开关常用于笔形气缸上。

图3.1　磁性开关1

图3.2　磁性开关2

当有磁性物质接近磁性开关传感器时，传感器动作，并输出开关信号。在实际应用中，我们在被测物体上，如在气缸的活塞（或活塞杆）上安装磁性物质，在气缸缸筒外面的两端位置各安装一个磁感应式接近开关，就可以用这两个传感器分别标识气缸运动的两个极限位置。在生产线的自动控制中，可以利用该信号判断气缸的运动状态或所在的位置，以确定是否被推出气缸或气缸是否返回。

2. 磁性开关的安装和调试

在磁性开关上装有LED指示灯，用于显示传感器的状态信号，供调试与运行监视时观察。当气缸活塞靠近，接近开关输出动作，输出“1”信号，LED亮；当没有气缸活塞靠近，接近开关输出不动作，输出“0”LED不亮。如图3.3所示。

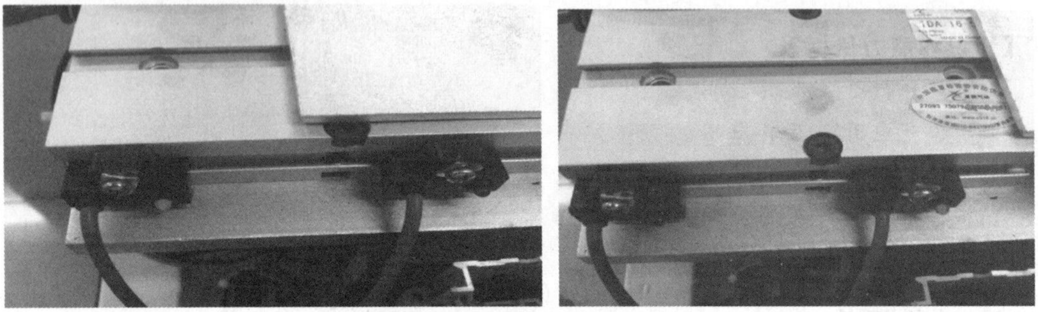

图3.3 磁性开关的应用实例

在自动化生产线中，磁性开关与气缸配合使用，如果安装的位置不合理，会导致气缸的动作不正确。首先在气缸的活塞或活塞杆上安装磁性物质，在气缸外面的两端各安装一个磁性接近开关。当气缸活塞移向磁性开关，并接近到一定距离时，磁性开关才有“感知”，开关才会动作，通常把这个距离叫“检出距离”。当气缸上安装磁性开关时，先把磁性开关安装在气缸上，磁性开关的安装位置根据控制对象的要求调整，调整方法简单，只要让磁性开关到达指定位置后，用螺丝刀旋紧固定螺丝（或螺母）即可。

3.1.2 光电开关

1. 光电开关简介

光电开关（光电传感器）是光电接近开关的简称，它是利用被检测物对光束的遮挡或反射，由同步回路选通电路，从而检测物体有无的。物体不限于金属，所有能反射光线的物体均可被检测。光电开关将输入电流在发射器上转换为光信号射出，接收器再根据接收到的光线的强弱或有无对目标物体进行探测。安防系统中常见的光电开关烟雾报警器，工业中经常用它来记数机械臂的运动次数。

光电开关主要由光发射器和光接收器构成。如果光发射器发射的光因检测物体不停而被遮掩或反射，到达光接收器的亮将会发生变化。光接收器的敏感元件将检测出这个变化，并转换为电气信号，并进行输出。大多数使用可视光和红外光。图3.4是一些常见的光电开关。

2. 光电开关种类

光电开关按检测方式可分为对射式、漫射式、镜面反射式、槽式光电开关和光纤式光电开关。

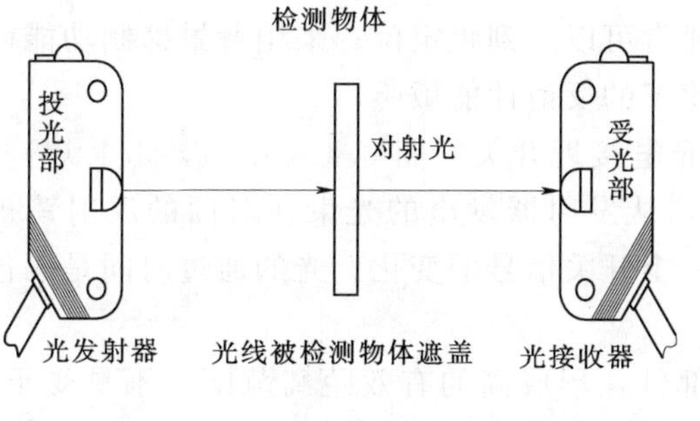

(a) 对射式光电开关原理图

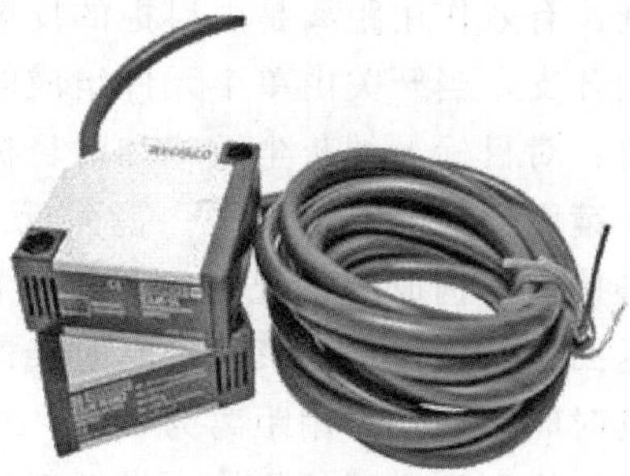

(b) 对射式光电开关实物图

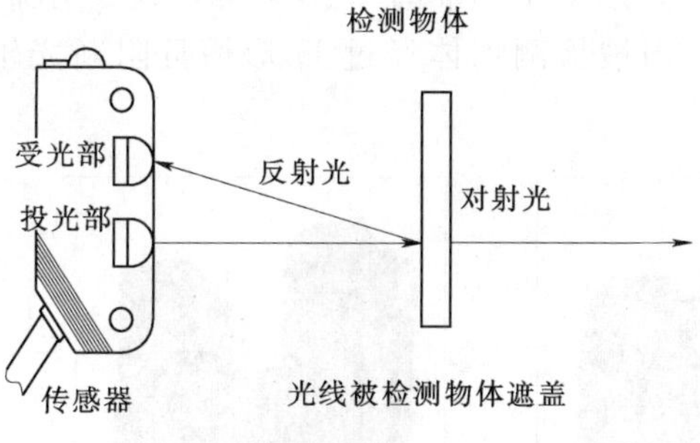

(c) 漫射式光电开关原理图

(d) 漫射式光电开关实物图

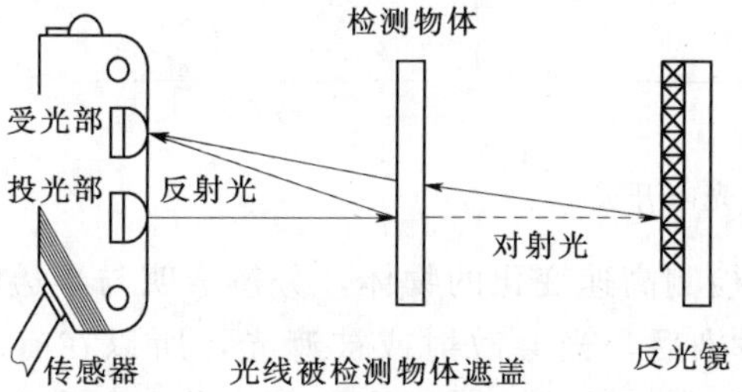

(e) 反射式光电开关原理图

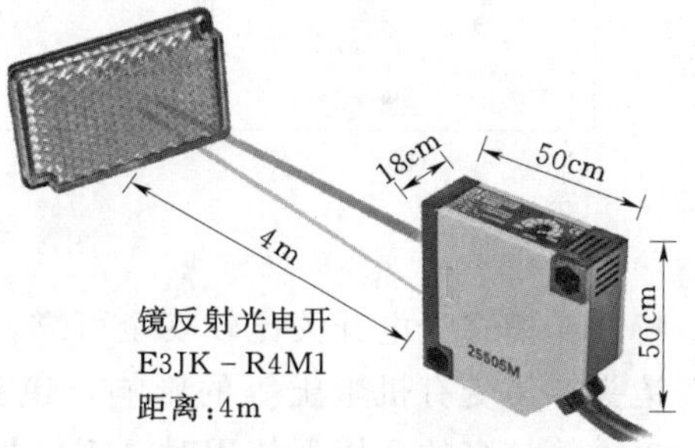

(f) 反射式光电开关实物图

图 3.4　常见的光电开关

(1) 对射式光电开关。对射式光电开关［图 3.4 (a)、图 3.4 (b)］由发射器和接收器组成，结构上是两者相互分离的，在光束被中断的情况下会产生一个开关信号变化，典型的方式是位于同一轴线上的光电开关可以相互分开达 50m。

特征：辨别不透明的反光物体；有效距离大，因为光束跨越感应距离的时间仅一次；不易受干扰，可以可靠合适地使用在野外或者有灰尘的环境中；装置的消耗高，两个单元都必须敷设电缆。

(2) 漫射式光电开关。漫反射型光电开关［图 3.4 (c)、图 3.4 (d)］是当开关发射光束时，目标产生漫反射，发射器和接收器构成单个的标准部件，当有足够的组合光返回接收器时，开关状态发生变化，作用距离的典型值一直到 3m。

特征：有效作用距离是由目标的反射能力，（包括目标表面性质和颜色）决定的；较小的装配开支，当开关由单个元件组成时，通常可以达到粗定位；采用背景抑制功能调节测量距离；对目标上的灰尘敏感和对目标变化了的反射性能敏感。

（3）镜面反射式光电开关。镜面反射式光电接近开关［图 3.4（e）、图 3.4（f）］由发射器和接收器构成的情况是一种标准配置，从发射器发出的光束在对面的反射镜被反射，即返回接收器，当光束被中断时会产生一个开关信号的变化。光的通过时间是两倍的信号持续时间，有效作用距离为 0.1～20m。

特征：辨别不透明的物体；借助反射镜部件，形成高的有效距离范围；不易受干扰，可以可靠合适地使用在野外或者有灰尘的环境中。

（4）槽式光电开关。槽式光电开关（图 3.5）通常是标准的 U 形结构，其发射器和接收器分别位于 U 形槽的两边，并形成一光轴，当被检测物体经过 U 形槽且阻断光轴时，光电开关就产生了检测到的开关量信号。

(a)　　(b)　　(c)

图 3.5　槽式光电开关

特征：槽式光电开关比较安全可靠，适合检测高速变化的物体，分辨透明与半透明物体。镜头容易受有机尘土等的影响，镜头受污染后，光会散射或被遮光，所以在有水蒸气、尘土等较多的环境下使用时，需施加适当的保护装置。受环境强光的影响几乎不受一般照明光的影响，但像太阳光那样的强光直接照射受光体时，会造成误动作或损坏。

3. 光电开关的安装与调试

光电开关具有检测距离长、对检测物体的限制小、响应速度快、分辨率高、便于调整等优点。但在光电开关的安装过程中，必须保证传感器到被检测物体的距离必须在“检出距离”范围内，同时考虑被检测物体的形状、大小、表面粗糙度及移动速度等因素。调试过程如图 3.6 所示。光电开关位置不到，对工件反应不敏感，动作灯不亮。图 3.6（a）中，光电开关位置调整合适，对工件反应敏感，动作灯亮而且稳定灯亮；图 3.6（b）中，当没有工件靠近光电开关时，光电开关没有输出。调试光电开关的位置，合适后将固定螺母锁紧。

光电开关的光源采用绿光或蓝光可以判别颜色，根据表面颜色的反射率特性不同，光电传感器可以进行产品的分拣，为了保证光的传输效率，减小衰减，输送单元的检测环节采用了光纤式光电开关对黑白两种工件的颜色进行设别。

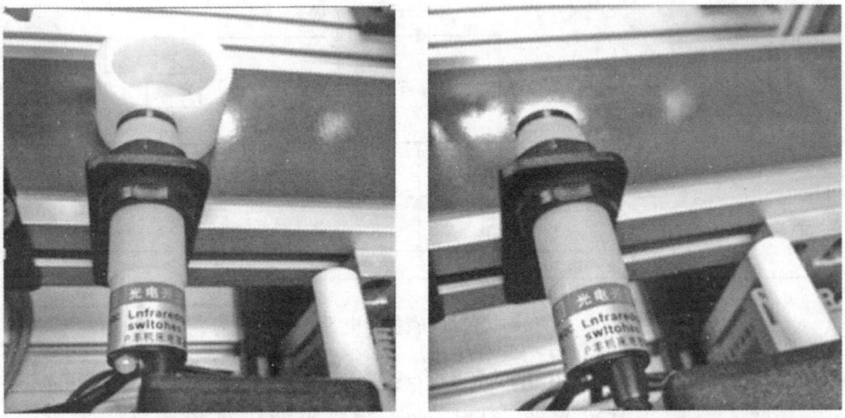

(a) 光电开关调整到位检测到工件　　(b) 光电开关没有检测到工件

图 3.6　光电开关调试过程

3.1.3　光纤传感器

1. 光纤传感器的简介

光纤传感器（图 3.7）也是光电传感器的一种，由光纤单元、放大器两部分组成。它的基本工作原理是将来自光源的光经过光纤送入调制器，使待测参数与进入调制区的光相互作用后，导致光的光学性质（如光的强度、波长、频率、相位、偏正态等）发生变化，成为被调制的信号光，再经过光纤送入光探测器，经解调后，获得被测参数。

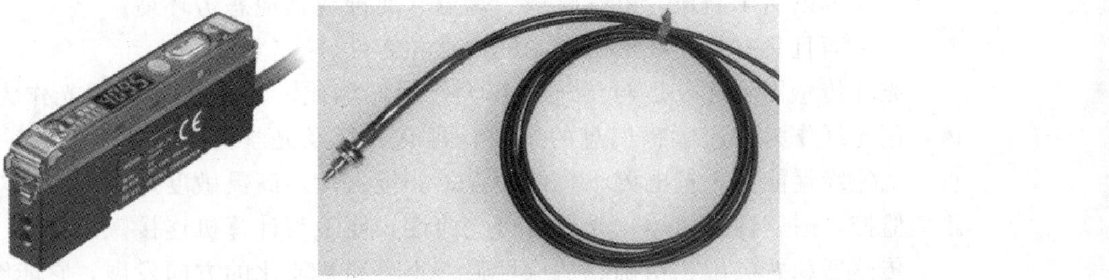

图 3.7　光纤传感器图

如图 3.8 所示，投光器和受光器均在放大器内，投光器发出的光线内部从端面（光纤头）以约 60°的角度扩算，并照射检测物体上；同样，反射回来的光线通过另一条光纤的内部回送到受光器。

光纤传感器的测量原理有两种。

（1）物性型光纤传感器原理。物性型光纤传感器是利用光纤对环境变化的敏感性，将输入物理量变换为调制的光信号。其工作原理基于光纤的光调制效应，即光纤在外界环境因素，如温度、压力、电场、磁场等改变时，其传光特性，如相位与光强，会发生变化的现象。

因此，如果能测出通过光纤的光相位、光强变化，就可以知道被测物理量的变化。这

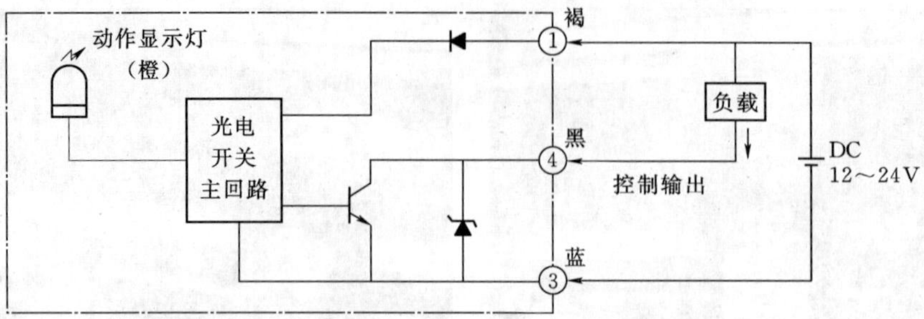

图 3.8 光纤传感器电路框图

类传感器又被称为敏感元件型或功能型光纤传感器。激光器的点光源光束扩散为平行波，经分光器分为两路：一路为基准光路，另一路为测量光路。外界参数（温度、压力、振动等）引起光纤长度的变化和相位的光相位变化，从而产生不同数量的干涉条纹，对它的模向移动进行计数，就可测量温度或压力等。

（2）结构型光纤传感器原理。结构型光纤传感器是由光检测元件（敏感元件）与光纤传输回路及测量电路所组成的测量系统。其中光纤仅作为光的传播媒质，所以又称为传光型或非功能型光纤传感器。

2. 光纤传感器的特点

（1）灵敏度较高。

（2）几何形状具有多方面的适应性，可以制成任意形状的光纤传感器。

（3）可以制造传感各种不同物理信息（声、磁、温度、旋转等）的器件。

（4）可以用于高压、电气噪声、高温、腐蚀或其他恶劣环境。

（5）而且具有与光纤遥测技术的内在相容性。

光纤传感器的优点是与传统的各类传感器相比，光纤传感器用光作为敏感信息的载体，用光纤作为传递敏感信息的媒质，具有光纤及光学测量的特点，有一系列独特的优点。电绝缘性能好，抗电磁干扰能力强，非侵入性，高灵敏度，容易实现对被测信号的远距离监控，耐腐蚀，防爆，光路有可挠曲性，便于与计算机连接。

传感器朝着灵敏、精确、适应性强、小巧和智能化的方向发展，它能够在人达不到的地方（如高温区或者对人有害的地区，核辐射区），起到耳目的作用，而且还能超越人的生理界限，接收人的感官所感受不到的外界信息。

3. 光纤传感器的应用

光纤传感器可用于位移、震动、转动、压力、弯曲、应变、速度、加速度、电流、磁场、电压、湿度、温度、声场、流量、浓度、pH 值和应变等物理量的测量。它的应用范围很广，几乎涉及国民经济和国防上所有重要领域和人们的日常生活，尤其可以安全有效地在恶劣环境中使用，解决了许多行业多年来一直存在的技术难题，具有很大的市场需求。

在自动化生产线设备中的送料单元上安装一个光纤传感器，光纤检测头的尾端部分分成两条光纤，使用时分别插入放大器的两个光纤孔。在送料单元中，通过调节光纤传感器中放大器的灵敏度，以此来检测料仓中的工件是否缺料。

4. 光纤传感器的安装与调试

(1) 电气与机械安装。安装过程中，首先把光纤检测头固定在安装孔中，将光纤放大器安装在导轨上，然后光纤检测头的尾端两条光纤，分别插入放大器的两个光纤孔。然后根据图 3.8 所示进行电气接线，接线时请注意根据导线颜色判别电源极性和信号输出线。

(2) 灵敏度调整。在送料单元中，使用螺丝刀来调整传感器灵敏度。图 3.9 所示为光纤放大器的俯视图，调节灵敏度旋钮就能进行放大器灵敏度调节。调节时，会看到“入光量显示灯”发光的变化。在检测距离固定后，当工件出现在光纤检测头前方时，“动作显示灯”亮，提示检测到工件时，光纤传感器调试完成。

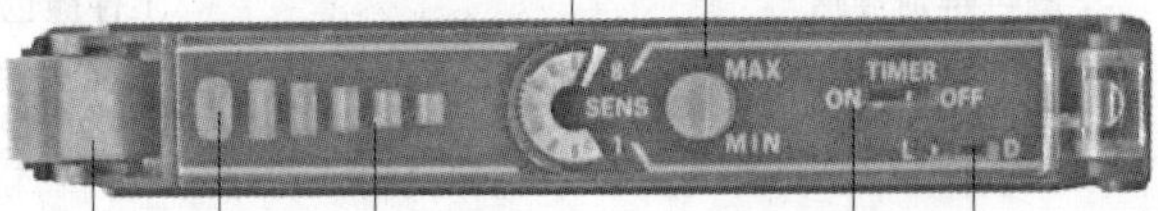

图 3.9　光纤放大器的俯视图

光纤传感器在生产线上应用越来越多，但在一些尘埃多、容易接触到有机溶剂及需要较高性价比的应用场合中，可以用其他一些传感器来代替，如电容式传感器和电涡流式接近开关。

【例 3-1】 检测工件的颜色：利用光纤式光电开关检测工件的颜色（黑色或白色），并发出相应指示信号。首先调低光纤传感器灵敏度，对于反射性较差的黑色物体，光纤传感器无法接收到反射信号；对于反射性较好的白色物体则可以接收到反射信号。利用这一原理区分黑色和白色工件。

进行 I/O 分配，见表 3.1，控制程序如图 3.10 所示。

表 3.1　[例 3-1] 的 I/O 分配表

输入		输出	
I0.2	启动按钮	Q2.4	工件颜色指示灯
I0.4	停止按钮		
I3.0	颜色辨别传感器		

当检测到白色工件，指示灯亮；而黑色工件则检测不到，指示灯不亮。

3.1.4　电感接近开关和电容式接近开关

1. 电感式传感器

电感式接近开关（图 3.11）由三大部分组成：振荡器、开关电路及放大输出电路。振荡器产生一个交变磁场。当金属目标接近这一磁场，并达到感应距离时，在金属目标内

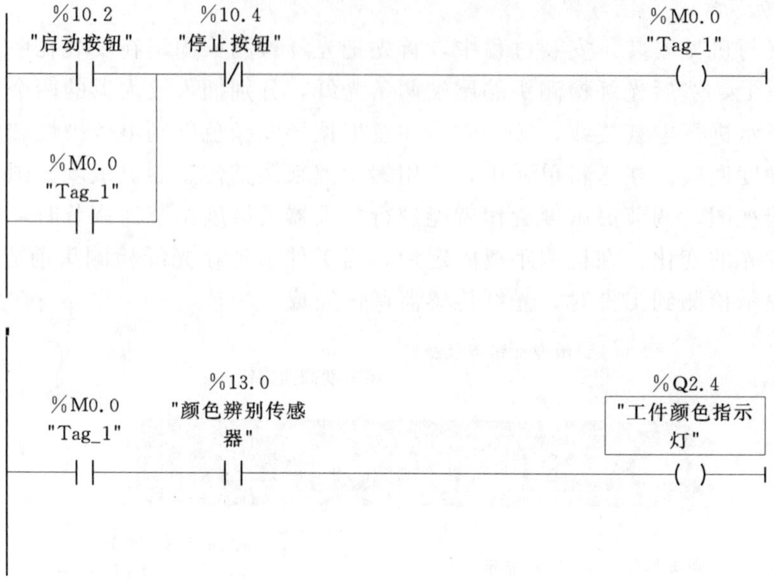

图 3.10 [例 3-1] 控制程序

产生涡流，从而导致振荡衰减，以至停振。振荡器振荡及停振的变化被后级放大电路处理并转换成开关信号，触发驱动控制器件，从而达到非接触式之检测目的，如图 3.12 所示。

图 3.11 电感式接近开关

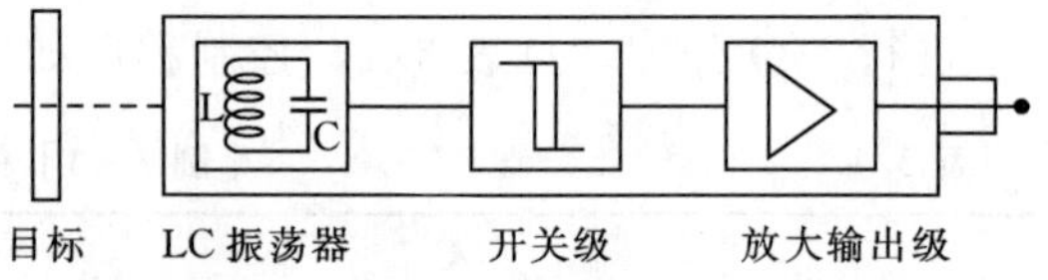

图 3.12 电感式接近开关工作原理

电感式接近开关振荡电路中的线圈产生一个高频磁场。当目标物接近磁场时，由于电磁感应在目标物中产生一个感应电流（涡电流）。随着目标物接近传感器，感应电流增强，引起振荡电路中的负载加大。然后，振荡减弱直至停止。传感器利用振幅检测，并输出检测信号。

2. 电容式传感器

电容式传感器的感应面由两个同轴金属电极构成，很像“打开的”电容器电极，该两个电极构成一个电容，串接在 RC 振荡回路内。电源接通时，RC 振荡器不振荡，当有物体朝着电容器的电靠近时，电容器的容量增加，振荡器开始振荡。通过后级电路的处理，将振荡信号转换成开关信号，从而起到了检测有无物体存在的目的。该传感器能检测金属物体，也能检测非金属物体，对金属物体可以获得最大的动作距离，对非金属物体的动作距离决定于材料的介电常数，材料的介电常数越大，可获得的动作距离越大。一个无限大平行平板电容器的电容值可表示为：$C=ES/d$（E 为平行平板间介质的介电常数，d 为极板的间距，S 为极板的覆盖面积）。改变其中某个参数，即可改变电容量。由于结构简单，几乎所有电容式压力传感器均采用改变间隙的方法来获得可变电容。电容式传感器的初始电容值较小，一般为几十皮法，它极易受到导线电容和电路的分布电容的影响，因而必须采用先进的电子线路才能检测出电容的微小变化。可以说，一个好的电容式传感器应该是可变电容设计和信号处理电路的完美结合。

电容式接近开关（图 3.13）是一种具有开关量输出与被检测体无机械接触而能动作的传感器。开关由高频振荡在开关工作面上与被测试目标面构成一个电容器接在振荡回路内，参与振荡回路工作，当被检测物体靠近接近开关工作面时，回路的电容量发生变化，由此产生开与关的作用，从而检测物体的有或无。因电容式接近开关的工作特性，开关不仅能检测金属，而且也能对非金属物质如塑料、玻璃、水、油等物质进行相应的检测。在检测非金属物体时，相应的检测距离因受检测体的导电率、介电常数、体积吸水率等参数影响，检测距离有所不同，对接地的金属导体有最大的检测距离。

(a)

(b)

图 3.13 电容式接近开关

电容式传感器与电感式等传感器相比有如下一些优点：

（1）高阻抗、小功率，因而所需的输入力很小，输入能量也很低。电容式传感器因带电极板间静电引力极小（约 $n\times10^{-5}$N），因此所需输入能量极小，所以特别适宜用来解决输入能量低的测量问题，例如测量极低的压力、力和很小的加速度、位移等，可以做得很灵敏，分辨力非常高，能感受 0.001μm 甚至更小的位移。

（2）温度稳定性好。传感器的电容值一般与电极材料无关，有利于选择温度系数低的材料，又因本身发热极小，对稳定性影响甚微。

（3）结构简单，适应性强，待测体是导体或半导体均可，可在恶劣环境中工作。电容式传感器结构简单，易于制造，可做得非常小巧，以实现某些特殊的测量；能工作在高低温、强辐射及强磁场等恶劣的环境中，也能对带有磁性的工件进行测量。

（4）动态响应好。由于极板间的静电引力很小，可动部分做得很小、很薄，因此其固有频率很高，动态响应时间短，能在几兆赫的频率下工作，特别适合动态测量，如测量振动、瞬时压力等。

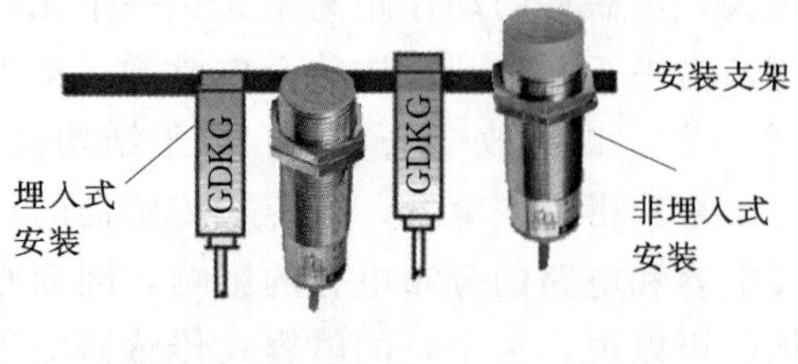

图 3.14　接近开关安装方法

(5) 可以实现非接触测量，具有平均效应。例如，非接触测量回转轴的振动或偏心、小型滚珠轴承的径向间隙等。当采用非接触测量时，电容式传感器具有平均效应，可以减小由于工作表面粗糙等对测量的影响。

3. 电感式传感器和电容式传感器的安装

在安装传感器与选用中，必须认真考虑检测距离、设定距离，保证生产线上的传感器可靠动作。安装标准如图 3.14 所示，接线方法以 NPN、常开型为例，如图 3.15 所示。

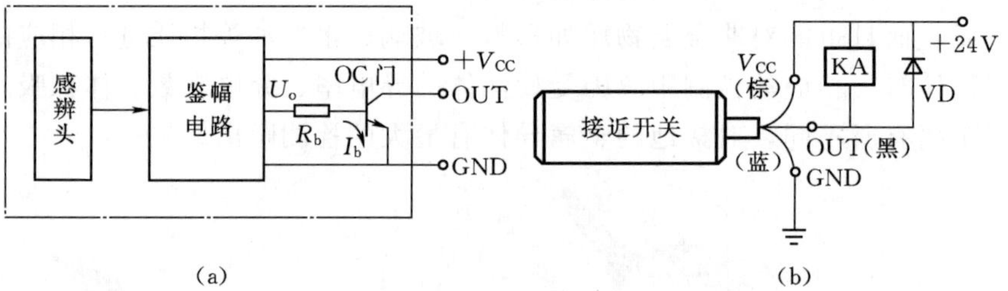

图 3.15　NPN、常开型接近开关接线图

4. 使用接近开关的注意事项

在一般的工业生产场所，通常都选用涡流式接近开关和电容式接近开关。因为这两种接近开关对环境的要求条件较低。当被测对象是导电物体或可以固定在一块金属物上的物体时，一般都选用涡流式接近开关，因为它的响应频率高，抗环境干扰性能好，应用范围广，价格较低。

若所测对象是非金属（或金属）、液位高度、粉状物高度、塑料、烟草等，则应选用电容式接近开关。这种开关的响应频率低，但稳定性好。安装时应考虑环境因素的影响。

若被测物为导磁材料或者为了区别于和它在一同运动的物体而把磁钢埋在被测物体内时，应选用霍尔接近开关，它的价格最低。

在环境条件比较好、无粉尘污染的场合，可采用光电接近开关。光电接近开关工作时对被测对象几乎无任何影响。因此，在要求较高的传真机上，在烟草机械上都被广泛地使用。无论选用哪种接近开关，都应注意对工作电压、负载电流、响应频率、检测距离等各项指标的要求。

3.1.5　光电编码器

光电编码器（图 3.16）是一种通过光电转换将输出轴上的机械几何位移量转换成脉冲或数字量的传感器。这是目前应用最多的传感器，光电编码器是由光栅盘和光电检测装置组成。光栅盘是在一定直径的圆板上等分地开通若干个长方形孔。由于光电码盘与电动机同轴，电动机旋转时，光栅盘与电动机同速旋转，经发光二极管等电子元件组成的检测装置检测输出若干脉冲信号，通过计算每秒光电编码器输出脉冲的个数就能反映当前电动机的转速。此外，为判断旋转方向，码盘还可提供相位相差 90°的两路脉冲信号。

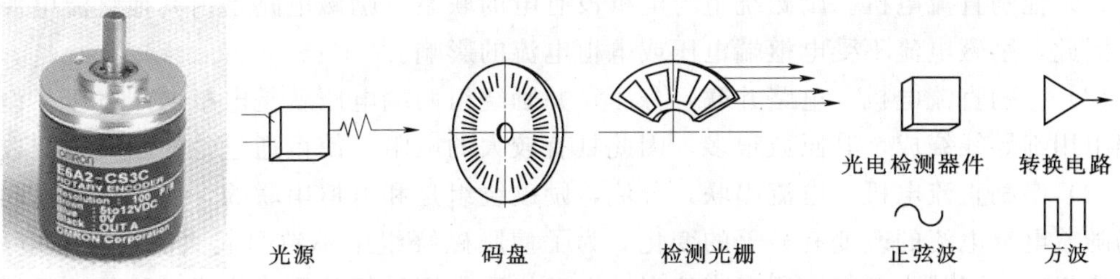

图 3.16　光电编码器及其组成示意图

常见的光电编码器由光栅盘、发光元件和光敏元件组成。光栅实际上是一个刻有规则透光和不透光线条的圆盘，光敏元件接收的光通量随透光线条同步变化，光敏元件输出波形经整形后，变为脉冲信号，每转一圈，输出一个脉冲。根据脉冲的变化，可以精确测量和控制设备位移量。一般来说，根据光电编码器产生脉冲的方式不同，可以分为增量式、绝对式和复合式三大类，生产线上常采用的是增量式光电编码器。增量式编码器是直接利用光电转换原理输出三组方波脉冲 A、B 和 Z 相；A、B 两组脉冲相位差 90°，从而可方便地判断出旋转方向；而 Z 相为每转一个脉冲，用于基准点定位。增量型编码器脉冲输出示意如图 3.17 所示。它的优点是原理构造简单，机械平均寿命可在几万小时以上，抗干扰能力强，可靠性高，适合于长距离传输。其缺点是无法输出轴转动的绝对位置信息。

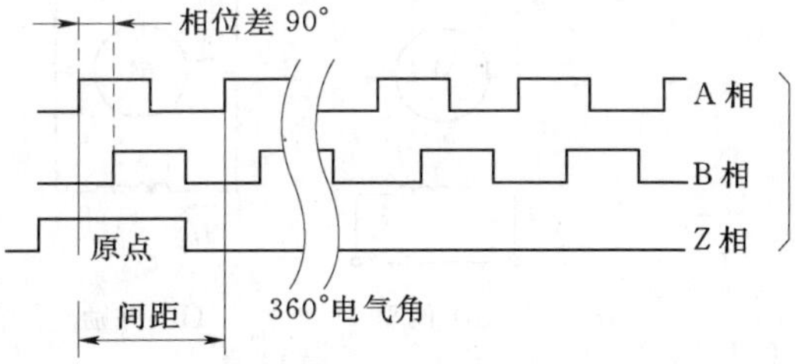

图 3.17　增量型编码器脉冲输出示意图

任务 3.2　自动化生产线中电动机驱动技术应用

【知识和能力目标】

1. 掌握直流电动机及其应用。
2. 掌握交流电动机及其应用。
3. 掌握步进电动机及其应用。

3.2.1　直流电动机

定义输出或输入为直流电能的旋转电机，称为直流电机，它是能实现直流电能和机械能互相转换的电机。当它作电动机运行时是直流电动机，将电能转换为机械能；作发电机运行时是直流发电机，将机械能转换为电能。直流电动机是将直流电能转换为机械能的电动机。因其良好的调速性能而在电力拖动中得到广泛应用。

1. 根据励磁方式分类

根据励磁方式的不同，直流电动机分为他励、并励、串励、复励几种，如图3.18所示。

（1）他励直流电机。励磁绕组与电枢没有电的联系，励磁电路是由其他直流电源供给的。因此，励磁电流不受电枢端电压或电枢电流的影响。

（2）并励直流电机。电路并联，分压，并励绕组两端电压就是电枢两端电压，但是励磁绕组用细导线绕成，其匝数很多，因此具有较大的电阻，使得通过他的励磁电流较小。

（3）串励直流电机。电流串联，分流，励磁绕组是和电枢串联的，所以这种电动机内磁场随着电枢电流的改变有显著的变化。为了使励磁绕组中不致引起大的损耗和电压降，励磁绕组的电阻越小越好，所以直流串励电动机通常用较粗的导线绕成，他的匝数较少。

（4）复励直流电机。电动机的磁通由两个绕组内的励磁电流产生。

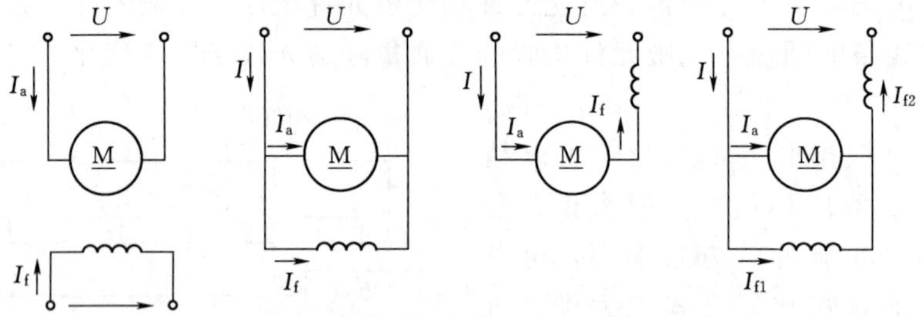

（a）他励　　（b）并励　　（c）串励　　（d）复励

图3.18　直流电机按励磁方式分类

2. 根据有无刷分类

根据有无刷对直流电动机可分为无刷直流电动机及有刷直流电动机两种。

（1）无刷直流电动机（图3.19）。无刷直流电动机是将普通直流电动机的定子与转子进行了互换，其转子为永久磁铁产生气隙磁通，定子为电枢，由多相绕组组成。在结构上，它与永磁同步电动机类似。

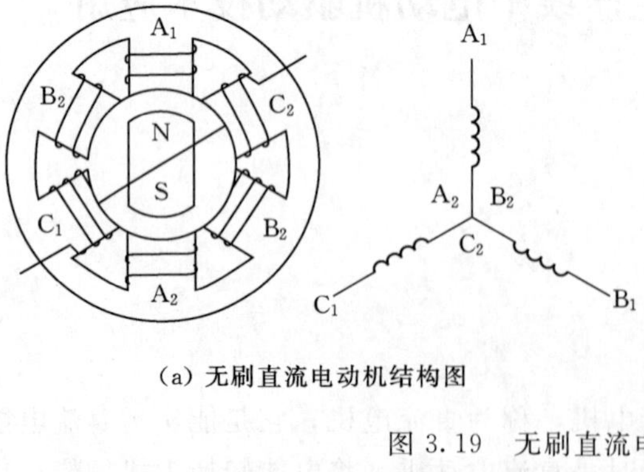

（a）无刷直流电动机结构图

（b）无刷直流电动机

图3.19　无刷直流电动机

（2）有刷直流电动机。有刷电动机的两个刷（铜刷或者碳刷）是通过绝缘座固定在电动机后盖上直接将电源的正负极引入到转子的换相器上，而换相器连通了转子上的线圈，3 个线圈极性不断的交替变换与外壳上固定的两块磁铁形成作用力而转动起来。由于换相器与转子固定在一起，而刷与外壳（定子）固定在一起，电动机转动时刷与换相器不断地发生摩擦产生大量的阻力与热量。所以有刷电机的效率低下、损耗非常大，但是它同样具有制造简单、成本低廉的优点。

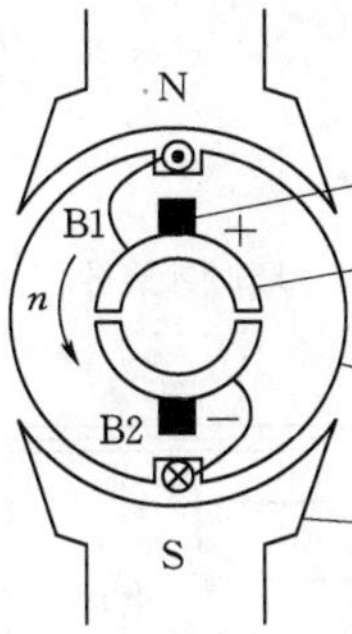

(a) 有刷直流电动机结构图

(b) 有刷直流电动机

图 3.20　有刷直流电动机

3. 直流电机的工作原理

直流发电机的工作原理就是把电枢线圈中感应的交变电动势，靠换向器配合电刷的换向作用，使之从电刷端引出时变为直流电动势。

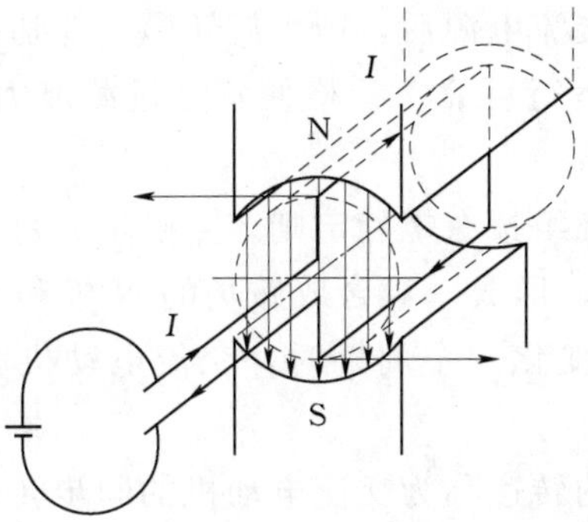

(a) 无刷直流电动机工作原理图

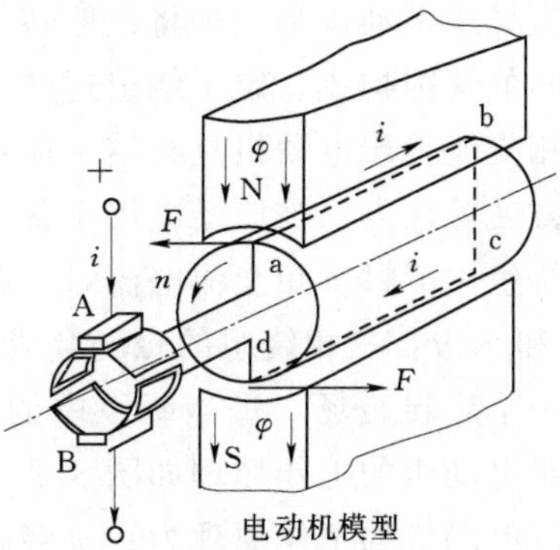

(b) 有刷直流电动机工作原理图

图 3.21　直流电动机工作原理

3.2.2　交流电动机

交流电动机主要由一个用以产生磁场的电磁铁绕组或分布的定子绕组和一个旋转电枢或转子组成。电动机利用通电线圈在磁场中受力转动的现象而制成，所以定子和转子中电流的方向变化总是同步的，交流电动机就是利用这个原理工作的。

交流电动机的分类及特点如图 3.22 所示。

BA－AT－03 输送单元的传送带，是用带减速装置的三相交流电动机（图 3.23），使

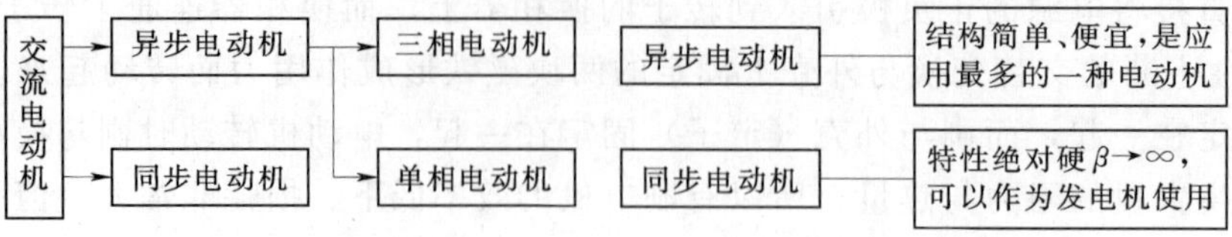

(a) 交流电动机的分类　　(b) 交流电动机的特点

图 3.22　交流电动机的分类及特点

得传送带的运转速度达理想状态。

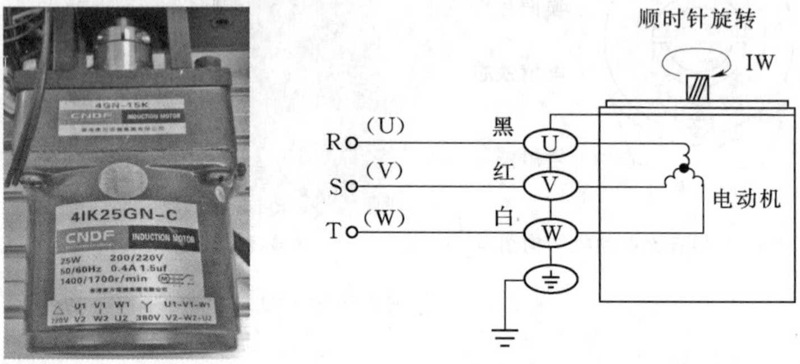

(a) 三相交流电动机　　(b) 三相交流电动机接线图

图 3.23　BA-AT-03 中使用的三相交流电动机

三相交流异步电动机是一种将电能转化为机械能的电力拖动装置。它主要由定子、转子和它们之间的气隙构成。定子绕组通往三相交流电源后，产生旋转磁场并切割转子，获得转矩。三相交流异步电动机具有结构简单、运行可靠、价格便宜、过载能力强及使用、安装、维护方便等优点，被广泛应用于各个领域。

当三相绕组中流过三相交流电流时，各项绕组按右螺旋定则产生磁场。每一相绕组产生一对 N 极和 S 极，三相绕组的磁场合成起来，形成一对合成磁场的 N 极和 S 极。这个合成磁场是一个旋转磁场，每当绕组中的电流变化一个周期时，交流电动机就会旋转一周。交流异步电动机的工作原理如图 3.24 所示。

三相交流电动机的工作原理为：旋转磁场的转速称为交流电动机的同步转速。当绕组电流的频率为 f，电动机的磁极数为 p 时，同步转速（r/min）可用 $n_0=120f/p$ 表示。异步电动机的转子转速为 n 为

$$n=\frac{60f}{p}(1-s) \tag{3.1}$$

式中　s——转差率。

由式（3.1）可见，要改变电动机的转速，可通过以下三种方式实现：①改变磁极对数 p；②改变转差率 s；③改变频率 f。

在 BA-AT-03 型输送单元的传送带的控制上，交流电动机的调速采用变频器调速的方式。当改变交流电动机供电电源的相序时，就可以改变电动机的转向。电动机的速度方向控制都由变频器完成。

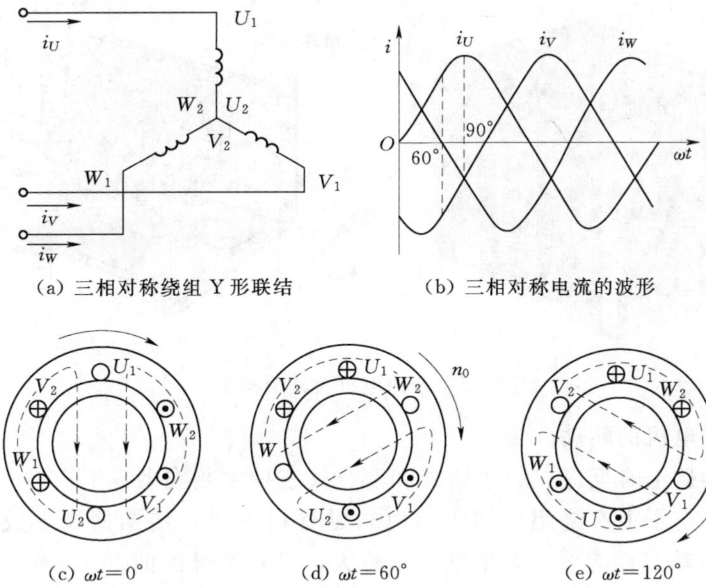

图 3.24　交流异步电动机的工作原理图

三相异步电动机在运行过程中需注意，若其中一相和电源断开，则变成单相运行。此时电动机仍会按原来的方向运转。但若负载不变，三相供电变成单相供电，电流将变大，导致电动机过热。使用中要特别注意这种现象：三相异步电动机若在启动前有一相断电，将不能启动，此时只能听到嗡嗡声，长时间启动不了，也会过热，必须赶快排除故障。注意外壳的接地线必须可靠地接大地，防止漏电引起人身伤害。

3.2.3　步进电机

步进电机是将电脉冲信号转变为角位移或线位移的开环控制元步进电机件。在非超载的情况下，电机的转速、停止的位置只取决于脉冲信号的频率和脉冲数，而不受负载变化的影响，当步进驱动器接收到一个脉冲信号，它就驱动步进电机按设定的方向转动一个固定的角度，称为“步距角”，它的旋转是以固定的角度一步一步运行的。可以通过控制脉冲个数来控制角位移量，从而达到准确定位的目的；同时可以通过控制脉冲频率来控制电机转动的速度和加速度，从而达到调速的目的。

1. 步进电机的工作原理

步进电机是一种感应电机，它的工作原理是利用电子电路，将直流电变成分时供电的多相时序控制电流，用这种电流为步进电机供电，步进电机才能正常工作，驱动器就是为步进电机分时供电的多相时序控制器。

通常电机的转子为永磁体，当电流流过定子绕组时，定子绕组产生一矢量磁场。该磁场会带动转子旋转一角度，使得转子的一对磁场方向与定子的磁场方向一致。当定子的矢量磁场旋转一个角度，转子也随着该磁场转一个角度。每输入一个电脉冲，电动机转动一个角度前进一步，它输出的角位移与输入的脉冲数成正比，转速与脉冲频率成正比。改变绕组通电的顺序，电机就会反转。所以，可用控制脉冲数量、频率及电动机各相绕组的通

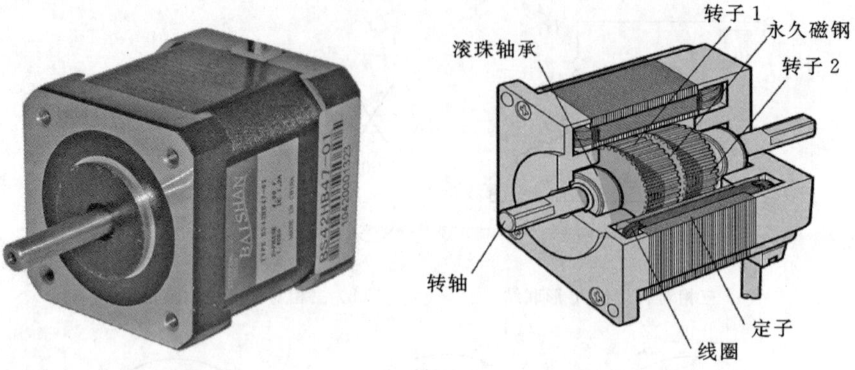

图 3.25　步进电机及其结构图

电顺序来控制步进电机的转动。

步进电机在构造上有反应式、永磁式和混合式三种主要类型：

（1）反应式。定子上有绕组、转子，由软磁材料组成。结构简单、成本低、步距角小，可达 1.2°，但动态性能差、效率低、发热大，可靠性难保证。

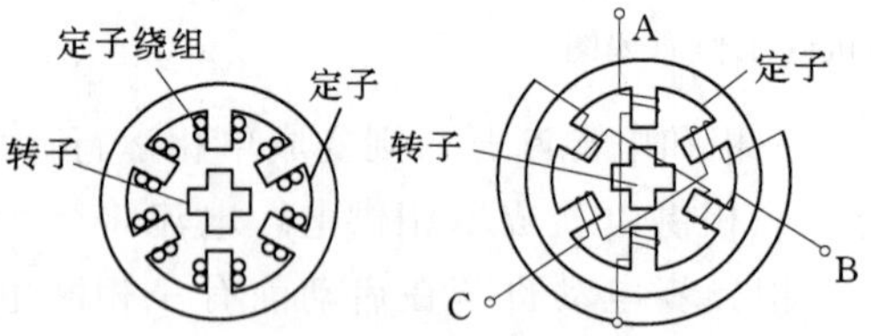

图 3.26　步进电机结构图

（2）永磁式。永磁式步进电机的转子用永磁材料制成，转子的极数与定子的极数相同。其特点是动态性能好、输出力矩大，但这种电机精度差，步矩角大（一般为 7.5° 或 15°）。

（3）混合式。混合式步进电机综合了反应式和永磁式的优点，其定子上有多相绕组，转子上采用永磁材料，转子和定子上均有多个小齿以提高步距精度。其特点是输出力矩大，动态性能好，步距角小，但结构复杂，成本相对较高。

步进电机主要由两部分构成——定子和转子，它们均由磁性材料构成。以三相为例其定子和转子上分别有 6 个、4 个磁极。

定子的 6 个磁极上有控制绕组，两个相对的磁极组成一相。这里的相和三相交流电中的“相”的概念不同。步进机通的是直流电脉冲，这主要是指线路的联结和组数的区别。

2. S7－1200 PLC 步进电机控制基础

S7－1200 PLC CPU 输出脉冲和方向信号到驱动器，驱动器再将从 CPU 输入的给定值进行处理后输出到步进电机，控制步进电机的加速、减速和移动到指定位置。如图 3.27 所示，S7－1200 PLC 步进电机控制以下四个部分：①用户程序；②定义工艺对象“轴”；③CPU 硬件输出；④相关执行设备，如机床等。

（1）S7－1200 PLC 的 PTO 脉冲输出。S7－1200 PLC 的高速脉冲输出包括脉冲串输出（PTO）和脉冲调制输出（PWM），PTO 可以输出一串脉冲（占空比为 50%），用户可以控制脉冲的周期和个数［图 3.28（a）］；PWM 可以输出连续的、占空比可以调制的脉冲串，用户可以控制脉冲的周期和脉宽［图 3.28（b）］。

S7－1200 PLC 的集成 PTO 输出的最高频率为 100kHz，信号板输出的最高频率为 20kHz。CPU 在使用 PTO 功能时，将占用集成点 Qa.0、Qa.2 或信号板的 Q4.0 作为脉

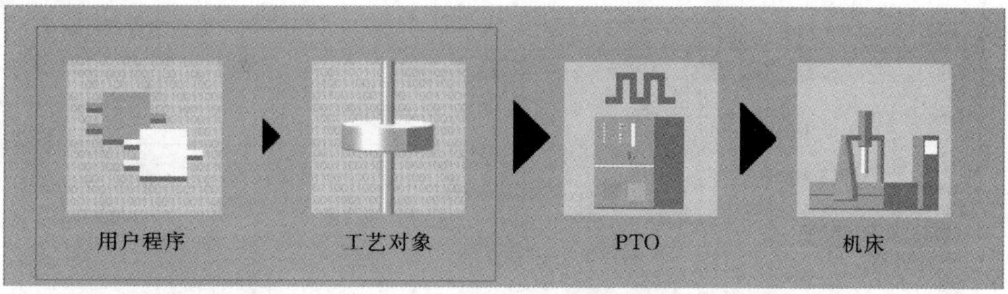

图 3.27　步进电机控制实现的途径

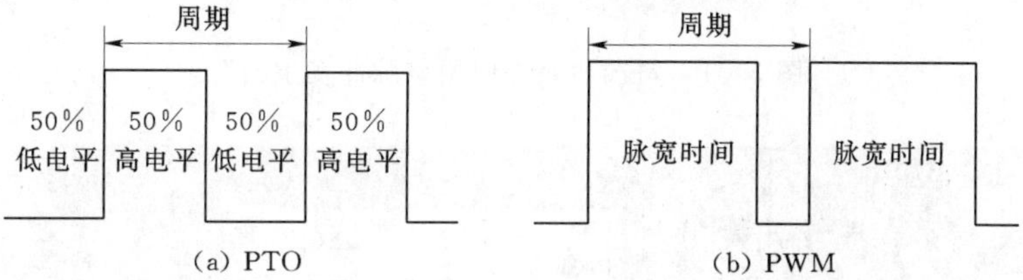

图 3.28　高速脉冲 PTO 和 PWM

冲输出点，而 Qa.1、Qa.3 或信号板 Q4.1 作为方向信号输出点。虽然使用了过程映象驱动地址，但这些点会被 PTO 功能独立使用，不会受扫描周期影响，其作为普通输出点的功能将被禁止。

S7-1200 PLC PTO 的硬件组态包括以下步骤：①选择设备组态；②选择合适的 CPU；③在属性选项卡中勾选“允许使用该脉冲发生器”。

如图 3.29 所示，双击项目树下“设备配置”。

如图 3.30 所示，单击选中 CPU。

如图 3.31 所示，选择 PTO1，并勾选“允许使用该脉冲发生器”。

如图 3.32 所示，选择脉冲发生器的类型：PTO 或者 PWM，在这里选择 PTO 方式。

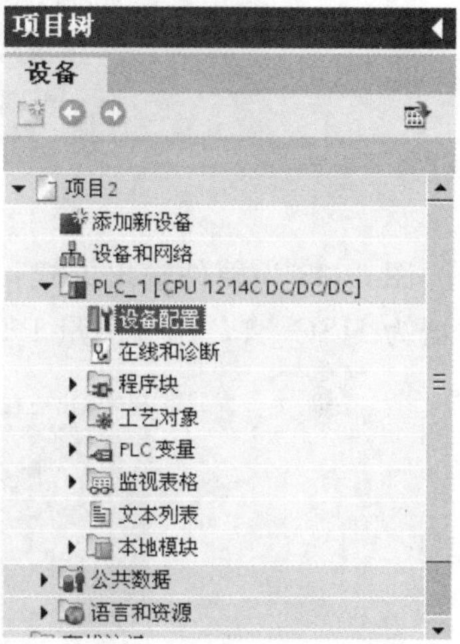

图 3.29　双击设备配置

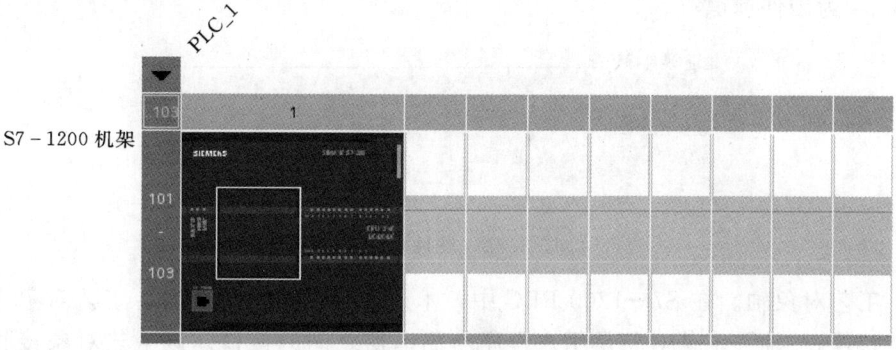

图 3.30　选中 CPU

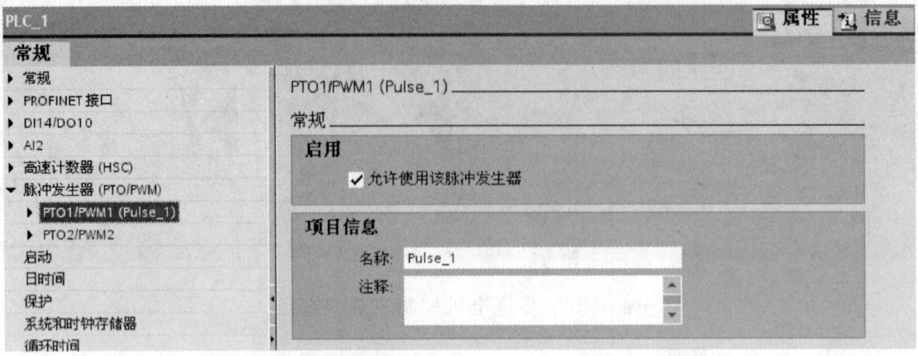

图 3.31 勾选“允许使用该脉冲发生器”

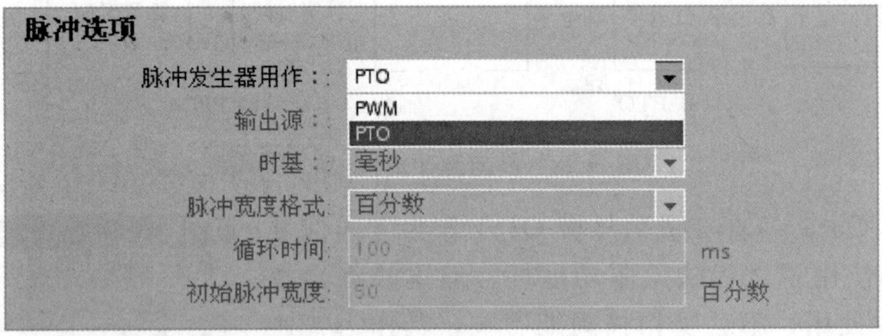

图 3.32 选择脉冲发生器类型

图 3.33 为硬件输出方式，脉冲输出为 Q0.0，方向输出为 Q0.1，系统自动分配的计数器为 HSC_1，用于测量 PTO 输出的脉冲数，从而可以计算当前位置、速度等。

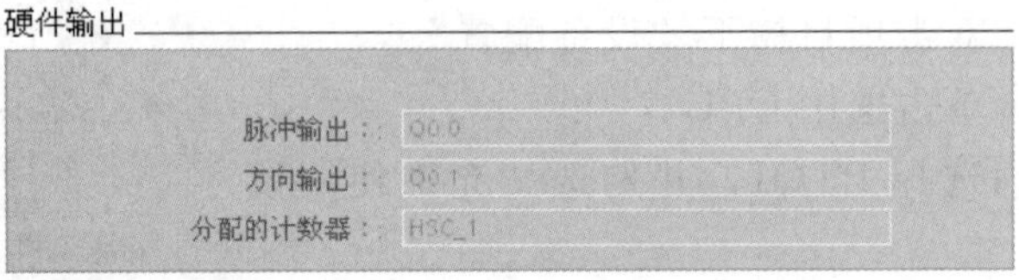

图 3.33 硬件输出点定义

图 3.34 为硬件标识符。

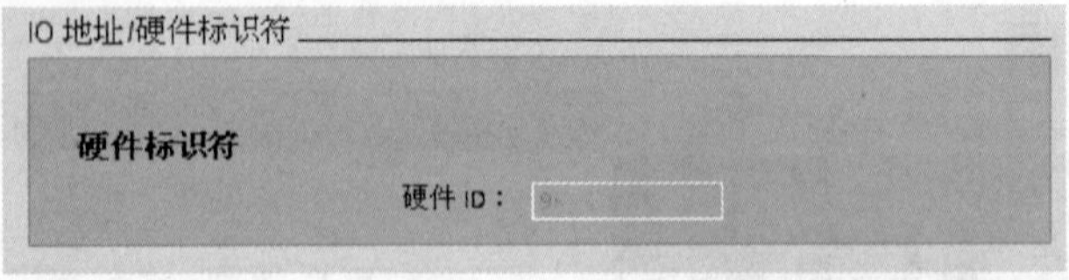

图 3.34 硬件标识符

（2）工艺对象轴。在 S7－1200 PLC 中，术语“轴”特指用“轴”工艺对象表示的驱动器工艺映像。“轴”工艺对象是用户程序与驱动器之间的接口。该工艺对象接收用户程序中的运动控制命令，执行这些命令并监视其运行情况。运动控制命令在用户程序中通过运动控制语句启动。“驱动器”特指由步进电动机与动力部分或伺服驱动器与具有脉冲接口的转换器组成的机电装置。驱动器由“轴”工艺对象通过 S7 - 1200 CPU 的脉冲发生器控制。

创建工艺对象“轴”步骤如下：

1）如图 3.35 所示，在项目树中选择“添加新对象”。

2）如图 3.36 所示，创建新工艺对象“轴”。

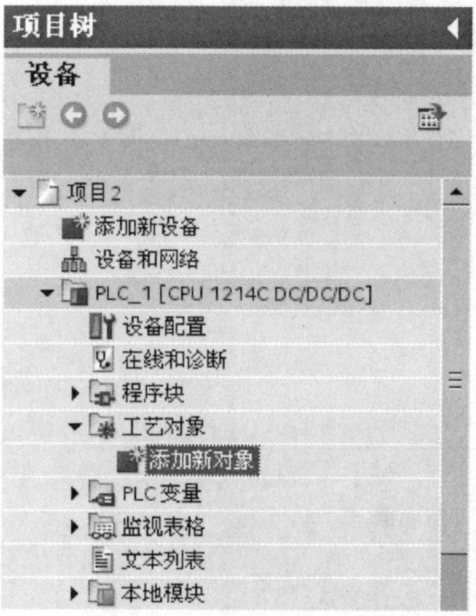

图 3.35　项目树中选择“添加新对象”

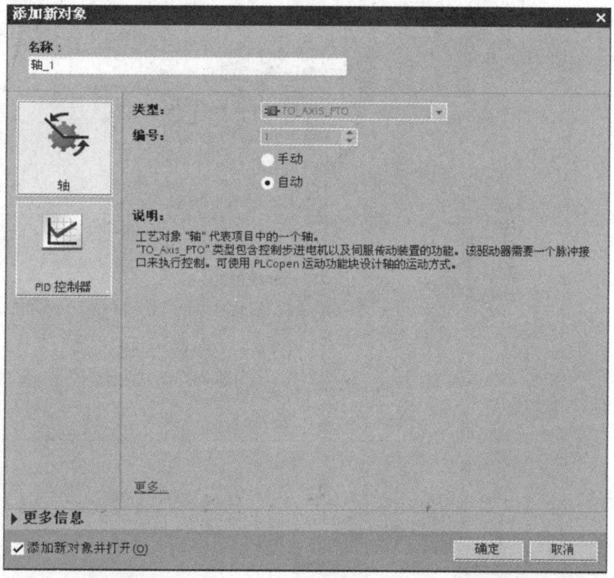

图 3.36　创建新工艺对象“轴”

3）创建了新工艺对象“轴”后，要进行参数设置，即组态工艺对象“轴”。其步骤如下：

a）如图 3.37 所示，在项目树中找到新创建的工艺“轴 _ 1”，并选择“组态”菜单。

b）如图 3.38 所示，在常规选项中对硬件接口的“为轴控制选择 PTO”选择“Pulse _ 1”，这时可以切换到“设备配置”进行 PTO 的硬件组态。

c）如图 3.39 所示“驱动器接口”组态中，选择轴使能信号为%Q0.4。“选择‘就绪’输入”是设置驱动系统正常输入点，当驱动设备正常时，会给出一个开关量输出，此信号可以接到 CPU 中，告知运动控制器驱动正常与否（上面提到的轴的使能信号%Q0.4 指的是 PLC 发送信号至步进电机驱动器上启用步进电机驱动器，然后步进电机驱动器回复已启用信号至 PLC，此时 PLC 的输出口 Q0.4 就会接通）。

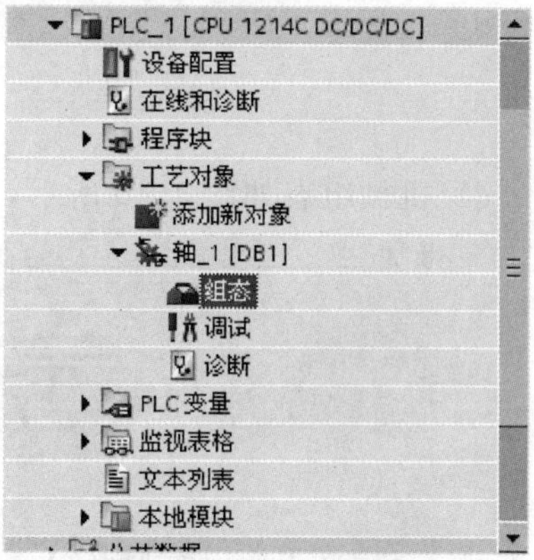

图 3.37　选择“组态”菜单

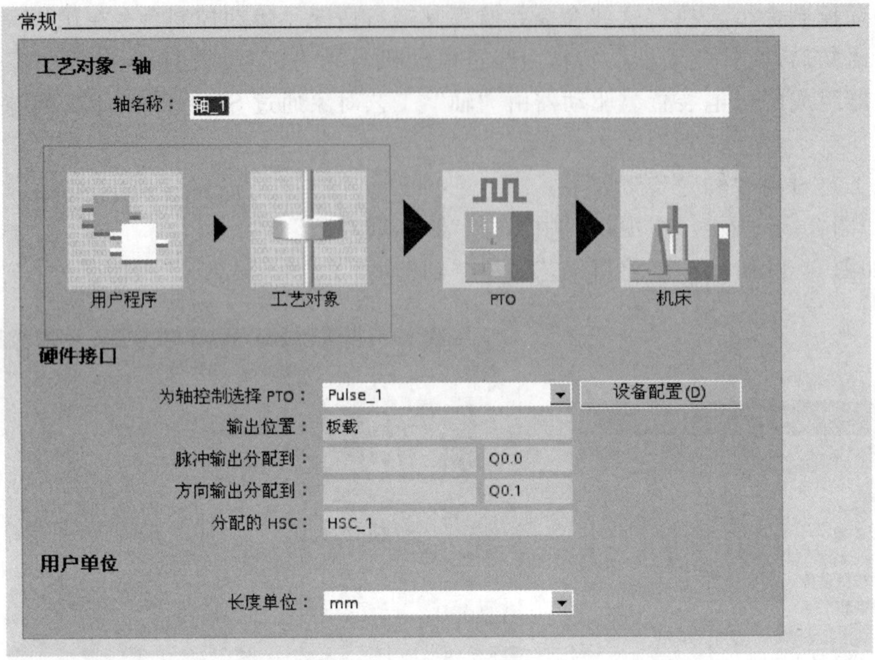

图 3.38　为轴控制选择 PTO

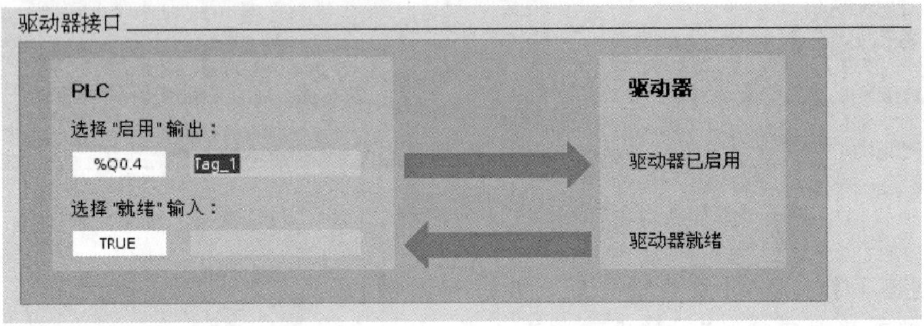

图 3.39　配置驱动器接口

d）机械组态如图 3.40 所示，选项“电机每转的脉冲数”为电动机旋转一周所产生的

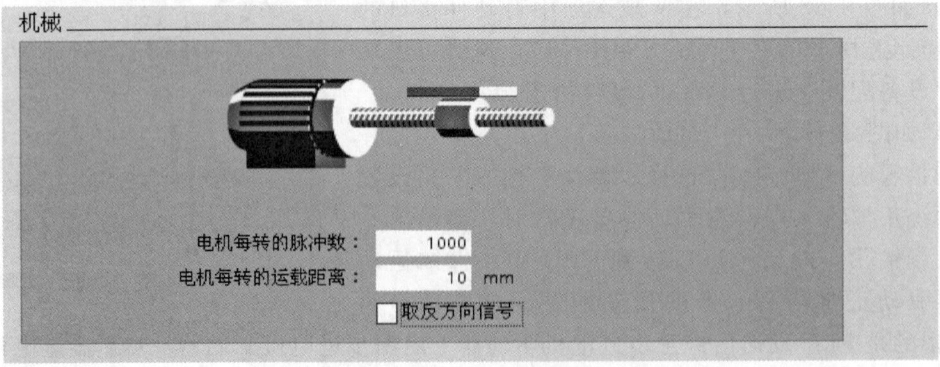

图 3.40　设置电机每转脉冲数和运载距离

脉冲个数；选项“电机每转的运载距离”为电动机旋转一周后生产机械所产生的位移，这里位移的单位与图选择的单位一致。

e）图 3.41 所示为位置限制组态，在 S7－1200 PLC 运动控制中，它可以设置两种限位开关，即软件限位和硬件限位，如两者都启用，则必须输入硬件下限位开关输入的输入点、输入硬件上限位开关输入点、激活方式（选择电平上限）、软件下限和软件上限。在达到硬件限位时，“轴”将使用急停减速斜坡停止，在达到软件限位时，激活的“运动”将停止，工艺对象报故障，在故障被确认后“轴”可以恢复在原工作范围内运动。

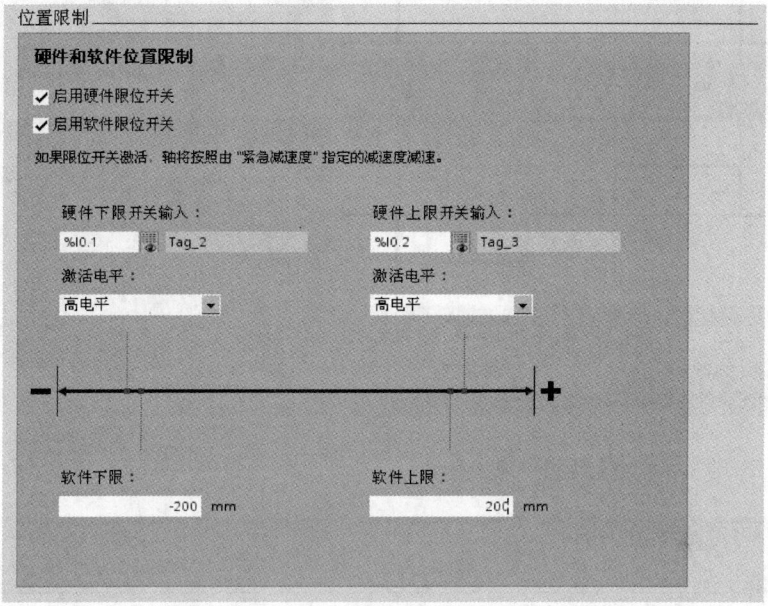

图 3.41　位置限制组态

f）图 3.42 所示为动态常规参数组态，它包括速度限值的单位、最大速度、启动和停止速度、加速度、加速与减速时间。加/减速度与加/减速时间这两组数据，只要定义其中任意一组，系统就会自动计算另外一组数据。这里的加/减速度和加/减速时间需要用户根据实际工艺要求和系统本身特性调试得出。

速度限值的单位为 mm/s，最大速度为 50mm/s，启动停止速度为 10mm/s，最大速度一定要大于启动停止速度，加速时间为 0.1s，减速时间为 0.099999s。为了保护设备以及从安全的角度考虑，加速时间要大于减速时间（它们的范围一般为 0～0.3s），以实现紧急停车保护。

g）图 3.43 所示为动态紧急斜坡组态，它需要定义一组从最大速度急停减速到启动/停止速度的减速度。

h）图 3.44 所示的回原点组态中，需要输入参考点开关，一般使用数字量输入作为参考，在这里用%I1.2 作为原点。

i）如图 3.45 所示勾选“允许硬件限位开关自动反转”选项后，在轴碰到原点之前碰到了硬件限位后，此时系统认为原点在反方向，会按组态好的斜坡减速曲线停车并反转，若

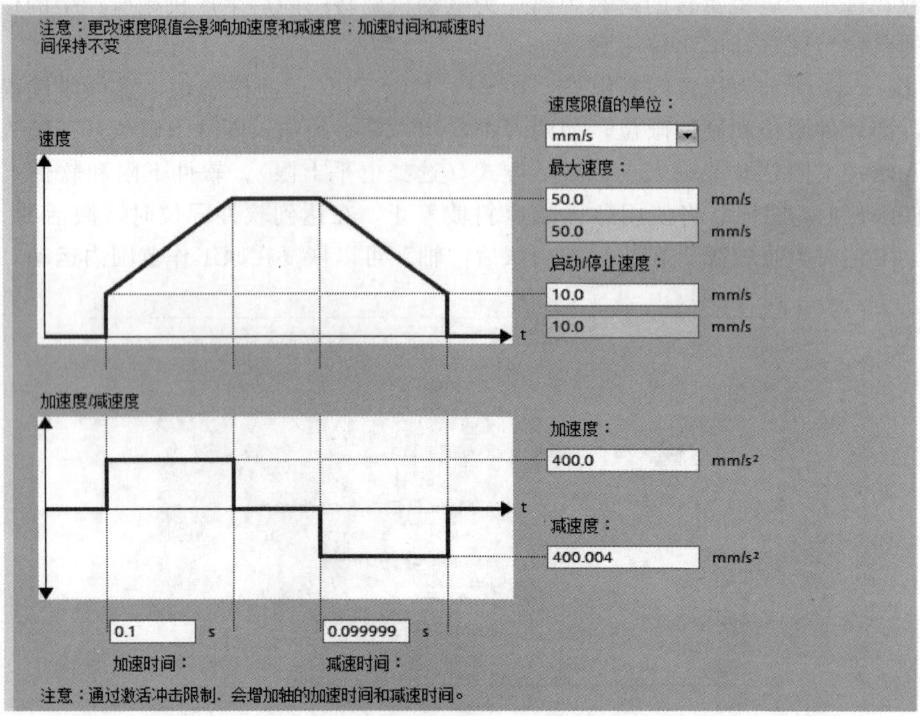

图 3.42　轴步进电动机的动态常规参数组态

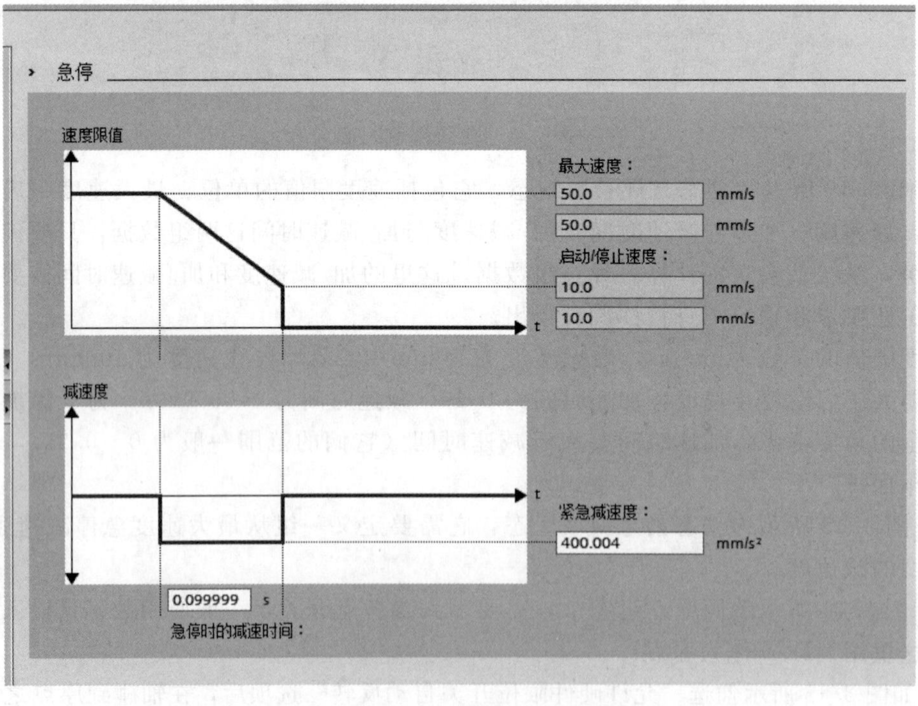

图 3.43　轴步进电动机的动态紧急斜坡组态

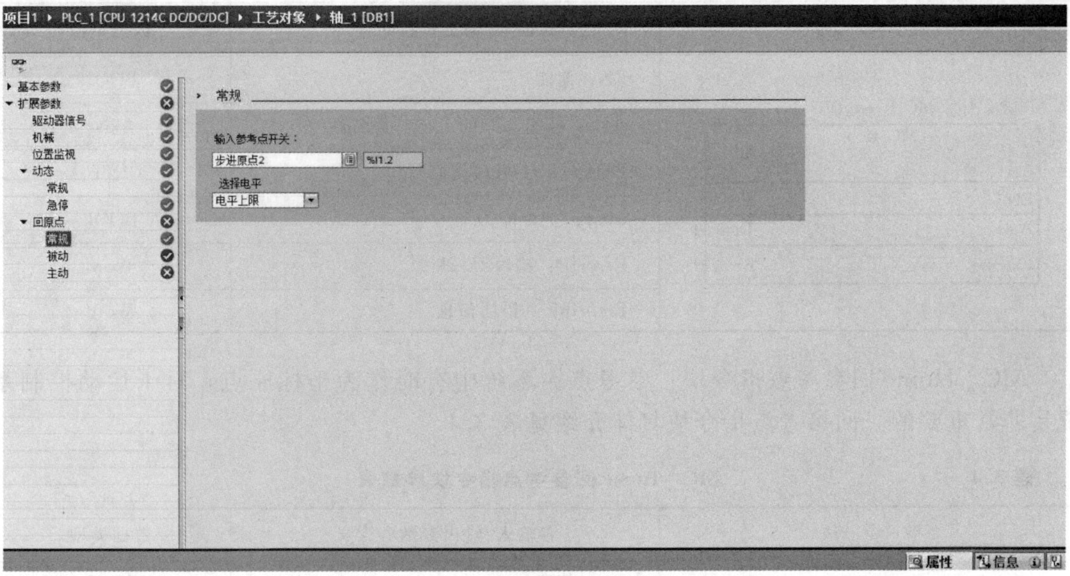

图 3.44　回原点常规组态

该功能没有被激活并碰到硬件限位，则回原点过程会因为错误被取消，并紧急停止。

上边介绍的就是 S7－1200 PLC 控制步进电动机的硬件组态，完成以上的硬件组态之后就可以进行软件编程。

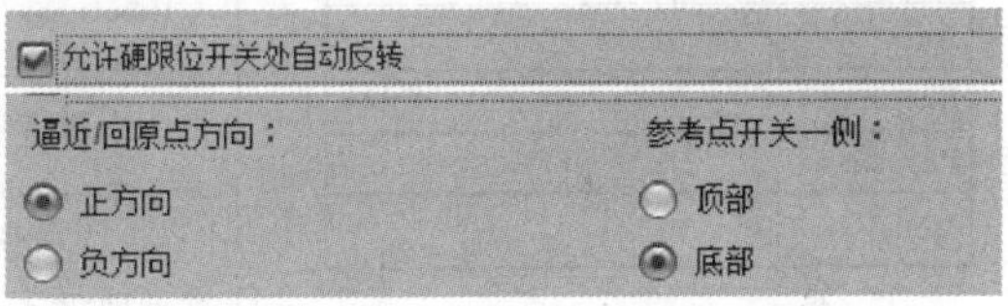

图 3.45　轴步进电动机的主动回原点组态

（3）程序指令块。MC _ POWER 系统使能指令块：轴在运动之前，必须激活指令块，其具体参数介绍见表 3.2。

表 3.2　　MC _ POWER 系统使能指令块参数表

指　令　块	各输入/输出参数的含义	数据类型
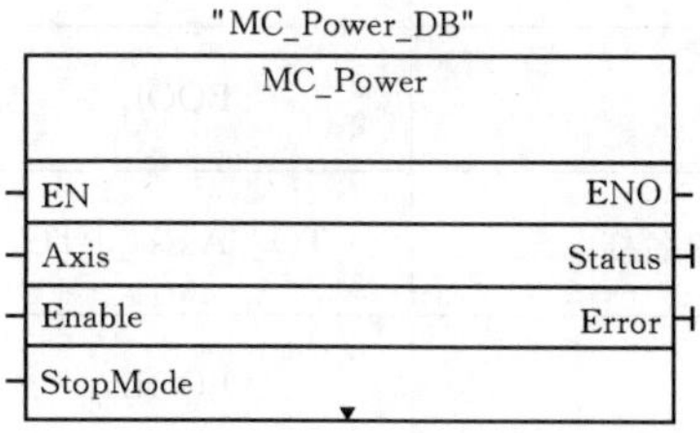	EN：使能	BOOL
	Axis：已组态好的工艺对象名称	TO _ Axis _ PTO
	StopMode：模式 0，按照组态好的急停曲线停止；模式 1，为立即停止，输出脉冲立即封死	INT
	Enable：为 1 时，轴使能；为 0 时，轴停止	BOOL
	ErrorID：错误 ID 码	Word
	ErrorInfo：错误信息	Word

MC _ RESET 错误确认指令块：如果存在一个错误需要确认，必须调用错误指令块进行复位，例如轴硬件超程，处理完后必须复位才行，其具体参数介绍见表 3.3。

表 3.3　　MC _ RESET 错误确认指令块参数表

指　令　块	各输入/输出参数的含义	数据类型
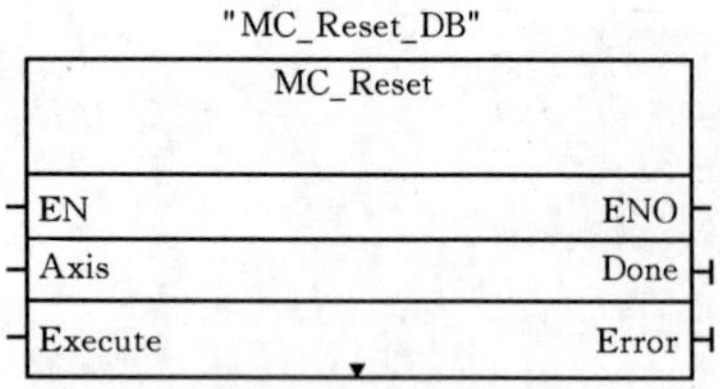	EN：使能	BOOL
	Axis：已组态好的工艺对象名称	TO _ Axis _ PTO
	Execute：上升沿使能	INT
	Busy：是否忙	BOOL
	ErrorID：错误 ID 码	Word
	ErrorInfo：错误信息	Word

MC _ Home 回参考点指令块：参考点在系统中有时作为坐标原点，对于运动控制系统是非常重要的。回参考点指令块具体介绍见表 3.4。

表 3.4　　MC _ Home 回参考点指令块参数表

指　令　块	各输入/输出参数的含义	数据类型
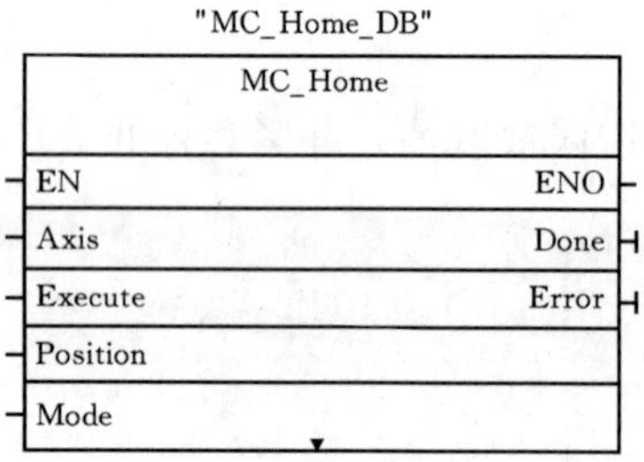	EN：使能	BOOL
	Axis：已组态好的工艺对象名称	TO _ Axis _ PTO
	Execute：上升沿使能	BOOL
	Position：当轴达到参考输入点的绝对位置（模式 2、模式 3）；位置值（模式 1）修正值（模式 2）	REAL
	Mode：为 0、1 时直接绝对回零；为 2 时被动回零；为 3 时主动回零	INT

MC _ Halt 停止轴指令块：MC _ Halt 停止轴指令块的运动，当上升沿使能后，轴按照组态好的减速曲线停车。停止轴块具体参数介绍见表 3.5。

表 3.5　　MC _ Halt 停止轴指令块参数表

指　令　块	各输入/输出参数的含义	数据类型
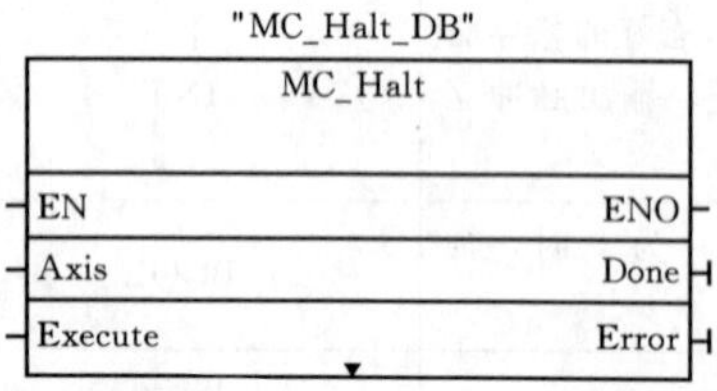	EN：使能	BOOL
	Axis：已组态好的工艺对象名称	TO _ Axis _ PTO
	Execute：上升沿使能	BOOL

MC _ Move Absolute 绝对位移指令块：MC _ Move Absolute 绝对位移指令块的执行不需要建立参考点，只需要定义距离、速度和方向即可。当上升沿使能后，轴按照设定的速度和距离运行，其方向由距离中的正负号（+/—）决定。绝对位移块具体参数见表 3.6。

表 3.6　　　　MC _ Move Absolute 绝对位移指令块参数表

指　令　块	各输入/输出参数的含义	数据类型
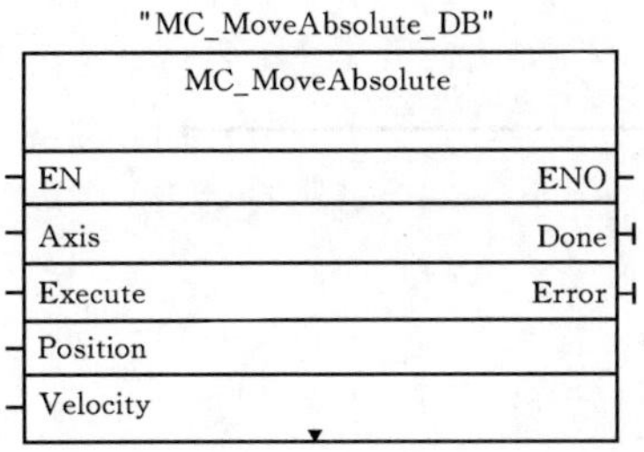	EN：使能	BOOL
	Axis：已组态好的工艺对象名称	TO _ Axis _ PTO
	Execute：上升沿使能	BOOL
	Distance：运行距离（正或者负）	REAL
	Velocity：定义的速度	REAL

【例 3-2】 用 S7-1200 PLC 控制步进电机，要求实现步进电动机的启动、停止、回原点等功能。

按照上边介绍的方法进行硬件组态，完成硬件设置之后，就可以进行程序编写，其 PLC 控制程序如图 3.46 所示。

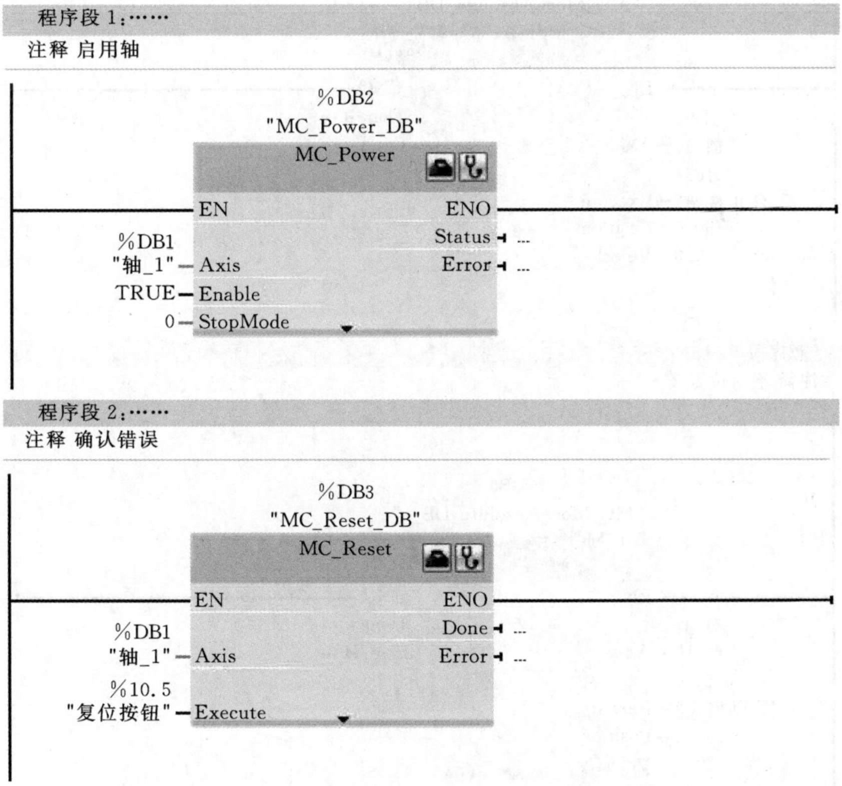

图 3.46（一）　步进电动机程序

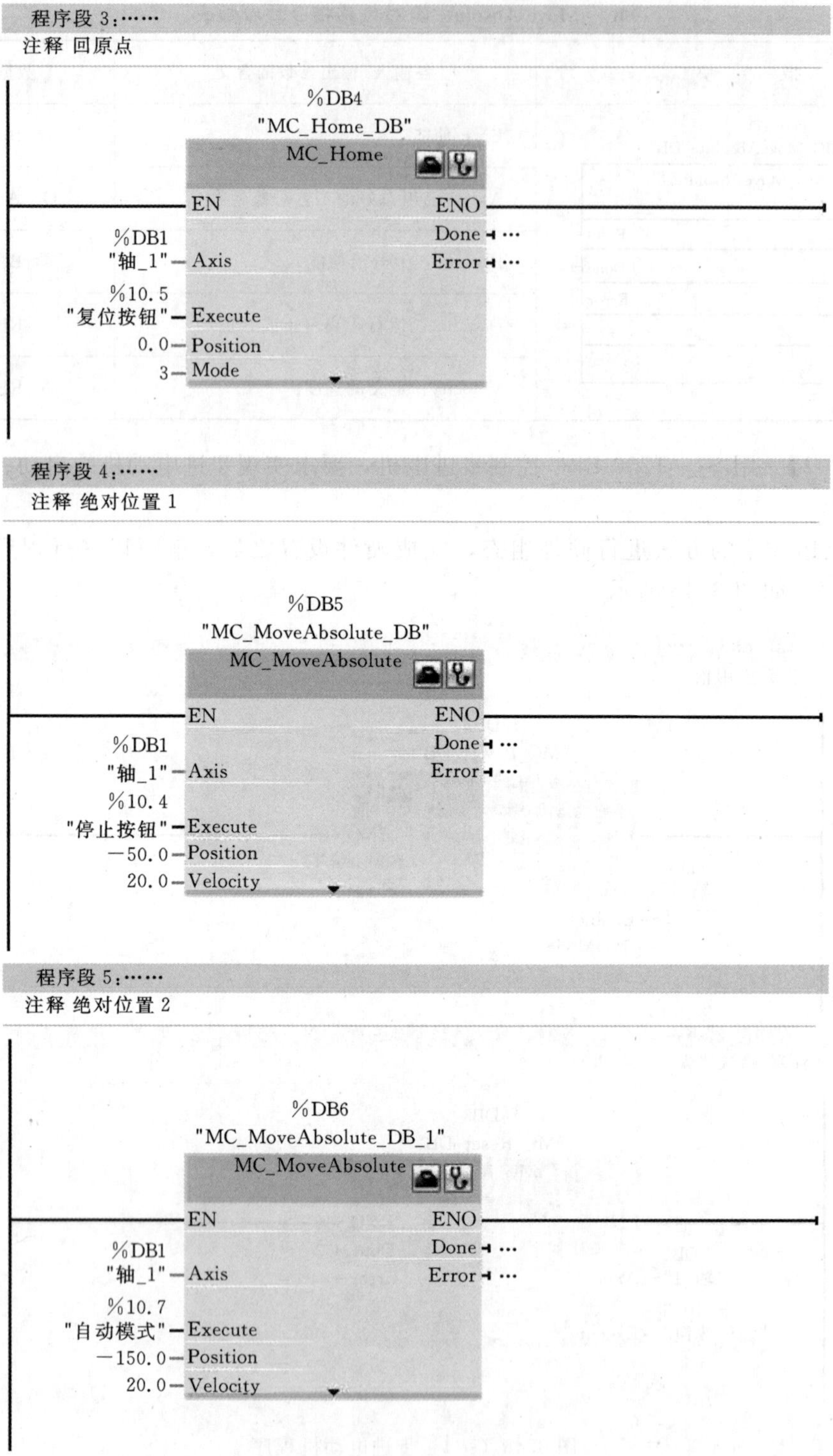

图 3.46（二）　步进电动机程序

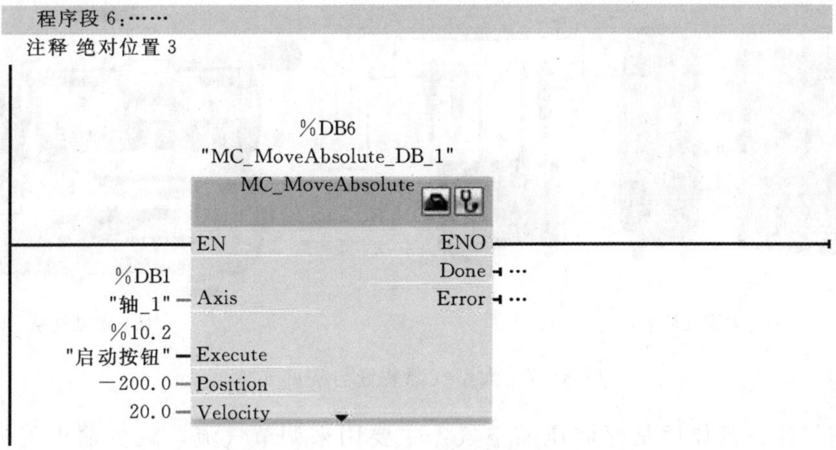

图 3.46（三） 步进电动机程序

任务 3.3 自动化生产线中气动控制技术应用

【知识和能力目标】

1. 掌握气动控制系统基本组成。

2. 认识常用气动元件，熟悉其应用。

气动技术，全称气压传动与控制技术，是生产过程自动化和机械化的最有效手段之一，具有高速高效、清洁安全、低成本、易维护等优点，被广泛应用于轻工机械领域中，在食品包装及生产过程中也正在发挥越来越重要的作用。气动技术应用的最典型的代表是工业机器人，它可以代替人类的手腕、手以及手指能正确并迅速地做抓取或放开等细微的动作。

在 BA-AT-03 型自动化生产线上，安装了许多气动元件，包括气泵、过滤减压阀、单向电控气阀、双向电控气阀、气缸、汇流板、节流阀等。其中气缸又包含了直行气缸、薄型气缸、手指气缸、双杆气缸等。

气动控制主要由气源装置、控制器件、执行元件和辅助元件等 4 个部分组成，辅助元件是用于辅助保证空气系统正常工作的一些装置。如过滤器、干燥器、空气过滤器、消声器和油雾器等。

3.3.1 认识气泵

气泵是气源装置的主体，它将原动机输出的机械能转变为空气的压力能，如图 3.47 所示，它主要由以下元件组成：

（1）空气压缩机：它把电能转变为气压能。

（2）压力开关：其作用是当被调节到一个最高压力时，停止电动机；当降至最低压力时，重新激活电动机。

（3）安全保护器：其作用是当储气罐内的压力超过允许限度，可将压缩空气排出单向阀，阻止压缩空气反方向流动。

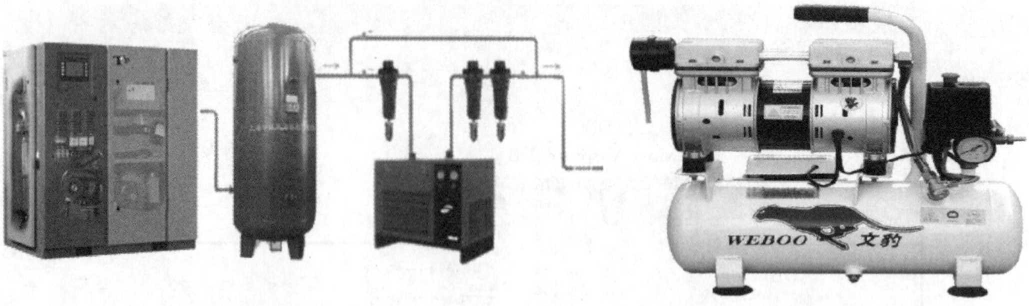

(a) 大型气源装置　　　　(b) 常见气泵

图 3.47　大型气源装置与常见气泵

(4) 储气罐：其作用是存储压缩空气，主要用来调节气流，减少输出气流的压力脉动，使输出气流具有流量连续性和气压稳定性。

(5) 压力表：其作用是显示储气罐内的压力。

(6) 气源开关：向气路中提供气源的开关，设备工作时，必须打开。

(7) 主管道过滤器：它清除主要管道内的灰尘、水分和油。主管道过滤器必须具有最小的压力降和油雾分离能力。

3.3.2　认识气动控制元件

气动元件就是用来控制和调节压缩空气的压力、流量、流动方向和发送信号的重要元件，利用它们可以组成各种气动控制回路，以保证气动执行元件或机构按设计的程序正常工作。

在 BA-AT-03 型自动化生产线中使用的气动控制元件按其作用和功能分为压力控制阀、流量控制阀及方向控制阀。

1. 压力控制阀

压力控制阀主要有减压阀、溢流阀。减压阀的作用是降低由空气压缩机带来的压力，以适用于每台气动设备的需要，并使这一部分压力保持稳定。图 3.48 是直动式减压阀。

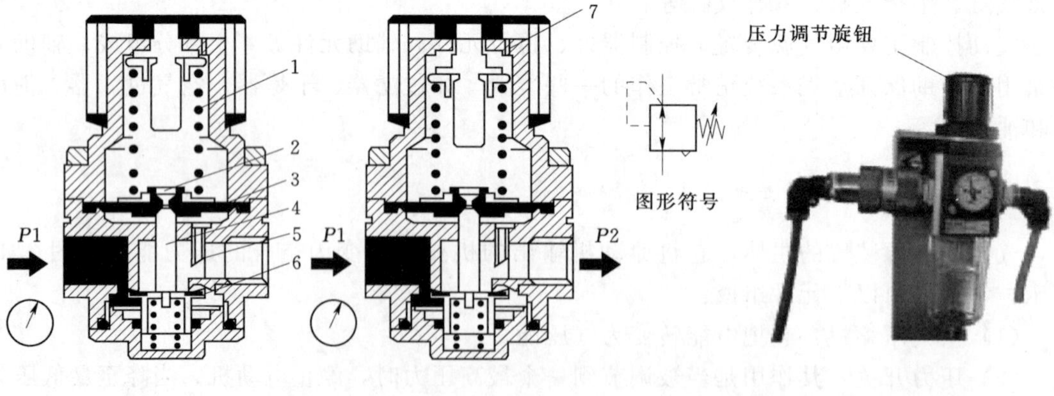

(a)　　　　(b)

图 3.48　直动式减压阀示意图

1—调压弹簧；2—溢流阀；3—膜片；4—阀杆；5—反馈导杆；6—主阀；7—溢流口

溢流阀的作用是当系统压力超过调定值时，便自动排气，使系统的压力下降，以保证系统安全，故也称其为安全阀。图 3.49 是安全阀的工作原理图。

2. 方向控制阀

方向控制阀用来改变气流流动方向或通断的控制阀，通常使用的是电磁阀。它是利用其电磁线圈通电时，静铁芯对动铁芯产生电磁吸力使阀芯切换，达到改变气流方向的目的。图 3.50 是一个单电控二位三通电磁换向阀的工作原理示意图。

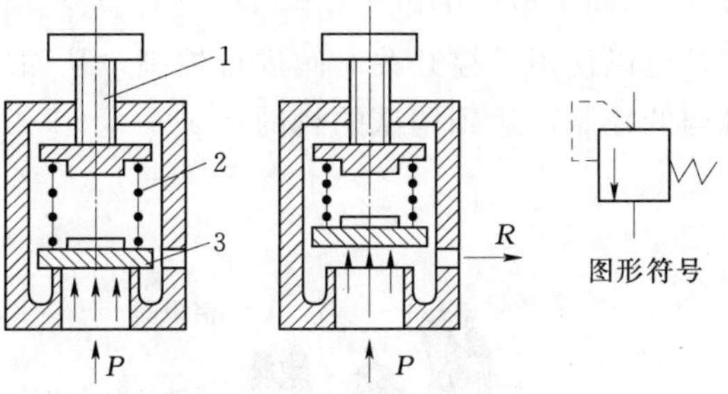

(a) 关闭状态　(b) 开启状态

图 3.49　安全阀的工作原理图

1—旋钮；2—弹簧；3—活塞

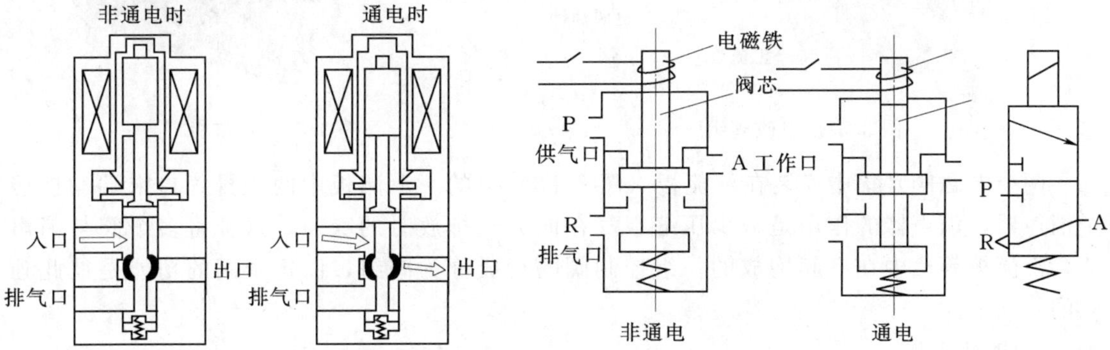

(a)　(b)

图 3.50　单电控电磁换向阀的工作原理

所谓“位”指的是为了改变气体方向，阀芯相对于阀体所具有的不同的工作位置。“通”的含义则指换向阀与系统相连的通口，有几个通口即为几通。两个工作位置，具有供气口 P、工作口 A 和排气口 R，故为二位三通阀。

图 3.51 分别给出二位三通、二位四通和二位五通单控电磁换向阀的图形符号，图形中有几个方格就是几位，方格中的“┬”和“┴”符号表示各接口互不相通。阀的连接方式有管式连接、板式连接、集装式连接和法兰连接等几种。

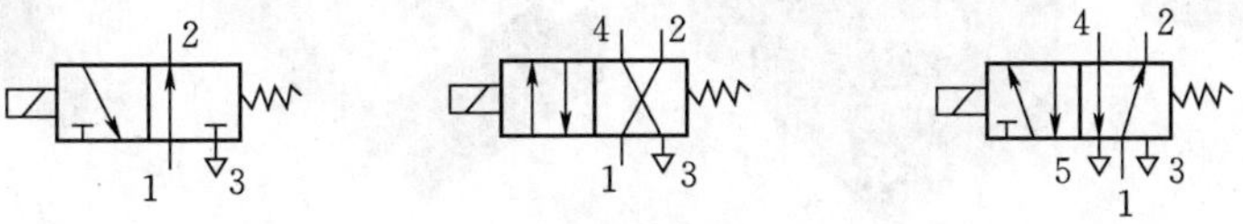

(a) 二位三通阀　(b) 二位四通阀　(c) 二位五通阀

图 3.51　部分单电控电磁换向阀的图形符号

图 3.52 是两个二位五通的单电控电磁阀，这两个电磁阀带有手动换向和加锁钮，有锁定（LOCK）和开启（PUSH）两个位置。用小螺丝刀把加锁钮旋到 LOCK 位置时，手控开关向下凹进去，不能进行手控操作。只有在 PUSH 位置，可用工具向下按，信号为

"1"，等同于该侧的电磁信号为"1"；常态时，手控开关的信号为"0"。在进行设备调试时，可以使用手控开关对阀进行控制，从而实现对相应气路的控制，以改变推料缸等执行机构的控制，达到调试的目的。

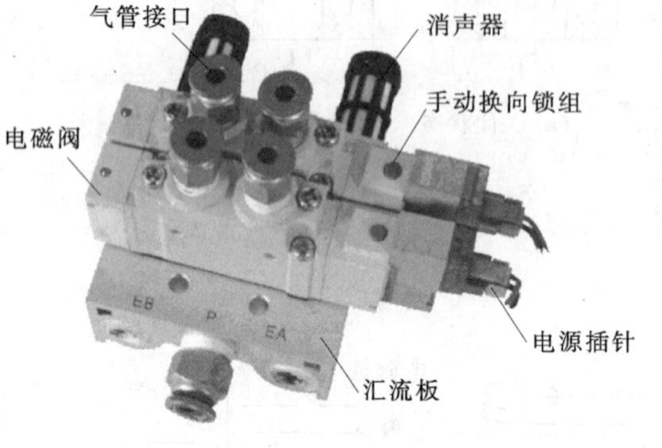

图 3.52 电磁阀组

图 3.53 汇流板

两个电磁阀是集中安装在汇流板（图 3.53）上的。汇流板中两个排气口末端均连接了消声器，消声器的作用是减少压缩空气在向大气排放时的噪声。这种将多个阀与消声器、汇流板等集中在一起构成的一组控制阀的集成称为阀组，而每个阀的功能是彼此独立的。

3. 执行元件

气动执行元件是将空气的压力能转变成为机械能的能量转换装置，气动系统常用的执行元件为气缸和气马达。气缸用于实现直线往复运动，气马达用于实现连续回转运动。

在 BA－AT－03 型自动化生产线中用到了笔型气缸、薄型气缸、双杆气缸、手指气缸等，如图 3.54 所示。

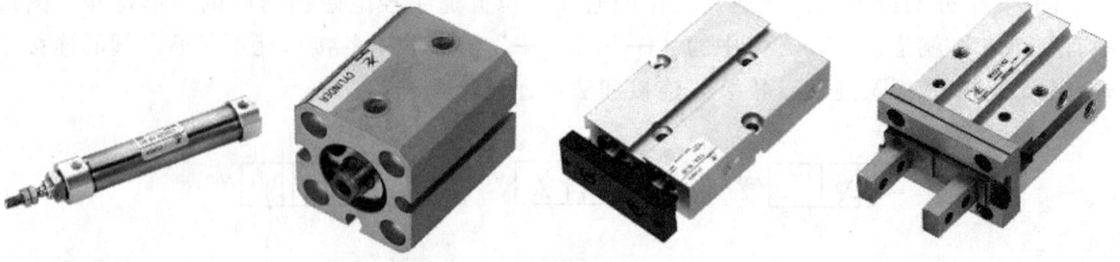

(a) 笔型气缸 (b) 薄型气缸 (c) 双杆气缸 (d) 手指气缸

图 3.54 BA－AT－03 型自动化生产线使用的气缸

气缸的种类很多，分类的方法也不同，从气缸活塞承受气体压力是单向还是双向进行分类，可以分为单作用气缸和双作用气缸；从气缸的安装形式进行分类，可以分为固定式气缸、轴销式气缸、回转式气缸；从润滑方式进行分类，可以分为油气缸和不给油气缸。

下面以双作用气缸为例阐述气缸的工作原理。

双作用气缸是指活塞的往复运动均由压缩空气来推动。图 3.55 是标准双作用直线气缸的半剖面图。图中，气缸的两个端盖上都设有进排气通口，从无杆侧端盖气口进气时，推动活塞向前运动；反之，从杆侧端盖气口进气时，推动活塞向后运动。

双作用气缸具有结构简单、输出力稳定、行程可根据需要选择的优点，但由于是利用压缩空气交替作用于活塞上实现伸缩运动的，回缩时压缩空气的有效作用面积较小，所以产生的力要小于伸出时产生的推力。

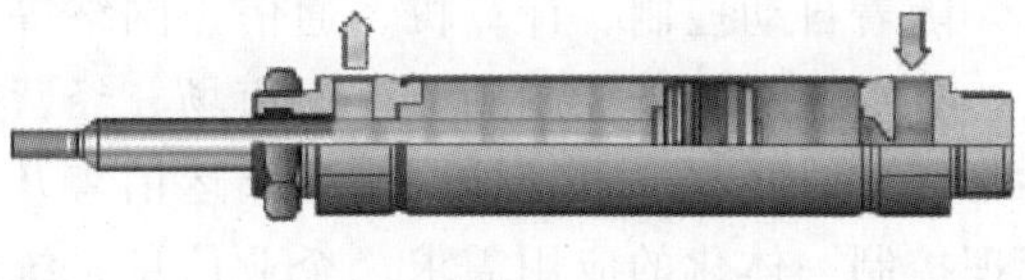

图 3.55 双作用气缸工作示意图

单向节流阀是由单向阀和节流阀并联而成的流量控制阀，常用于控制气缸的运动速度，所以也称为速度控制阀。

图 3.56 给出了在双作用气缸装上两个单向节流阀的连接示意图，这种连接方式称为排气节流方式：当压缩空气从 A 端进气、从 B 端排气时，单向节流阀 A 的单向阀开启，向气缸无杆腔快速充气；由于单向节流阀 B 的单向阀关闭，有杆腔的气体只能经节流阀排气，调节节流阀 B 的开度，便可改变气缸伸出时的运动速度。反之，调节节流阀 A 的开度则可改变气缸缩回时的运动速度。这种控制方式，活塞运行稳定，是最常用的方式。

节流阀上带有气管的快速接头，只要将合适外径的气管往快速接头上一插就可以将管连接好了，使用时十分方便。图 3.57 是已经安装了带快速接头的限出型气缸节流阀的气缸外观图。

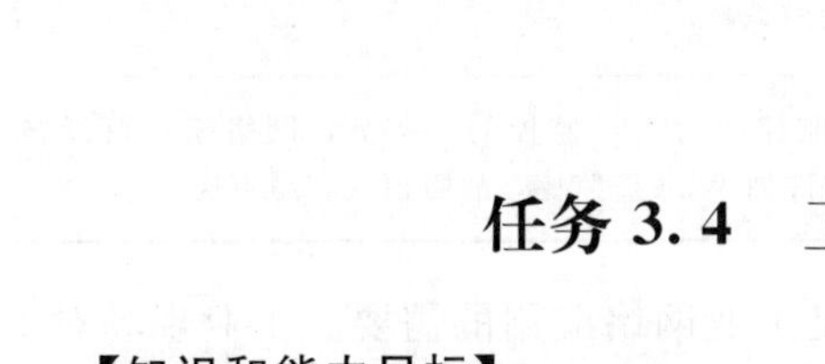

图 3.56 节流阀连接和调整原理示意图

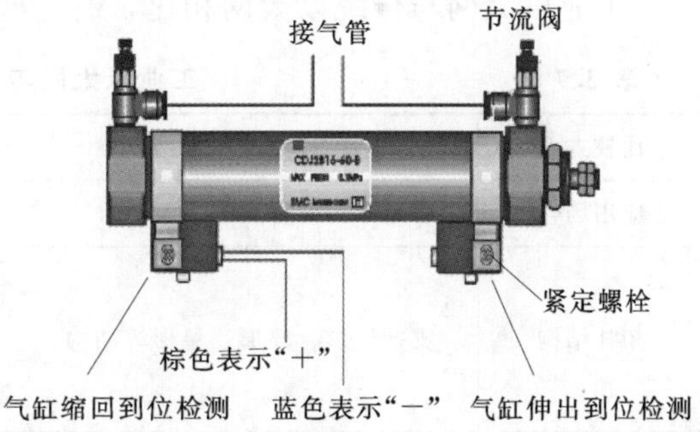

图 3.57 安装了带快速接头的限出型气缸节流阀的气缸外观

任务 3.4 工业通信网络技术应用

【知识和能力目标】

1. 了解工业网络通信技术以及工业以太网。
2. 掌握 S7-1200 的以太网通信技术。

3.4.1 了解工业通信网络

工业通信网络是近年来发展形成的自控领域的网络技术，是计算机网络、通信技术与自控技术结合的产物。

随着自动控制、计算机、通信、网络等技术的发展，企业的信息集成系统正在迅速壮大，将覆盖从现场控制到监控、市场、经营管理的各个层次以及从原料采购到生产加工的各个环节，并将一直延伸到成品储运销售乃至世界各地市场的供需链全过程，以适应企业管理控制一体化的应用需求。企业信息系统的发展对工业数据通信的开放性、对底层控制网络的功能及性能都提出了更高的要求。工业数据通信与控制网络技术正是在这种形势下逐渐发展形成的。

人们一般把20世纪50年代前的气动信号控制系统PCS称作第一代，把4～20mA等电动模拟信号控制系统称为第二代，把数字计算机集中式控制系统称为第三代，把20世纪70年代中期以来的集散式分布控制系统DCS称作第四代，把现场总线系统FCS称为第五代控制系统，而工业以太网控制系统是第六代控制系统。现在，工业自动化领域的现状是PLC系统、DCS仍然在许多行业有着广泛的应用；FCS已逐渐被大家认可，并以每年30%的增长率快速发展；而工业以太网控制系统日趋完善，并有望解决控制系统对网络实时性和确定性的要求，实现工业网络控制标准的最终统一。

3.4.2 工业以太网

1. 与传统以太网的比较

工业以太网与传统以太网相比，有一些不同之处，见表3.7。

表3.7 工业以太网与传统以太网的比较

比较方面	传统以太网	工业以太网
应用场合	普通办公场合	工业场合、工况恶劣，抗干扰性要求较高
拓扑结构	支持线形、环形、星形等结构	支持线形、环形、星形等结构，并便于各种结构的组合和转换，简单的安装，最大的灵活性和模块性，高扩展能力
可用性	一般的实用性需求，允许网络故障时间以秒或分钟计	极高的实用性需求，允许网络故障时间小于300ms以避免生产停顿
网络监控和维护	网络监控必须有专人使用专用工具完成	网络监控成为工厂监控的一部分，网络模块可以被HMI软件如WinCC监控，故障模块容易更换

工业以太网产品的设计制造必须充分考虑并满足工业网络应用的需要。工业现场对工业以太网产品的要求包括：

（1）工业生产现场环境的高温、潮湿、空气污浊以及腐蚀性气体的存在，要求工业级的产品具有气候环境适应性，并要求耐腐蚀、防尘和防水。

（2）工业生产现场的粉尘、易燃易爆和有毒性气体的存在，需要采取防爆措施保证安全生产。

(3) 工业生产现场的振动、电磁干扰大，工业以太网必须具有机械环境适应性（如耐振动、耐冲击）、电磁环境适应性或电磁兼容性（Electro Magnetic Compatibility，EMC）等。

(4) 工业以太网器件的供电，通常是采用柜内低压直流电源标准，大多的工业环境中控制柜内所需电源为低压 24V 直流。

(5) 采用标准导轨安装，安装方便，适用于工业环境安装的要求。工业以太网器件要能方便地安装在工业现场控制柜内，并容易更换。

2. 工业以太网应用于工业自动化中的关键问题

(1) 以太网实时通信服务。交换式以太网、全双上以太网和虚拟局域网技术的出现，以及自适应的 100Mbit/s 快速以太网的成功运行降低了以太网响应时间过长、吞吐量低、冲突率高的不利影响，使得以太网也可以应用于实时性要求较高的工业控制领域。在 PROFINET 中，采用加入实时通道和等时同步实时 IRT 的技术，减少了处理通信栈所需的时间，极大地改善了网络的响应时间，使网络实时性得到根本性的改善。

(2) 统一的应用层、用户层协议规范。工业自动化控制系统包括数据传输的通信和指令传输的通信，为了满足通信一致性和可互操作性，需要制定统一的高层协议规范，以满足开放系统的要求。

(3) 网络可用性。即网络生存性，包括工业以太网的可靠性、可恢复性、可维护性等。即保证一个网络系统中任何组件发生故障时，不会导致应用程序、操作系统，甚至网络系统的崩溃瘫痪。环形冗余以太网技术的发展在一定程度上解决了可靠性问题。

(4) 应用在工业现场过程控制底层。建立现场车间级生产信息网络，对现场设备，如生产设备、测试设备、条码器、PC 及以太网设备进行控制，完成车间级生产信息及产品质量信息的管理。

图 3.58　PROFINET 端口

3.4.3　S7－1200 的以太网通信

1. S7－1200 PROFINET 通信连接方式

S7－1200 CPU 具有一个集成 PROFINET 端口（图 3.58），支持以太网和基于 TCP/IP 的通信标准，可用来与编程设备、HMI 连接以及 CPU－to－CPU 通信，有两种使用 PROFINET 通信的方法：

(1) 直接连接。在使用连接到单个 CPU 的编程设备、HMI 或另一个 CPU 时采用直接通信，如图 3.59 所示。

(2) 网络连接。在连接两个以上的设备（例如，CPU、HMI、编程设备和非西门子设备）时采用网络通信，如图 3.60 所示。两个以上的设备可以通过以太网交换机连接在一起。

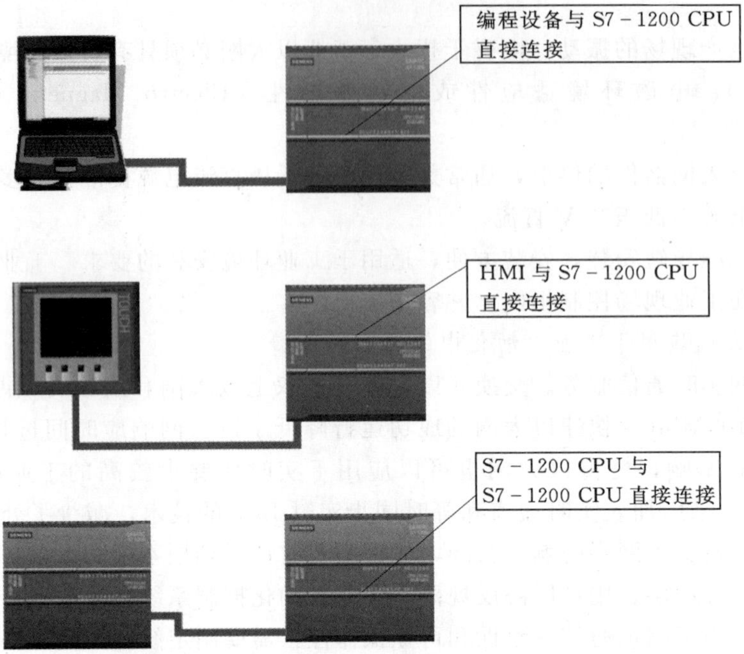

图 3.59　S7－1200 的直接连接

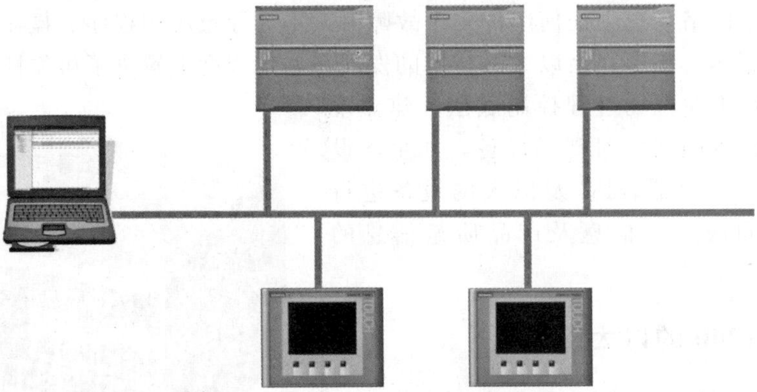

图 3.60　S7－1200 的网络连接

2. 网络读/写命令

相对于 S7－200 和 S7－300 而言，S7－1200 系列 PLC 的以太网通信是一种比较经济的通信解决方案，并且 STEP 7 Basic 自带有使用方便的以太网通信指令。指令 TSEND_C 和 TRCV_C 具有建立和断开连接、发送和接收功能。下面是对指令 TSEND_C 和 TRCV_C 的相关介绍。

(1) TSEND_C 指令。TSEND_C 指令建立与另一个通信设备的 TCP 或者 ISO on TCP 连接，发送数据并可以控制结束连接。设置并建立连接后，CPU 会自动保持和监视该连接。TSEND_C 指令主要参数见表 3.8。

表 3.8 TSEND _ C 指令主要参数

指　　令	参数	说　　明	数据类型
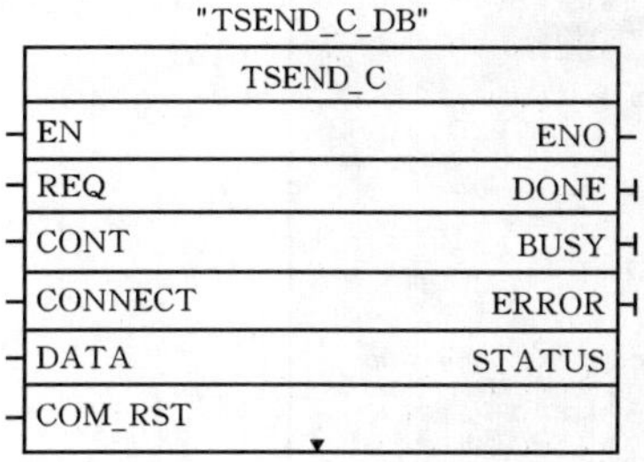	EN	使能	BOOL
	REQ	当上升沿时，启动向远程机发送数据	BOOL
	CONT	1 表示连接，0 表示断开连接	BOOL
	LEN	发送数据的最大长度，用字节表示	INT
	CONNECT	连接数据 DB	ANY
	DATA	发送数据，包括要发送数据的地址和长度	ANY
	DONE	0：任务没有开始或正在运行；1：任务没有错误地执行	BOOL
	BUSY	0：任务已完成；1：任务没完成或一个新任务没有触发	BOOL
	ERROR	1：处理过程有错误	BOOL
	STATUS	状态信息	WORD

（2）TRCV _ C 指令。TRCV _ C 指令建立与另一个通信设备的 TCP 或者 ISO on TCP 连接，接收数据并可以控制、结束连接。设置并建立连接后，CPU 会自动保持和监视该连接。TRCV _ C 指令主要参数见表 3.9。

表 3.9 TRCV _ C 指令主要参数

指　　令	参数	说　　明	数据类型
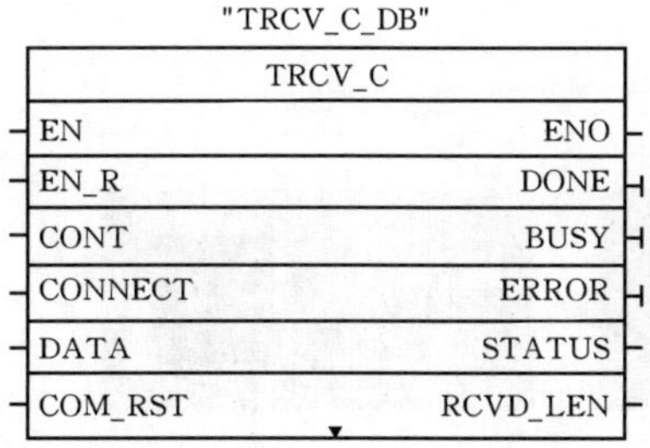	EN	使能	BOOL
	EN _ R	为 1 时，为接收数据做准备	BOOL
	CONT	1 表示连接，0 表示断开连接	BOOL
	LEN	发送数据的最大长度，用字节表示	INT
	CONNECT	连接数据 DB	ANY
	DATA	发送数据，包括要发送数据的地址和长度	ANY
	DONE	0：任务没有开始或正在运行；1：任务没有错误地执行	BOOL
	BUSY	0：任务已完成；1：任务没完成或一个新任务没有触发	BOOL
	ERROR	1：处理过程有错误	BOOL
	STATUS	状态信息	WORD

根据前文有关以太网的网络读/写命令的相关知识的学习，以及对西门子 PLC 基础知识的学习，我们可以利用两台西门子 PLC S7 - 1200 通过以太网网络通信。

【例 3 - 3】 当一台 S7 - 1200 上发出一个控制信号时，另一台 S7 - 1200 PLC 接收到信号，并且点亮一盏灯，其操作步骤如下：

（1）添加硬件。打开 TIA 软件后，先单击“添加新设备”，选中要添加的 CPU 类型，再勾选“打开设备视图”，单击“确定”按钮即可，如图 3.61 所示。

图 3.61　添加硬件

（2）用子网连接两个 CPU。双击“设备和网络”，弹出网络设置界面，用鼠标的左键选中 PLC “”处，按鼠标左键不放，拖动鼠标到另一个 PLC “”处释放，如图 3.62 所示。

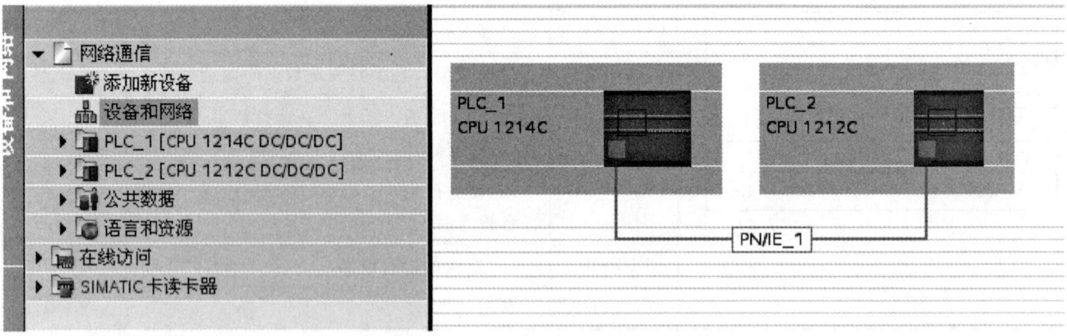

图 3.62　用子网连接两个 CPU

（3）编写主控 CPU 程序。先选中“PLC _ 1”，再选中“程序块”，双击“Main [OB1]”（主程序），如图 3.63 所示。此时弹出程序编写界面，编写如图 3.64 所示的程序。

（4）调整主控 CPU 的连接参数。选中图 3.65 中的“TSEND _ C”指令，先选中“属性”，选中“连接参数”，将本地机命名为“PLC _ 1”，再将远程机名选中为“PLC _ 2”，将本地机的 IP 地址确定“192.168.0.1”，将远程机的 IP 地址确立为“192.168.0.2”。再将本地机的连接类型（以太网通信协议）选定“ISO _ on _ TCP”（本例远程机的连接类型在另一个界面中设定），连接 ID 为“1”（此连接 ID 与远程机要相同），本地机的连接数据选定为“PLC_1_Connection_DB”，这与图中的“TSEND_C”的“Connection”端子上的参数是一致的，远程机的连接数据选定为“PLC _ 2 _ Connection _ DB”。选择“建立主动连接”就是将本地机设定为主控机。将“本地 TSAP”设定为“PLC1”（由设计者命名），将“伙伴 TSAP”设定为“PLC2”。调整连接参数如图 3.65 所示。

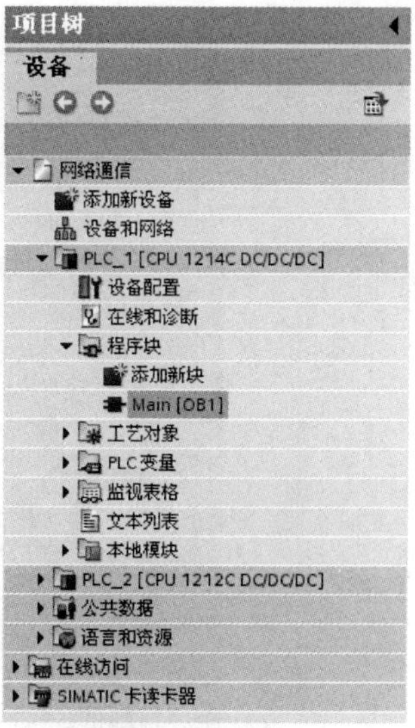

图 3.63　编写程序

（5）编写另一台 CPU 的程序。主控 CPU 中发出控制信息，另一台 CPU 则接收控制信息，启停电动机，其程序如图 3.66 所示。其实，信息是可以双向传送的，也就是说主控 CPU 也可以接收另一台 CPU 发送的信息，只不过本例比较简单，不需要这个步骤。

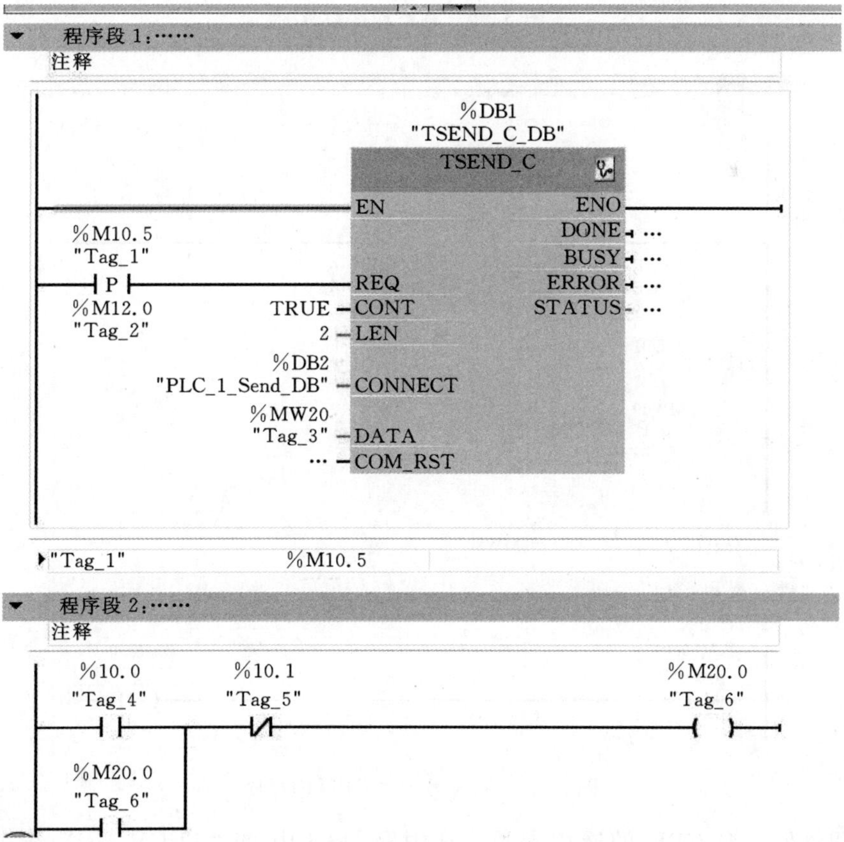

图 3.64　主站 PLC 控制程序

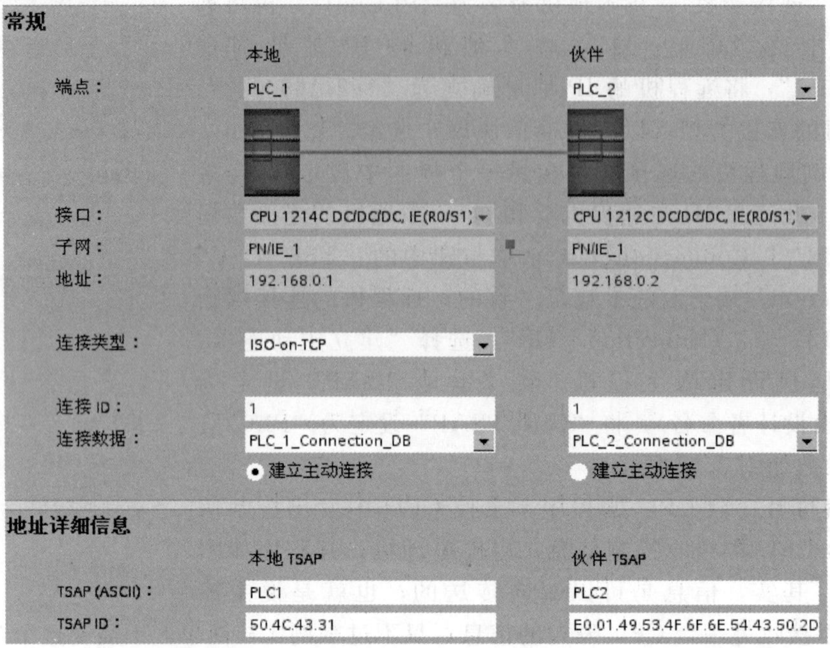

图 3.65　调整连接参数

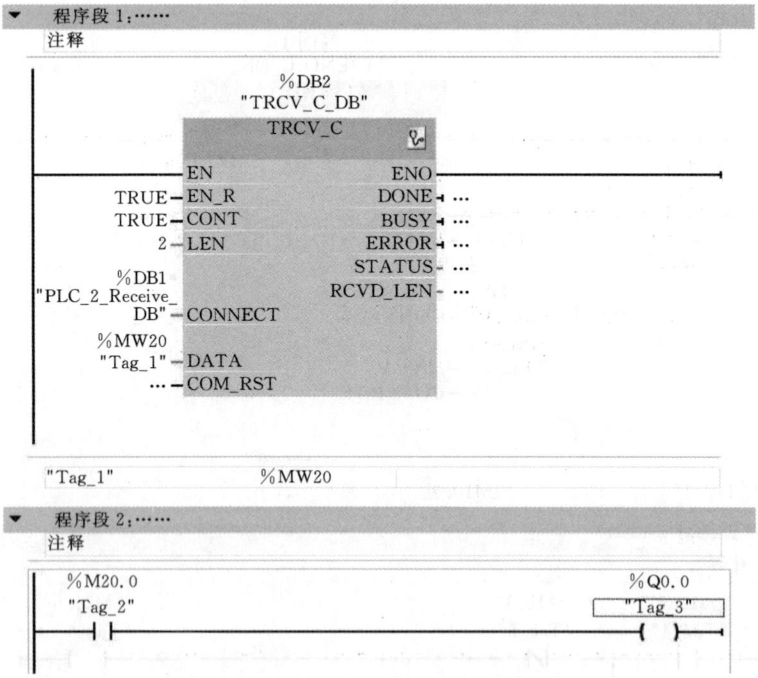

图 3.66　编写另一台 CPU 的程序

（6）调整另一台 CPU 的连接参数。选中图 3.66 中的“TRCV _ C”指令，先选中“属性”，再选中“连接参数”，将本地机命名为“PLC2”，再将远程机名选中为“PLC1”，将本地机的 IP 地址确定为“192.168.0.2”，再将远程机的 IP 地址确定为“192.168.0.1”。将本地机的连接类型选定为“ISO _ on _ TCP”，连接 ID 为“1”（此连接 ID 与远程机要相同），本地机的连接数据选定为“PLC _ 2 _ Connection _ DB”，这与图中的“TSEND _ C”的“Connection”端子上的参数是一致的，远程机的连接数据选定为“PLC _ 1 _ Connection _ DB”。选择“建立主动连接”就是将本地机设定为主控机。将“本地 TSAP”设定为“PLC1”（由设计者命名），将“伙伴 TSAP”设定为“PLC2”。调整连接参数如图 3.67 所示。

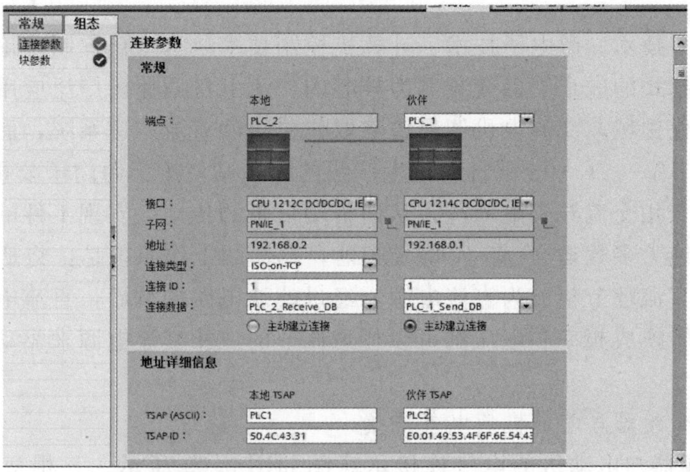

图 3.67　调整 CPU 的连接参数

需要注意的是在添加设备时，系统已经默认的 IP 地址分配给 CPU，可以不必重新分配。但若读者要根据自己的需要更改 IP 地址是可行的，先选中“设备配置”，再单击“以太网地址”，最后在 IP 地址中填入所需的 IP 地址即可，如图 3.68 所示。

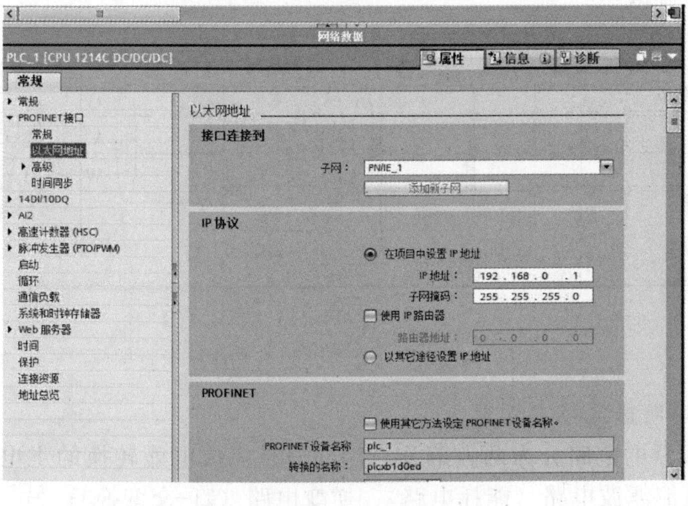

图 3.68　修改 CPU 的 IP 地址

任务 3.5　变频器技术应用

【知识和能力目标】

1. 了解 MM420 通用变频器。

2. 掌握 MM420 通用变频器的使用方法。

3.5.1　认识 MM420 通用变频器

随着电力电子技术、微电子技术、计算机控制技术及自动化控制理论的发展，变频器制造技术有了跨越式的进步，以变频器为核心的交流电机调速已广泛应用于国民经济各部门，在工业自动化领域，交流电机调速已经取代传统的直流调速系统，而且大大提高了技术经济指标。在 BA－AT－03 型自动化生产线的输送站使用了西门子公司 MM420 通用变频器，用来控制三相交流异步电动机，从而带动皮带的传动，实现工件的输送。

通用变频器绝大多数是交-直-交型变频器，具体的工作原理是：将从外部引入的工频交流电源经中间直流环节整流为直流电源，经过滤波电路滤波后，直流电路输出的直流电源经过逆变电路转换成频率和电压都可以任意调节的三相交流电源来驱动三相交流异步电动机。

1. MM420 变频器与电动机的电气连接

MM420 变频器与电动机的电气连接示意图如图 3.69 所示。三相交流电源依次经过熔断器、接触器、滤波器、变频器，最后输出到交流电动机。在使用变频器时需要注意处理好屏蔽和接地问题，滤波器到变频器、变频器到电动机的连接导线应采用屏蔽线且屏蔽层需可靠接地，同时电动机的机壳也要可靠接地。

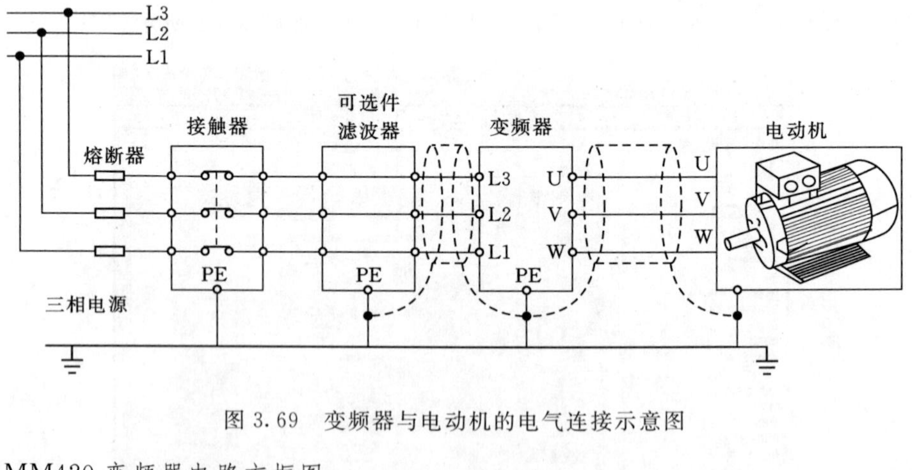

图 3.69　变频器与电动机的电气连接示意图

2. MM420 变频器电路方框图

MM420 变频器的电路分为两大部分：一部分是完成电能转换的主电路，即整流回路（交-直交换）、直流滤波电路（能耗电路）、逆变电路（直-交变换）；另一部分是处理信息的收集、变换和传输的控制电路。电路方框图如图 3.70 所示。

（1）主电路。主电路是由电源输入单相或三相恒压恒频的正弦交流电压，经整流电路

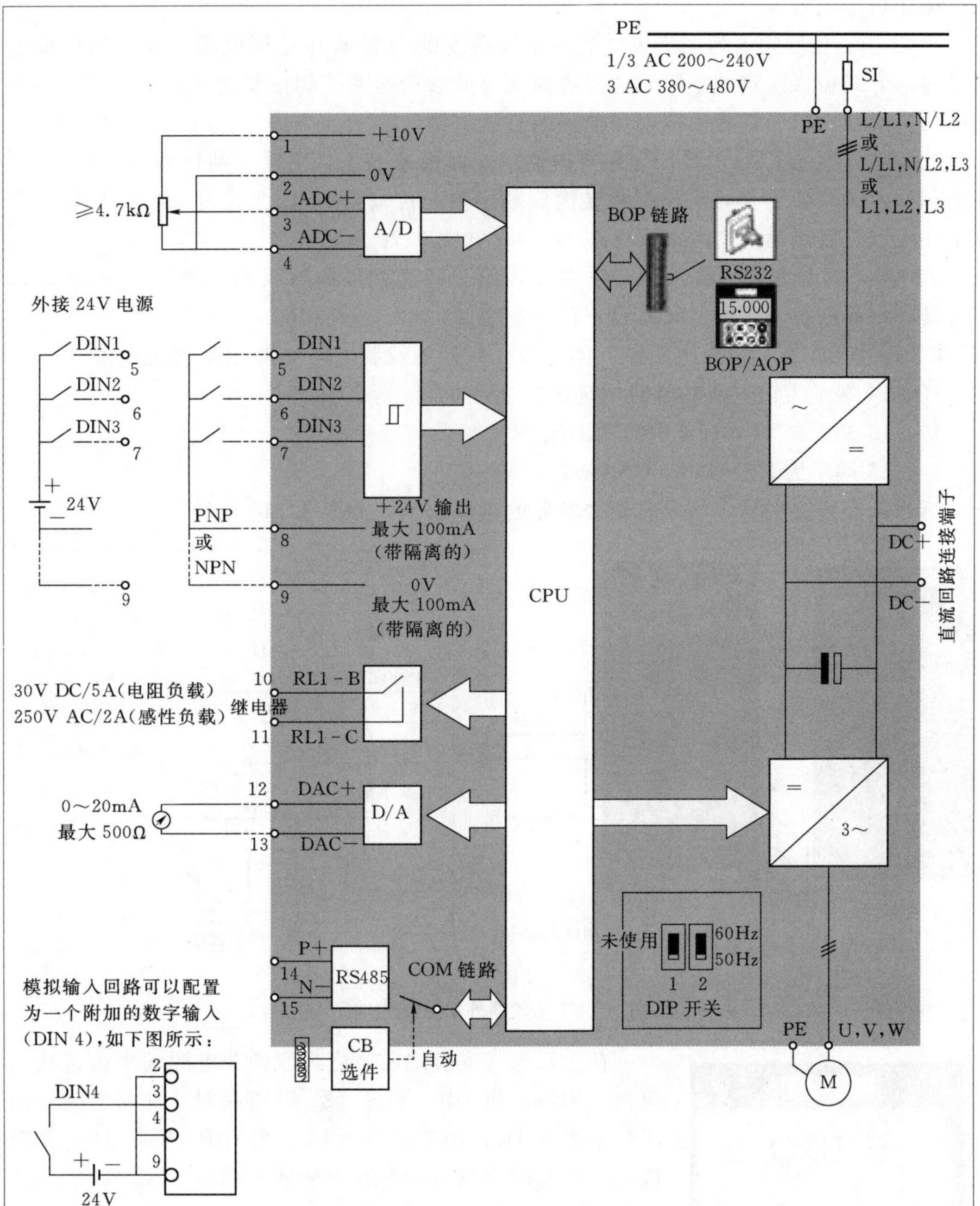

图 3.70 MM420 变频器电路方框图

转换成恒定的直流电压，供给逆变电路。逆变电路在 CPU 的控制下，将恒定的直流电压逆变成电压和频率均可调的三相交流电供给电动机负载。MM420 变频器直流环节是通过电容进行滤波的，因此属于电压型交-直-交变频器。

（2）控制电路。控制电路由 CPU、模拟输入、模拟输出、数字输入、输出继电器触头、操作板等组成。

1、2 端子是变频器为用户提供的一个高精度的 10V 直流稳压电源。当采用模拟电压信号输入方式输入给定频率时，为了提高交流变频调速系统的控制精度，必须配备一个高精度的直流稳压电源作为模拟电压输入的直流电源。

3、4 端子为模拟输入端，为用户提供了一对模拟电压给定输入端作为频率给定信号，经变频器内 A/DL 转换，将模拟量转换成数字量，传输给 CPU 来控制系统。另外，模拟端子还可以配置成第 4 个数字输入端 DIN4，如图 3.70 所示。

5、6、7 端子为数字输入端，数字输入信号经光耦隔离输入到 CPU，对电动机进行正反转、正反向点动、固定频率设定值控制等。

8、9 端子是 24V 直流电源端，用户为变频器的控制电路提供 24V 直流电源。

10、11 端子为输出继电器的一对触头。

12、13 端子是 24V 直流电源输出端。

14、15 端子为 RS－485（USS 协议）端。

拆卸变频器盖板后，可以看到变频器的接线端子，如图 3.71 所示。

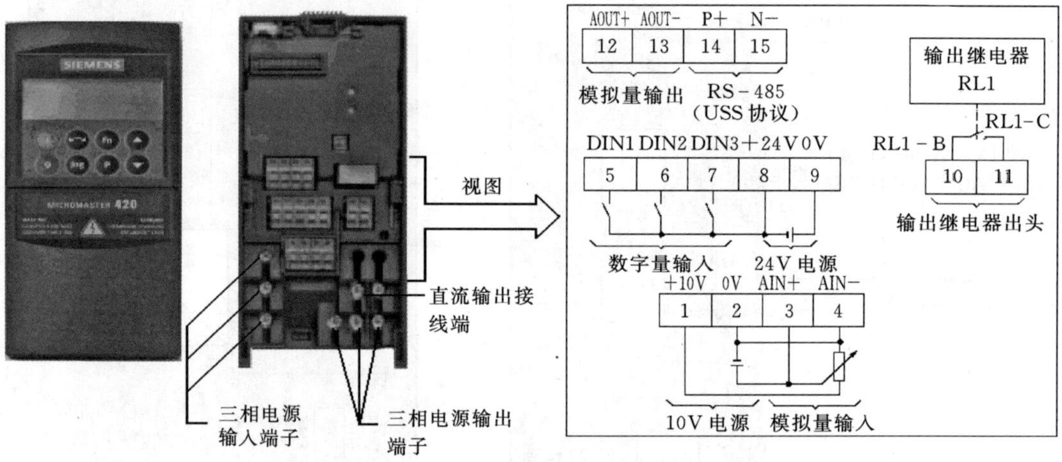

图 3.71　变频器外形及接线端子

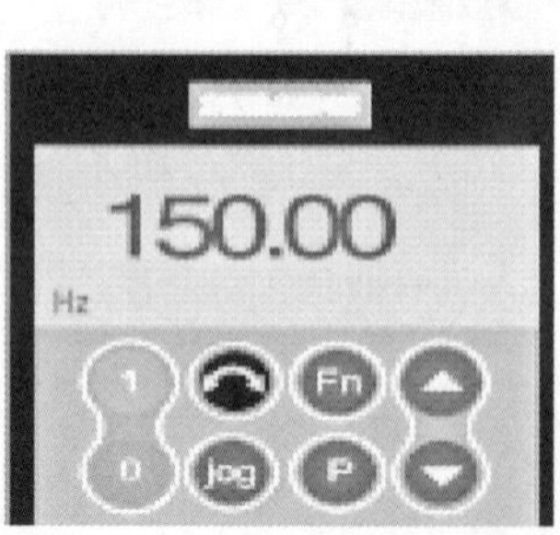

图 3.72　BOP 操作面板

在进行电气安装之前，应将变频器电源频率设置成与电源频率相符，将 DIP -开关（2）往上拨时，此时变频器的电源频率为 60Hz，功率单位为 hp；当 DIP -开关（2）在缺省位置时，此时变频器的电源频率是 50Hz，功率单位为 kW。

3. BOP 操作面板介绍

变频器带有人机交互接口的基本操作板，利用变频器的 BOP 操作板可以改变 MM420 变频器的各个参数，从而设置变频器的各种运行功能。图 3.72 所示为 BOP 操作面板。

BOP 具有 7 段显示的 5 位数字，可以显示参数的序号和数值、报警和故障信息，以及设定值和实际值，但是参数的信息不能用 BOP 存储。BOP 面板上有 8 个按钮，按钮的操作功能见表 3.10。

表 3.10　　　　BOP 上的按钮及功能说明

显示/按钮	功　能	功 能 的 说 明
	状态显示	LCD 显示变频器当前的设定值
	启动变频器	按此键启动变频器。缺省值运行时此键是被封锁的。为了使此键的操作有效，应设定 P0700＝1
	停止变频器	OFF1：按此键，变频器将按选定的斜坡下降速率减速停车，缺省值运行时此键被封锁；为了允许此键操作，应设定 P0700＝1。 OFF2：按此键两次（或一次，但时间较长）电动机将在惯性作用下自由停车。此功能总是“使能”的
	改变电动机的转动方向	按此键可以改变电动机的转动方向，电动机的反向用负号表示或用闪烁的小数点表示，缺省值运行时此键是被封锁的，为了使此键的操作有效，应设定 P0700＝1
	电动机点动	在变频器无输出的情况下按此键，将使电动机启动，并按预设定的点动频率运行。释放此键时，变频器停车。如果变频器/电动机正在运行，按此键将不起作用
	功能	此键用于浏览辅助信息。 变频器运行过程中，在显示任何一个参数时按下此键并保持不动 2s，将显示以下参数值（在变频器运行中从任何一个参数开始）： 1. 直流回路电压（用 d 表示，单位：V）； 2. 输出电流（A）； 3. 输出频率（Hz）； 4. 输出电压（用 o 表示，单位：V）； 5. 由 P0005 选定的数值［如果 P0005 选择显示上述参数中的任何一个（3、4 或 5），这里将不再显示］。 连续多次按下此键将轮流显示以上参数。 跳转功能：在显示任何一个参数（rXXXX 或 PXXXX）时短时间按下此键，将立即跳转到 r0000，如果需要的话，可以接着修改其他参数。跳转到 r0000 后，按此键将返回原来的显示点
	访问参数	按此键即可访问参数
	增加数值	按此键即可增加面板上显示的参数数值
	减少数值	按此键即可减少面板上显示的参数数值

4. 更改参数的方法

用 BOP 可以修改和设定系统参数，使变频器具有期望的特性，例如斜坡时间、频率大小、电机参数控制等。选择的参数号和设定的参数值在 LCD 上均可显示。

改变参数数值的步骤大致可归纳为：①查找所选定的参数号；②进入参数值访问级，修改参数值；③确认并存储修改好的参数值。例如：将 P0003 “访问级” 改为 3 级。其操作见表 3.11。

表 3.11　　　　　　　　　　　　更改参数的操作步骤

操作步骤		显示的结果
1	按 P 键，访问参数	r0000
2	按 ▲ 键，直到显示出 P0003	P0003
3	按 P 键，进入参数访问级	1
4	按 ▲ 或 ▼ 键，达到所要求的数值（例如：3）	3
5	按 P 键，确认并存储参数的数值	P0003

5. 快速调试的流程图（仅适用于第 1 访问级）

对变频器进行快速调试时，可按照表 3.12 所示的流程图进行。注意：

（1）变频器出厂时已按相同额定功率的西门子四极标准电动机的常规应用对象进行编程。如果用户采用的是其他型号的电动机，就必须输入电动机铭牌上的规格数据。

（2）除非 P0010＝1，否则是不能修改电动机参数的。

（3）为了使电动机开始运行，必须将 P0010 返回“0”值。快速调试设置完成后，使 P0010＝0 或者使 P3900＝1，变频器处于准备状态可正常运行。

（4）快速调试具有参数过滤功能，当 P0010＝1 后，显示的是快速调试的参数。

（5）如果设定的斜坡上升时间太短，有可能导致变频器过电流跳闸；同样，如果设定的斜坡下降时间太短，有可能导致变频器过电流或过电压跳闸。

（6）典型的电动机铭牌参数设置，如图 3.73 所示。快速调试的流程图如图 3.74 所示。

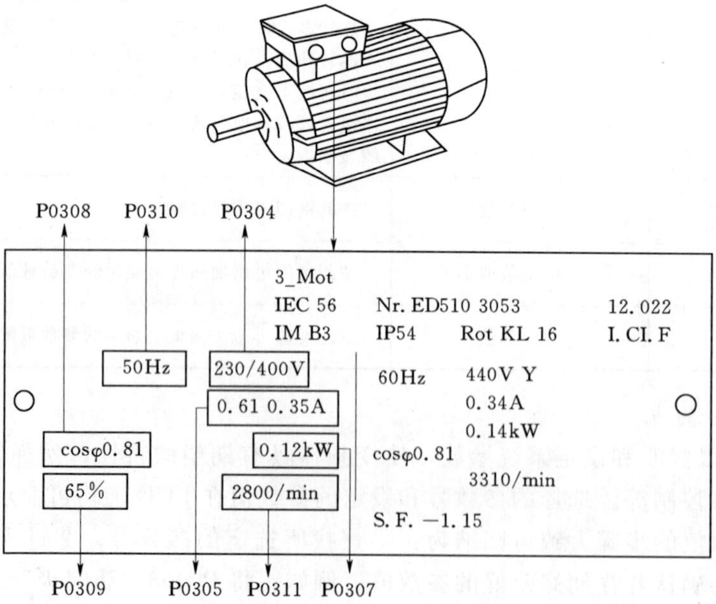

图 3.73　典型的电动机铭牌参数

P0010 开始快速调试
0　准备运行
1　快速调试
30　工厂的缺省设置值

说明
在电动机投入运行之前，P0010 必须回到‘0’，但是，如果调试结束后选定 P3900=1，那么，P0010 回零的操作是自动进行的

P0100 选择工作地区是欧洲/北美
0　功率单位为 kW，f 的缺省值为 50Hz
1　功率单位为 hp，f 的缺省值为 60Hz
2　功率单位为 kW，f 的缺省值为 60Hz

说明
P0100 的设定值 0 和 1 应该用 DIP 开关来更改，使其设定的值固定不变

P0304 电动机的额定电压
10～2000V
根据铭牌键入的电动机额定电压/V

P0305　电动机的额定电流
0～2 倍 变频器额定电流/A
根据铭牌键入的电动机额定电流/A

P0307　电动机的额定功率
0～2000kW
根据铭牌键入的电动机额定功率/kW
如果 P0100=1，功率单位应是 hp

P0310　电动机的额定频率
12～650Hz
根据铭牌键入的电动机额定频率/Hz

P0311　电动机的额定速度
0～40000 1/min
根据铭牌键入的电动机额定速度/rpm

P0700　选择命令源
接通/断开/反转(on/off/reverse)
0　工厂设置值
1　基本操作面板(BOP)
2　模入端子/数字输入

P1000　选择频率设定值
0　无频率设定值
1　用 BOP 控制频率的升降 ↑ ↓
2　模拟设定值

P1080　电动机最小频率
本参数设置电动机的最小频率(0～650Hz)；达到这一频率时电动机的运行速度将与频率的设定值无关。这里设置的值对电动机的正转和反转都是适用的

P1082　电动机最大频率
本参数设置电动机的最大频率(0～650Hz)；达到这一频率时电动机的运行速度将与频率的设定值无关。这里设置的值对电动机的正转和反转都是适用的

P1120　斜坡上升时间
0～650s
电动机从静止停车加速到最大电动机频率所需的时间

P1121　斜坡下降时间
0～650s
电动机从其最大频率减速到静止停车所需的时间

P3900　结束快速调试
0 结束快速调试，不进行电动机计算或复位为工厂缺省设置值。
1 结束快速调试，进行电动机计算和复位为工厂缺省设置值(推荐的方式)。
2 结束快速调试，进行电动机计算和 I/O 复位。
3 结束快速调试，进行电动机计算，但不进行 I/O 复位

图 3.74　快速调试的流程图

3.5.2 MM420通用变频器的应用

1. 外接端子控制正反转及点动运行

变频器在实际使用中，电动机经常要根据各类机械的某种状态而进行正转、反转、点动等运行，变频器的给定频率信号、电动机的启动信号等都是通过变频器控制端子给出的。外接端子控制正反转及点动可不受接线长度的限制，变频器的外部运行操作，大大提高了生产过程的自动化程度。

(1) 接线。接线图如图3.75所示，用按钮SB1、SB2、SB3和SB4，分别实现电动机正转、反转、正向点动和反向点动的控制。MM420变频器有3个数字输入端DIN1～DIN3，且模拟输入端AIN可以另行组态，用以提供一个附加数字输入端DIN4。

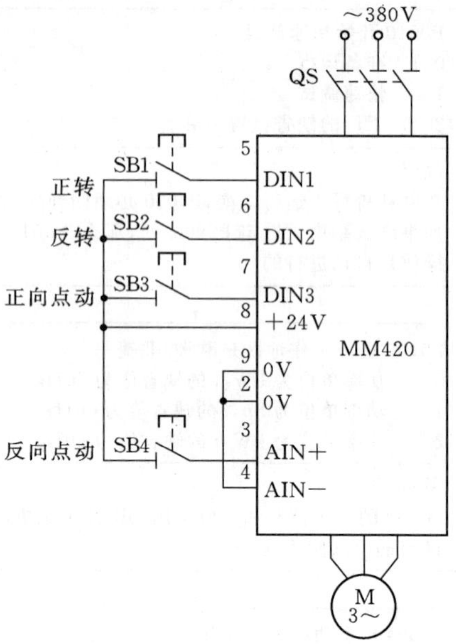

图3.75 正反转及点动运行接线图

(2) 参数设置。

1) 恢复变频器工厂缺省值：恢复工厂设置的参数见表3.12。

表3.12 恢复工厂设置的参数

参数号	出厂值	设置值	说明
P0003	1	1	设用户访问级为标准级
P0010	0	30	工厂的设定值
P0970	0	1	参数复位

2) 设置电动机参数：为了使电动机与变频器相匹配，需要设置电动机参数。使用快速调试功能。设置的参数见表3.13。

表3.13 电动机参数

参数号	出厂值	设置值	说明
P0003	1	1	设定用户访问级为标准级
P0010	0	1	快速调试
P0100	0	0	功率以kW表示，供电电源频率为50Hz
P0304	230	220	电动机额定电压/V
P0305	3.25	0.3	电动机额定电流/A
P0307	0.75	0.025	电动机额定功率/kW
P0310	50	50	电动机额定频率/Hz
P0311	0	1300	电动机额定转速/$(r \cdot min^{-1})$

续表

参数号	出厂值	设置值	说　　明
P0700	2	2	选择命令源，设为 2 时由端子排输入
P1000	2	1	频率设定值的选择。设为 1 时可由 BOP 的键盘进行加减频率值
P1080	0	0	电动机运行的最低频率/Hz
P1082	50	50	电动机运行的最高频率/Hz
P1120	10	5	斜坡上升时间/s
P1121	10	5	斜坡下降时间/s
P3900	0	1	结束快速调试，并自动把 P0010＝0，使变频器进入准备运行状态

3）设置操作控制参数：操作控制参数见表 3.14。

表 3.14　　操作控制参数

参数号	出厂值	设置值	说　　明
P0003	1	2	设用户访问级为扩展级
P0004	0	10	参数过滤器，为了更快地找到 P1040 等命令
P1040	5	15	设定键盘控制的频率值/Hz。在没有用键改变频率值之前，正反转默认以此频率运行
P1058	5	10	正向点动频率/Hz
P1059	5	10	反向点动频率/Hz
P1060	10	5	点动斜坡上升时间/s
P1061	10	5	点动斜坡下降时间/s
P0004	0	7	参数过滤
P0701	1	1	数字输入端 DIN1（“5”端）功能为 ON 接通正转/OFF 停车
P0702	12	2	数字输入端 DIN2（“6”端）功能为 ON 接通反转/OFF 停车
P0703	9	10	数字输入端 DIN3（“7”端）功能为正向点动
P0704	0	11	数字输入端 DIN4（“3”端）功能为反向点动

（3）变频器运行操作。

1）正转启动：电动机停止的情况下，按下带锁按钮 SB1 时，变频器数字输入端 DIN1 为“ON”，电动机按 P1120 所设置的 5s 斜坡上升时间正向启动，经 5s 后稳定运行在 390r/min 的转速上。此转速与 P1040 所设置的 15Hz 频率对应。放开带锁按钮 SB1，数字输入端 DIN1 为“OFF”，电动机按 P1121 所设置的 5s 斜坡下降时间停车，经 5s 后电动机停止运行。

2）反转运行：在电动机停止的情况下，按下带锁按钮 SB2，变频器数字输入端 DIN2 为“ON”，则可实现反转运行。放开带锁按钮 SB2，数字输入端 DIN2 为“OFF”，可实现反转的停车。

3）正向点动运行：当按下正向点动带锁按钮 SB3 时，变频器数字输入端 DIN3 为

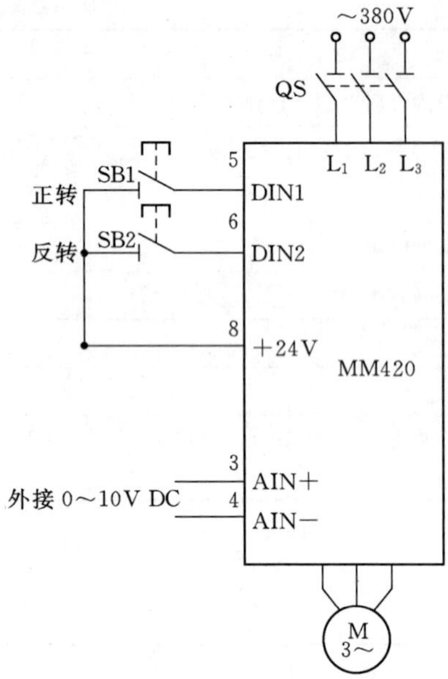

图 3.76 模拟信号操作控制接线图

“ON”。电动机按 P1060 所设置的 5s 点动斜坡上升时间正向点动运行，经 5s 后正向稳定运行在 260r/min 的转速上。此转速与 P1058 所设置的 10Hz 频率对应。当放开带锁按钮 SB3 时，数字输入端 DIN3 为“OFF”，电动机按 P1061 所设置的 5s 点动斜坡下降时间停车。

4）反向点动运行：当按下反向点动带锁按钮 SB4 时，变频器数字输入端 DIN4 为“ON”，则可实现反向点动运行。

2. 变频器的模拟信号操作控制

MM420 变频器可以通过数字输入端口对电动机进行运转方向的控制，而电动机转速的大小可以通过模拟输入端的模拟量的大小进行控制。

（1）接线。接线如图 3.76 所示，按下自锁按钮 SB1 正转，按下自锁按钮 SB2 反转。通过模拟量输入端口 AIN+、AIN−控制电机转速。变频器模拟量输入端子外接 0~10V 的直流电压。

（2）参数设置。

1）恢复变频器工厂缺省值：设置的参数见表 3.12。

2）设置电动机参数：设置的参数见表 3.15。

表 3.15　　电动机参数

参数号	出厂值	设置值	说明
P0003	1	1	设定用户访问级为标准级
P0010	0	1	快速调试
P0100	0	0	功率以 kW 表示，供电电源频率为 50Hz
P0304	230	220	电动机额定电压/V
P0305	3.25	0.3	电动机额定电流/A
P0307	0.75	0.025	电动机额定功率/kW
P0310	50	50	电动机额定频率/Hz
P0311	0	1300	电动机额定转速/($r \cdot min^{-1}$)
P0700	2	2	选择命令源，设为 2 时由端子排输入
P1000	2	2	频率设定值的选择。设为 2 时由为“模拟输入端”决定电动机频率的大小
P1080	0	0	电动机运行的最低频率/Hz
P1082	50	50	电动机运行的最高频率/Hz
P1120	10	5	斜坡上升时间/s
P1121	10	5	斜坡下降时间/s
P3900	0	1	结束快速调试，并自动把 P0010=0，使变频器进入准备运行状态

3）设置操作控制参数：设置的参数见表3.16。

表3.16 设置操作控制参数

参数号	出厂值	设置值	说明
P0003	1	2	设用户访问级为扩展级
P0004	0	7	参数过滤
P0701	1	1	数字输入端DIN1（“5”端）功能为“ON”接通正转，“OFF”停车
P0702	12	2	数字输入端DIN2（“6”端）功能为“ON”接通反转，“OFF”停车

（3）变频器运行操作。

1）正转启动：电动机停止的情况下，按下带锁按钮SB1可实现电动机的正转启动。放开带锁按钮SB1，可实现正转的停车。

2）反转运行：在电动机停止的情况下，按下带锁按钮SB2，则可实现反转运行。放开带锁按钮SB2，可实现反转的停车。

3）转速控制：通过更改AIN＋、AIN－端的电压大小，进而对电机进行转速大小的控制。

【例3-4】 利用S7-1200 PLC和MM420变频器联机实现电动机正反转。要求：当电动机正向运行时，正向启动时间为10s，变频器频率为25Hz；当电动机反向运行时，反向启动时间为10s，变频器频率为25Hz；当电动机停止时，发出停止命令10s内电动机停止。

变频器主要参数设置见表3.17。

表3.17 变频器主要参数设置表

序号	变频器参数	出厂值	设定值	功能说明
1	P1120	10	10	斜坡上升时间（10s）
2	P1121	10	10	斜坡下降时间（10s）
3	P0700	2	2	选择命令源（由端子排输入）
4	P0701	1	1	ON接通正转，OFF1停车
5	P0702	12	2	ON接通反转，OFF1停车
6	P1000	2	1	频率设定值为键盘（MOP）设定值
7	P1040	5	25	设定键盘控制频率

S7-1200 PLC和MM420变频器联机实现电动机正反转运行的I/O分配表见表3.18。

表3.18 I/O分配表

输入		输出	
I0.2	正转按钮	Q2.0	正转信号输出端子
I0.4	反转按钮	Q2.1	反转信号输出端子

S7－1200 PLC梯形图程序如图3.77所示。

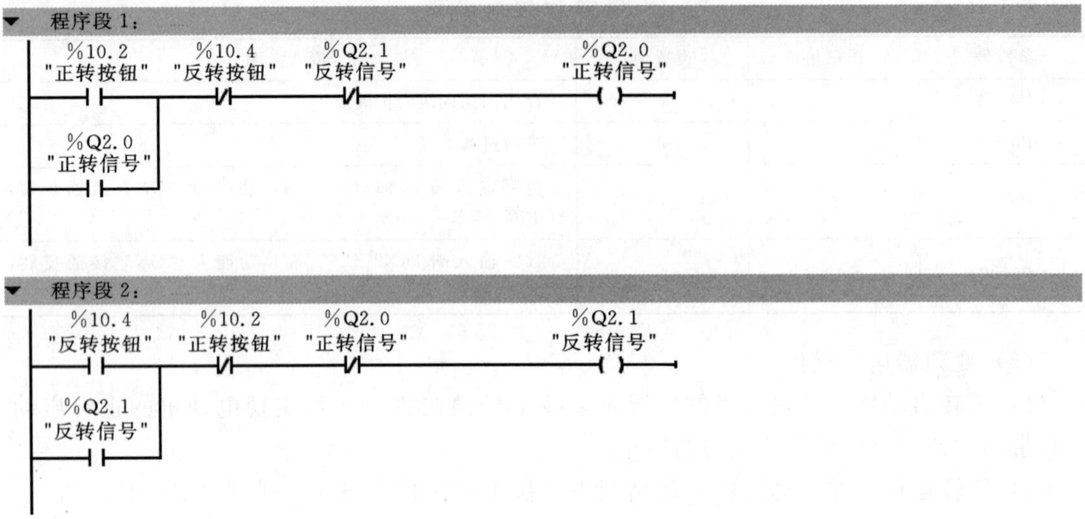

图3.77　S7－1200 PLC梯形图程序

项目4　自动化生产线组成单元安装与调试

任务4.1　供料单元的安装与调试

【知识和能力目标】

1. 了解供料单元的结构与功能。
2. 能够熟练拆装供料单元。
3. 能应用 S7－1200 指令编写供料单元控制程序，并进行现场调试。

4.1.1　供料单元功能与结构

1. 供料单元的功能

供料单元是本自动化生产线中的起始单元，它可以根据需要将放置在料仓中的待加工工件自动地取出，向系统中的其他单元提供原料，相当于实际生产线中的自动上料系统。系统启动后，把放置在料仓中待加工的工件利用挡板推送到传送带上，送料完成后，挡板回复到原位。

2. 供料单元的结构

供料单元主要由料仓、双杆气缸、磁性开关、光纤传感器、单向电磁阀、PLC、启动和停止按钮、支撑板、端子排等组成。图4.1为供料单元的实物图。

图4.1　供料单元的实物图

4.1.2　供料单元机械及气动部分安装与调试

1. 材料清单

仔细观察供料单元的组成和结构，填写材料清单。供料单元材料清单见表4.1。

表4.1　供料单元材料清单

序　号	物　品　名　称	规　　格	数　　量
1	磁性开关		
2	光纤传感器		
3	双杆气缸		
4	单向电磁阀		
5	装料管		

续表

序　号	物　品　名　称	规　　格	数　　量
6	启动按钮		
7	停止按钮		
8	支撑板		
9	PLC		
10	端子排		

2. 机械部分安装与调试

（1）首先仔细查看所有的元器件，检查是否有损坏或缺失。

（2）先把供料单元各个零件组合成整体安装时的组件，然后才对组件进行组装。

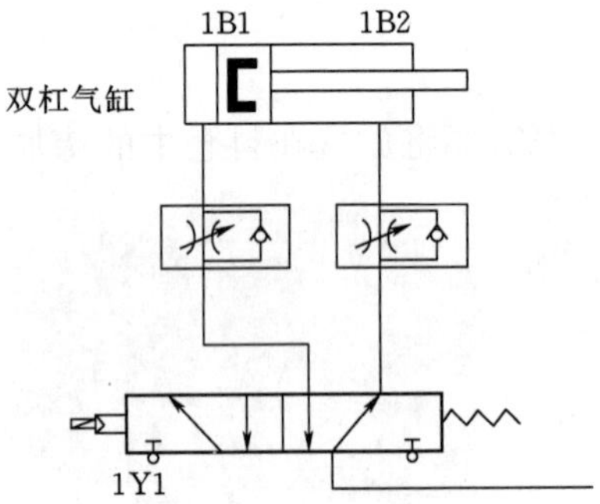

图 4.2　供料单元气动控制回路

（3）先安装机械支架，再安装气缸，把它固定在机械支架上方的安装孔上；电磁阀固定安装在机械支架侧边上的安装孔上；节流阀和磁性开关安装在气缸上；最后安装料仓上的光纤传感器，用于检测料仓中是否有工件。

（4）注意事项：安装节流阀和磁性开关时，不能把螺钉拧紧以便后面进行调整；通过松开或拧紧节流阀可以改变气缸的推力大小；磁性开关的安装位置如果不当，会影响整个控制过程；气缸的位置也要根据情况进行调整，保证气缸能将料仓中的工件送出并置于传送带上方。

3. 气动控制回路

气动控制系统是供料单元的执行机构，气动控制回路如图 4.2 所示。

1B1、1B2 为安装在气缸极限工作位置的磁性开关，1Y1 为控制气缸的电磁阀。当气缸的活塞杆运动到哪一端时，那一端的磁性开关就动作并发出电信号。1Y1 得电时送料缸推出工件，断电时复位。

4.1.3　供料单元电气部分安装与调试

1. 供料单元 PLC 的 I/O 地址分配

供料单元中所需的 I/O 点数为 6 点输入和 1 点输出，选用 S7－1200 CPU 1214C，完全可以满足控制 I/O 点数的需求。供料单元的送料槽中装有光纤传感器，用来检测料仓中是否有工件，并向 PLC 发送有无工件的信号。两个磁性开关分别用来检测送料缸的前限位和后限位。供料单元 PLC 的 I/O 地址分配表见表 4.2。图 4.3 为供料单元 PLC 的 I/O 接线原理图。

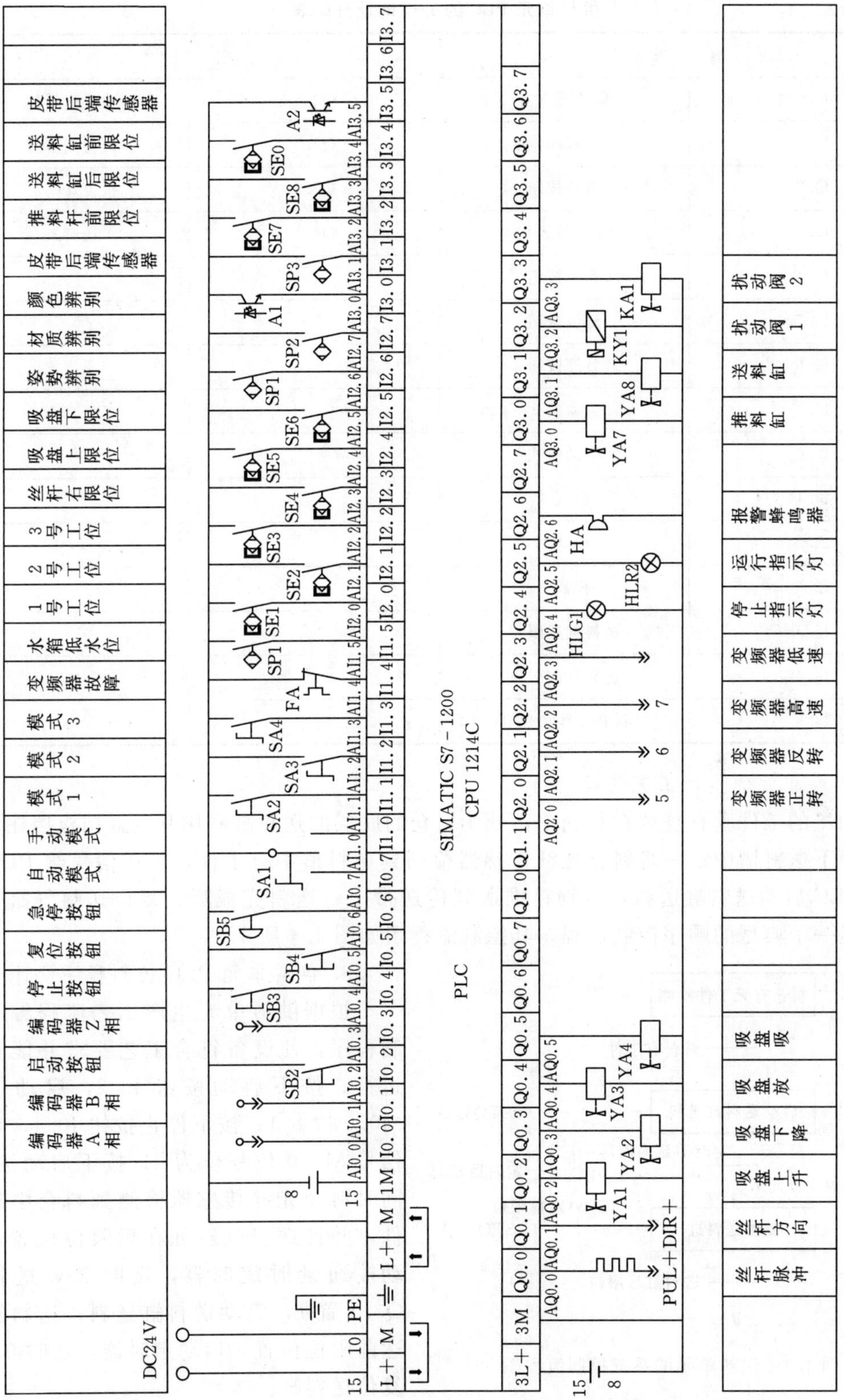

图 4.3　供料单元 PLC 的 I/O 接线图

表 4.2　　供料单元 PLC 的 I/O 地址分配表

输　入		输　出	
I0.0	编码器 A 相	Q2.4	停止指示灯
I0.1	编码器 B 相	Q2.5	运行指示灯
I0.2	启动按钮	Q2.6	报警蜂鸣器
I0.3	编码器 Z 相	Q3.1	送料缸
I0.4	停止按钮		
I0.5	复位按钮		
I0.6	急停按钮		
I0.7	自动模式		
I2.0	手动模式		
I2.1	模式 1		
I2.2	模式 2		
I2.3	模式 3		
I3.3	送料缸后限位		
I3.4	送料缸前限位		
I3.5	料仓光线传感器		

2. 供料单元的生产工艺流程

待加工的工件垂直叠放在料仓中，处于料仓的底层的送料缸利用其气缸挡板挡住工件不让其掉下送料槽中；一旦料仓光纤传感器检测到送料槽中有工件，发送信号给 PLC 控制器，PLC 启动送料缸送料，将物料推送到传送带上；送料完成后，复位送料气缸。供料单元是一个典型的顺序控制过程，其控制流程图如图 4.4 所示。

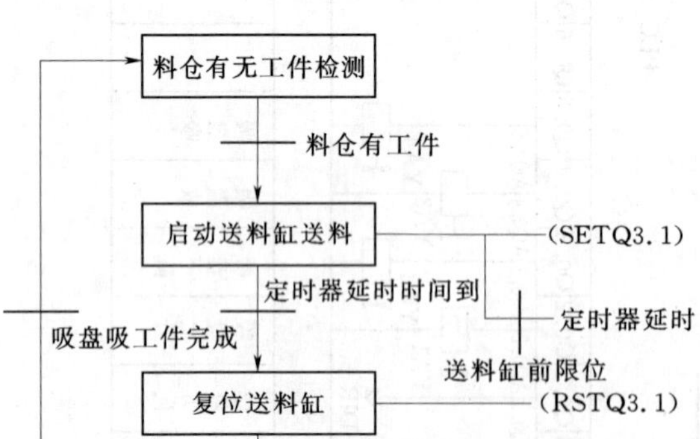

图 4.4　供料单元的系统控制流程图

3. 供料单元 PLC 控制程序设计

根据供料单元生产工艺流程编写控制程序，使设备符合工艺要求并能正常运行。按下启动按钮 I0.2，启动信号 M0.0 位置 1；按下停止按钮 I0.4，启动信号 M0.0 位复位为 0；按下启动按钮，同时料仓光纤传感器检测到料仓中有工件，并且送料气缸处在后限位位置，启动接通延时定时器，定时 2s，送料缸 Q3.1 置 1，启动送料缸送料；送料缸到达前限位位置，启动定时器，定时 0.5s，复位送料缸。

编写供料单元的控制程序如图 4.5 所示。

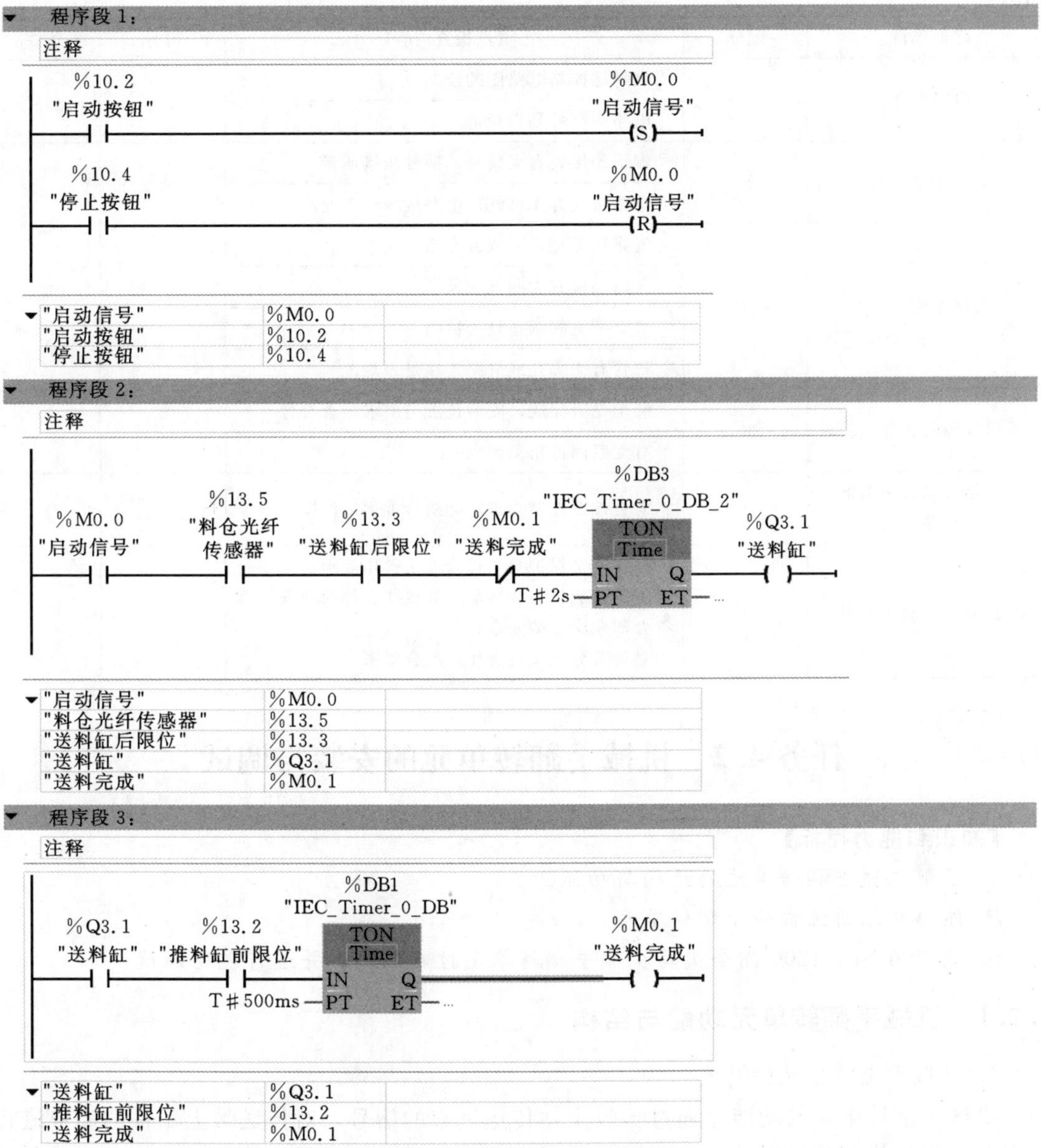

图 4.5　供料单元控制程序

调试程序时，应先认真检查程序，检查无误后才下载到设备中进行现场调试，否则会造成设备损坏和人员伤害。在调试设备过程中，应认真观察设备运行情况，若出现故障，应采取紧急措施，如急停、切断气源、切断总电源等，避免造成设备损坏。

4.1.4　任务评价

供料单元任务评价表见表 4.3。

表 4.3　　供料单元任务评价表

团队成员：＿＿＿＿＿＿＿＿　成绩：＿＿＿＿＿＿＿＿　教师：＿＿＿＿＿＿＿＿

评价项目	配分	重点检查内容	得分	备注
电路设计	10	供料站控制电路图的绘制		
		电路图符号是否规范		
电路连接工艺	20	端子连接处有无线号，插针压接质量		
		电路接线有无绑扎或电路接线是否凌乱		
气路连接工艺	20	气路连接是否完成或有错		
		气路连接有无漏气现象		
		气缸节流阀调整是否恰当		
		气管有无绑扎或气路连接是否规范		
机械安装及装配工艺	30	装配是否完成，安装位置与要求是否符合		
		有无紧固件松动现象		
正常运行供料站调整及程序编制	10	能否按照控制要求正确执行推出工件操作		
职业素养与安全意识	10	操作安全保护是否符合安全操作规程； 工具摆放、包装物品、导线线头等的处理是否符合职业岗位的要求； 是否有分工又有合作，配合紧密		

任务 4.2　机械手翻转单元的安装与调试

【知识和能力目标】

1. 了解机械手翻转单元的结构与功能。
2. 能够熟练拆装机械手翻转单元。
3. 能应用 S7－1200 指令编写机械手翻转单元控制程序，并进行现场调试。

4.2.1　机械手翻转单元功能与结构

1. 机械手翻转单元的功能

机械手翻转单元的功能是通过接收主站传送过来的信号，对传送带上工件的姿势进行判别，并将姿势摆放错误的工件利用机械手夹取并翻转矫正工件姿势，最后将它们重新放到传送带上，相当于实际生产线中的加工系统。

2. 机械手翻转单元的结构

机械手翻转单元主要由支架、直流电机、气动手指、电磁阀组、薄型气缸等组成。图 4.6 为机械手翻转单元的实物图。

4.2.2　机械手翻转单元机械及气动部分安装与调试

1. 材料清单

仔细观察机械手翻转单元的组成和结构，填写材料清单。机械手翻转单元材料清单见

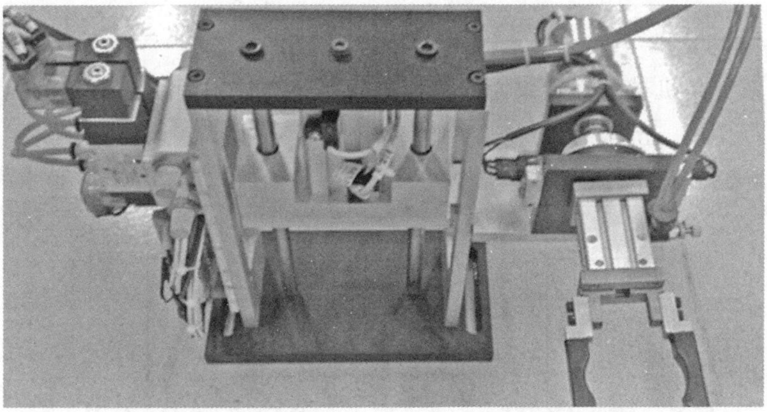

图 4.6　机械手翻转单元的实物图

表 4.4。

表 4.4　　机械手翻转单元材料清单

序号	物品名称	规格	数量
1	磁性限位开关		
2	对射式光电传感器		
3	电磁阀		
4	直流电动机		
5	端子排		
6	机械支架		
7	启动按钮		
8	指示灯		
9	蜂鸣器		
10	手指气缸		
11	停止按钮		
12	节流阀		

2. 机械部分安装与调试

（1）首先仔细查看所有的元器件，检查是否有损坏或缺失。

（2）先把机械手翻转单元各个零件组合成整体安装时的组件，然后才对组件进行组装。

（3）先安装机械支架部分，然后在支架上安装薄型气缸、直流电动机、气动手指，注意不能先固定螺丝，方便后面调试时进行调整；接下来安装电磁阀组，安装的方法是先将电磁阀安装在汇流板上，最后再将汇流板固定在已经安装好的机械支架上。

（4）注意事项：安装节流阀和磁性开关时，不能把螺钉拧紧以便后面进行调整；通过松开或拧紧节流阀可以改变气缸的推力大小；磁性开关的安装位置如果不当，会影响整个控制过程；调整气缸位置时要保证能夹住传送带上的工件并完成翻转动作，然后才固定气缸上的螺丝。

3. 气动控制回路

气动控制系统是机械手翻转单元的执行机构，气动控制回路如图 4.7 所示。

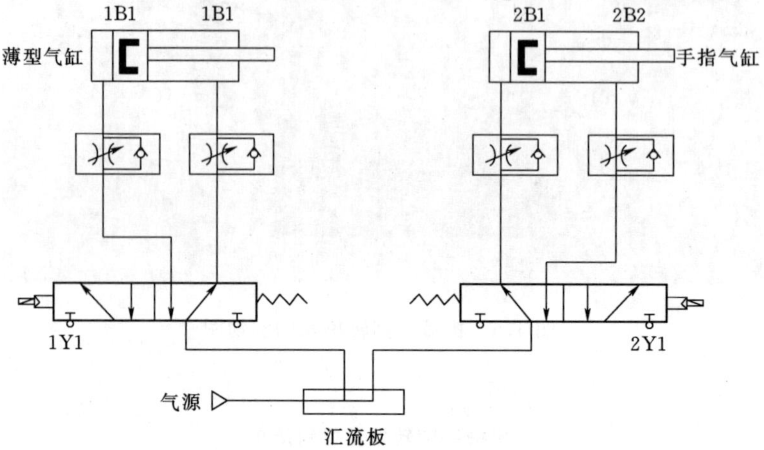

图 4.7　机械手翻转单元气动控制回路

机械手翻转单元中工件的夹取和翻转采用高效平稳的气动手爪来实现。在机械手翻转单元气动控制回路中，薄型气缸承担气动手爪的提升和下降任务，回路中采用五位二通的单电控电磁阀作为换向阀；手指气缸承担机械手手指夹紧、松开任务，回路中采用五位二通的双电控电磁阀作为换向阀。1B1、1B2 以及 2B1、2B2 为安装在气缸极限工作位置的磁性开关，1Y1、2Y1 分别为控制薄型气缸、手指气缸的电磁阀。

4.2.3　机械手翻转单元电气部分安装与调试

1. 机械手翻转单元 PLC 的 I/O 地址分配

机械手翻转单元中所需的 I/O 点数为 4 点输入和 5 点输出，选用 S7 - 1200 CPU 1212C，完全可以满足控制 I/O 点数的需求。机械手翻转单元的 4 点输入为两个气缸上的 4 个磁性开关，分别用来检测翻转的上下和左右限位。5 个输出点分别用来控制机械手升降、机械手正转和反转、手指的夹紧和松开。机械手翻转单元 PLC 的 I/O 地址分配表见表 4.5。图 4.8 所示为机械手翻转单元 PLC 的 I/O 接线原理图。

表 4.5　　机械手翻转单元的 I/O 分配表

输　入		输　出	
I0.0	反转上限位	Q0.0	反转升降
I0.1	反转下限位	Q0.1	手指夹紧
I0.2	反转左限位	Q0.2	手指松开
I0.3	反转右限位	Q0.3	反转机械手正转
		Q0.4	反转机械手反转

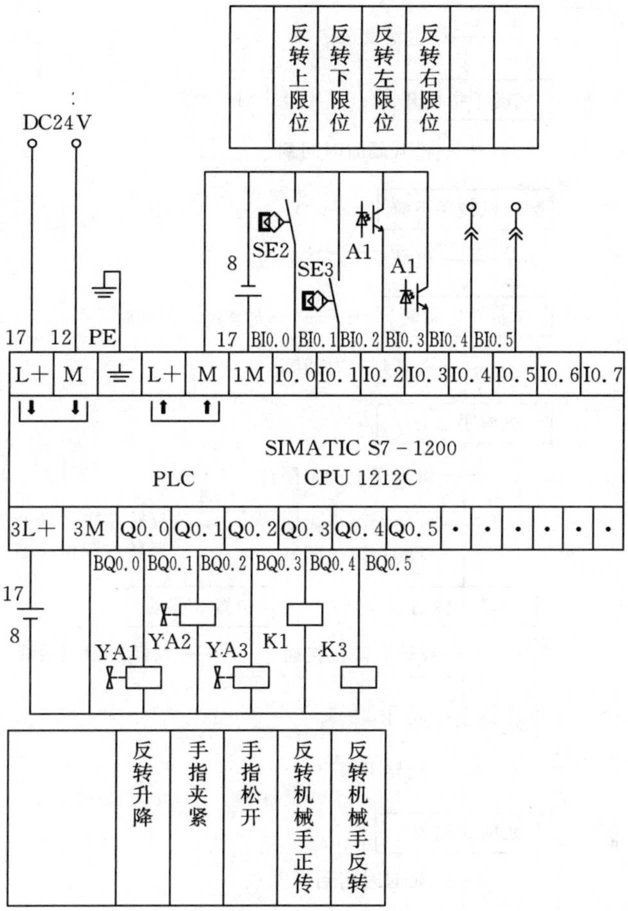

图 4.8　机械手翻转单元 PLC 的 I/O 接线图

2. 机械手翻转单元的生产工艺流程

主站检测传送带上的工件，发送信号给从站，从站根据接收到的信号做出相应的动作。如果判断工件需要矫正姿势，从站控制气动手指张开，薄型气缸下降使得气动手指能将工件夹紧，然后薄型气缸带动翻转机械手和工件上升；检测到上升极限后，直流电机带动翻转机械手正转，调整工件姿势，然后薄型气缸下降，松开气动手指，将工件放置在传送带上；翻转机械手上升，直流电机控制其反转，回复到初始位置。机械手翻转单元是一个典型的顺序控制过程，其控制流程图如图 4.9 所示。

3. 机械手翻转单元 PLC 控制程序设计

根据机械手翻转单元生产工艺流程编写控制程序，使设备符合工艺要求并能正常运行。

编写机械手翻转单元的控制程序如图 4.10 所示。

程序首先接收主站发送过来的信号（M20.0），确定工件是否需要矫正姿势；如果工件需要矫正姿势，则置位 M13.0，开始完成手指松开→机械手下降→手指夹紧→机械手上升→机械手翻转→机械手下降→手指松开→机械手上升等一系列动作；动作完成后向主

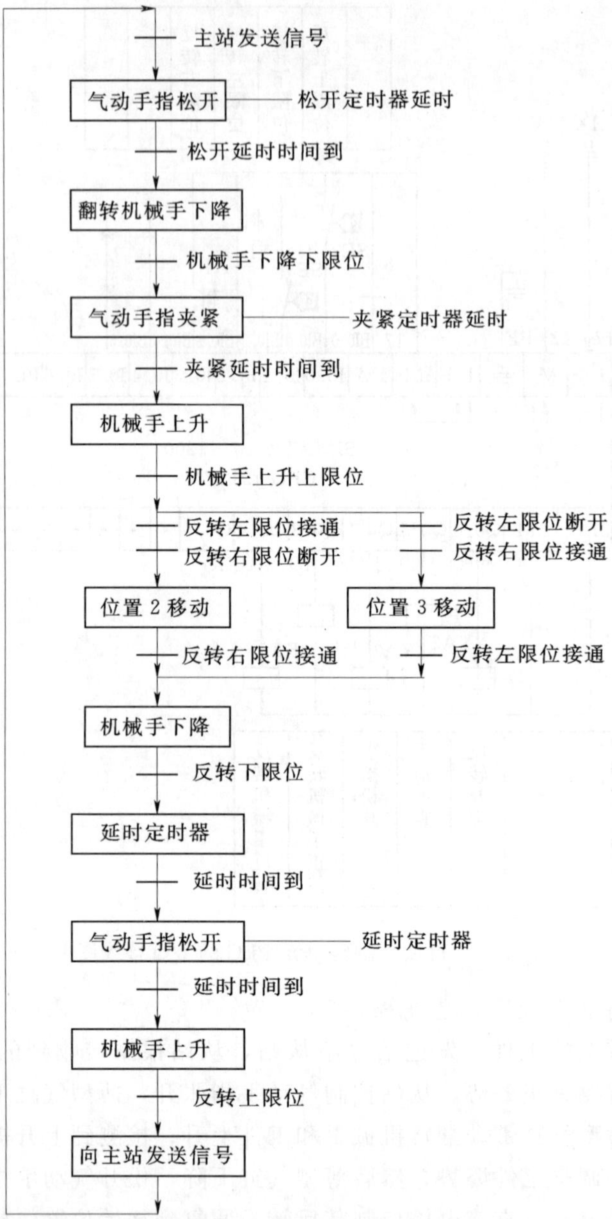

图 4.9　机械手翻转单元的控制流程图

站发送信号，确认完成翻转作业。

调试程序时，应先认真检查程序，检查无误后才下载到设备中进行现场调试，否则会造成设备损坏和人员伤害。在调试设备过程中，应认真观察设备运行情况，若出现故障，应采取紧急措施，如急停、切断气源、切断总电源等，避免造成设备损坏。

4.2.4　任务评价

机械手翻转单元任务评价表见表 4.6。

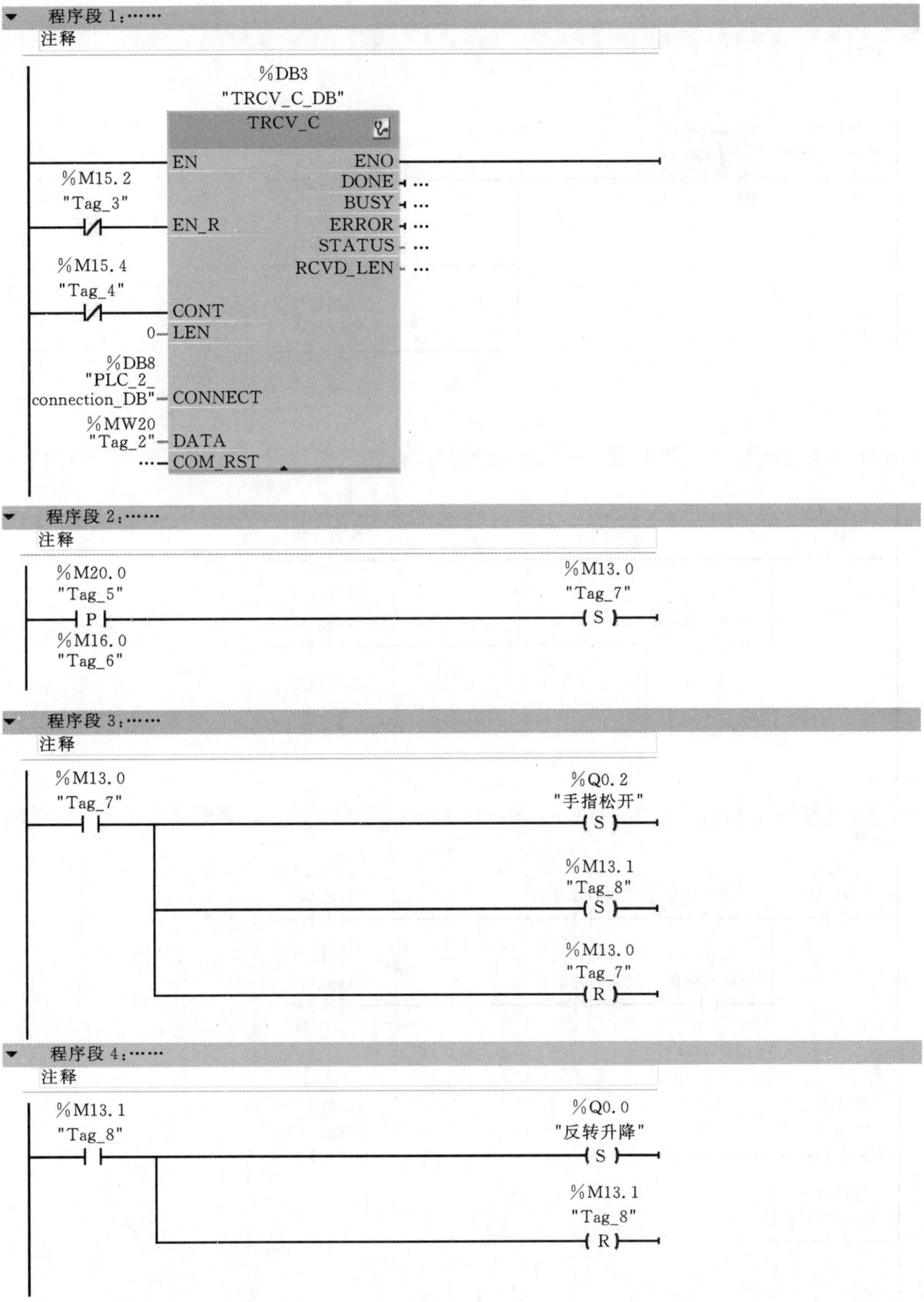

图 4.10（一）　机械手翻转单元的 PLC 的工艺控制程序

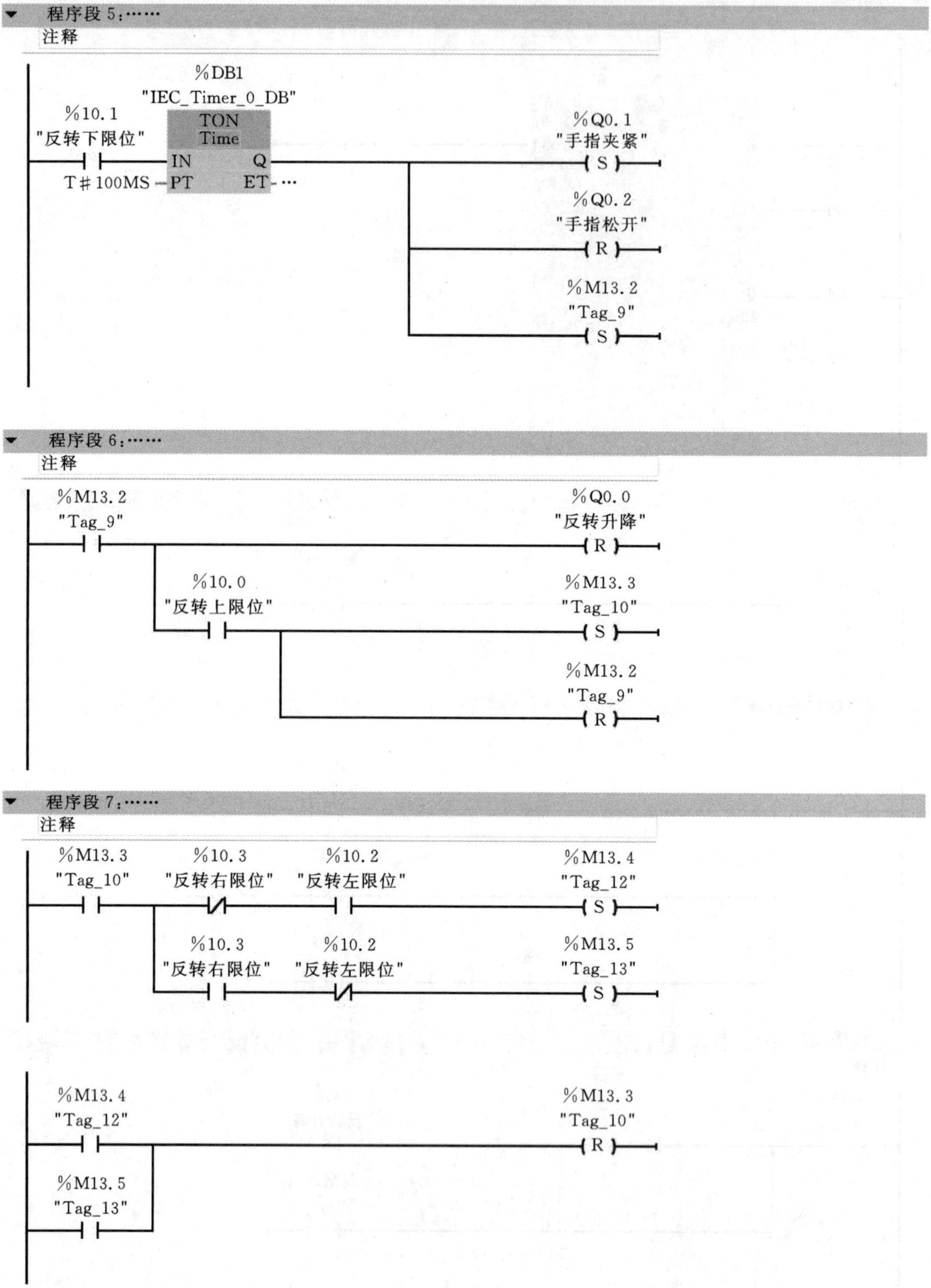

图 4.10(二) 机械手翻转单元的 PLC 的工艺控制程序

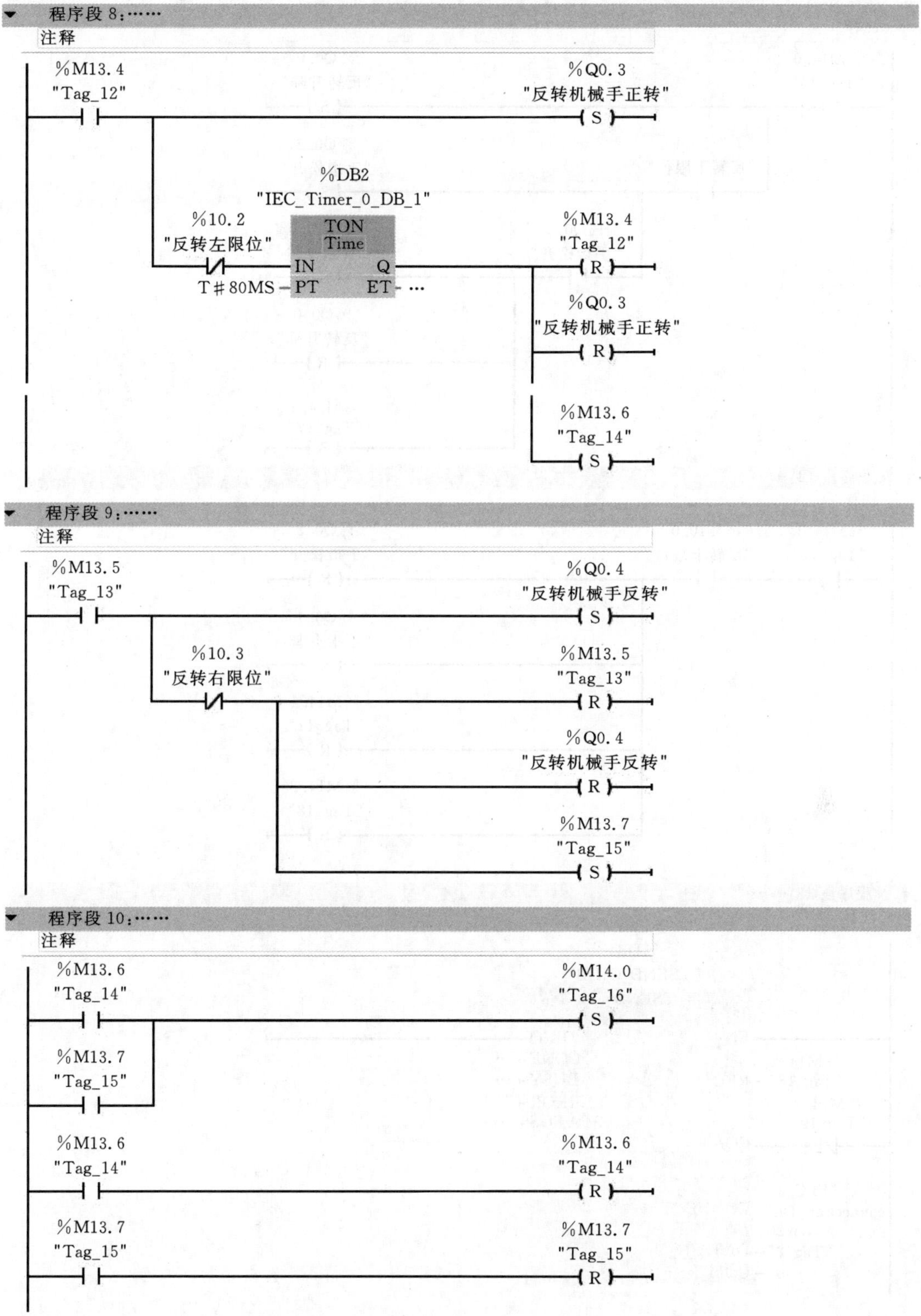

图 4.10（三）　机械手翻转单元的 PLC 的工艺控制程序

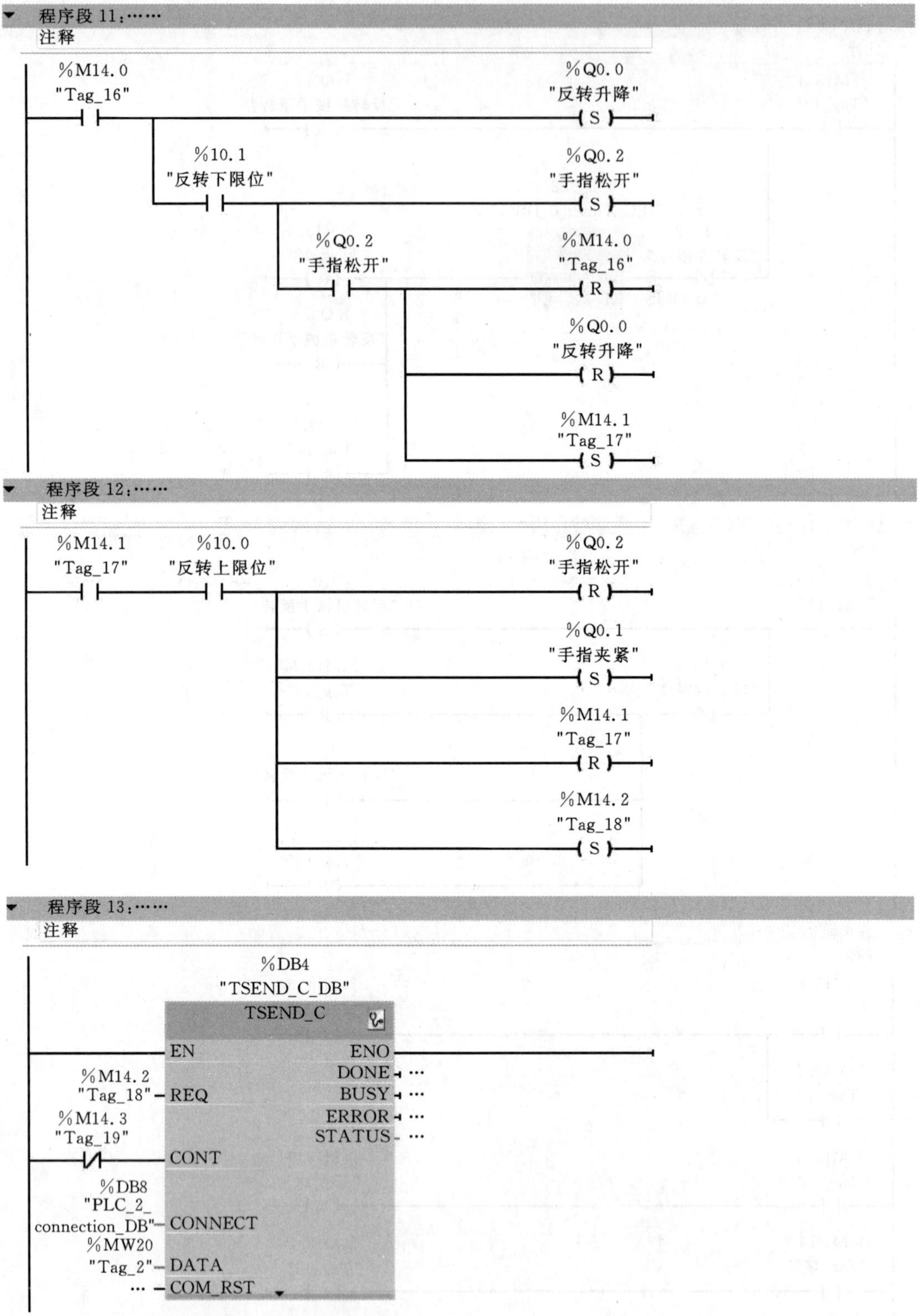

图 4.10（四）　机械手翻转单元的 PLC 的工艺控制程序

表 4.6 机械手翻转单元任务评价表

团队成员：________ 成绩：________ 教师：________

评价项目	配分	重点检查内容	得分	备注
电路设计	10	机械手翻转单元控制电路图的绘制		
		电路图符号是否规范		
电路连接工艺	20	端子连接处有无线号，插针压接质量		
		电路接线有无绑扎或电路接线是否凌乱		
气路连接工艺	20	气路连接是否完成或有错		
		气路连接有无漏气现象		
		气缸节流阀调整是否恰当		
		气管有无绑扎或气路连接是否规范		
机械安装及装配工艺	30	装配是否完成，安装位置与要求是否符合		
		有无紧固件松动现象		
正常运行供料站调整及程序编制	10	能否按照控制要求正确执行推出工件操作		
职业素养与安全意识	10	操作安全保护是否符合安全操作规程； 工具摆放、包装物品、导线线头等的处理是否符合职业岗位的要求； 是否有分工又有合作，配合紧密		

任务 4.3 输送单元的安装与调试

【知识和能力目标】

1. 了解输送单元的结构与功能。
2. 能够熟练拆装输送单元。
3. 能应用 S7－1200 指令编写输送单元控制程序，并进行现场调试。

4.3.1 输送单元功能与结构

1. 输送单元的功能

输送单元的功能是将供料站放置在传送带上的工件输送到分拣单元，在输送过程中完成对工件的摆放姿势和材质、颜色的检测，并将这些信息发送给机械手翻转单元和分拣单元以便进行工件摆放姿势矫正和分拣。

2. 输送单元的结构

输送单元主要由变频器、三相异步电动机、皮带传送机构、电磁阀、光电编码器等组成。图 4.11 为输送单元的实物图。

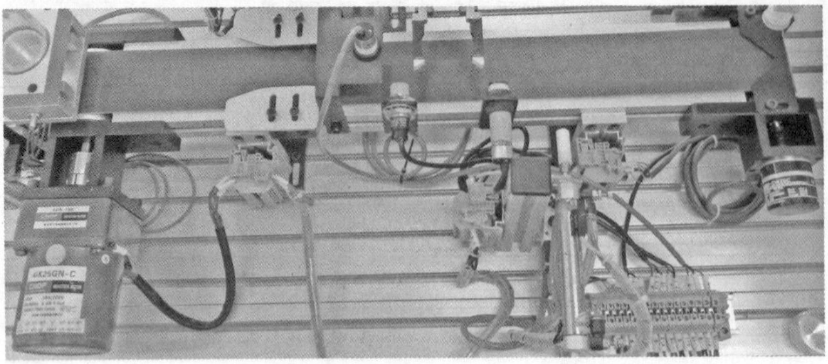

图 4.11　输送单元的实物图

4.3.2　输送单元机械安装与调试

1. 材料清单

仔细观察输送单元的组成和结构，填写材料清单。输送单元材料清单见表 4.7。

表 4.7　　输送单元材料清单

序　号	物　品　名　称	规　　格	数　　量
1	交流电动机		
2	光电编码器		
3	电感式传感器		
4	电容式传感器		
5	光电传感器		
6	直行气缸		
7	皮带		
8	机械支架		
9	联轴器		
10	变频器		
11	磁性开关		
12	电磁阀		

2. 机械部分安装与调试

（1）首先仔细查看所有的元器件，检查是否有损坏或缺失。

（2）先把输送单元各个零件组合成整体安装时的组件，然后才对组件进行组装。

（3）先安装机械支架部分，固定铝型材在铝型支架上，接下来安装主动轴，要求能带动皮带传动，然后在铝型支架上套上皮带；利用联轴器把交流异步电动机和主动轴连接在一起，使得交流异步电动机能带动主动轴，并在铝型支架上固定好交流异步电动机；接下来在铝型支架的另一端上安装光电编码器，用来完成传送带的定位控制，最后安装一些固定传感器用的支架。

（4）注意事项：为了保证皮带在电动机的转动下能传动工件，需要适当调整转轴的位置；传感器的安装位置也需要注意，需保证能够检测到工件；交流异步电动机的转向不合适，需调换电动机两根电源线。

4.3.3　输送单元电气部分安装与调试

1. 输送单元 PLC 的 I/O 地址分配

输送单元中所需的 I/O 点数为 8 点输入和 7 点输出，选用 S7-1200 CPU 1214C，完全可以满足控制 I/O 点数的需求。输送单元的 8 个输入点中有 3 个输入点分别为启动、停止、复位按钮，其余 5 个分别连接用来检测姿势和材质、颜色、皮带后端、推料杆前限位的传感器。4 个输出点用来控制变频器，另外 3 个输出点控制起到报警作用的指示灯和蜂鸣器。输送单元 PLC 的 I/O 地址分配表见表 4.8。图 4.12 所示为输送单元 PLC 的 I/O 接线原理图。

表 4.8　　输送单元 PLC 的 I/O 地址分配表

输入		输出	
I0.2	启动按钮	Q2.0	变频器正传
I0.4	停止按钮	Q2.1	变频器反传
I0.5	复位按钮	Q2.2	变频器高速
I0.6	急停按钮	Q2.3	变频器低速
I0.7	自动模式	Q2.4	停止指示灯
I2.0	手动模式	Q2.5	运行指示灯
I2.1	模式 1	Q2.6	报警蜂鸣器
I2.2	模式 2		
I2.3	模式 3		
I1.4	变频器故障		
I2.6	姿势辨别		
I2.7	材料辨别		
I3.0	颜色辨别		
I3.1	皮带后端传感器		
I3.2	推料缸前限位		
I3.3	送料缸后限位		
I3.4	送料缸前限位		

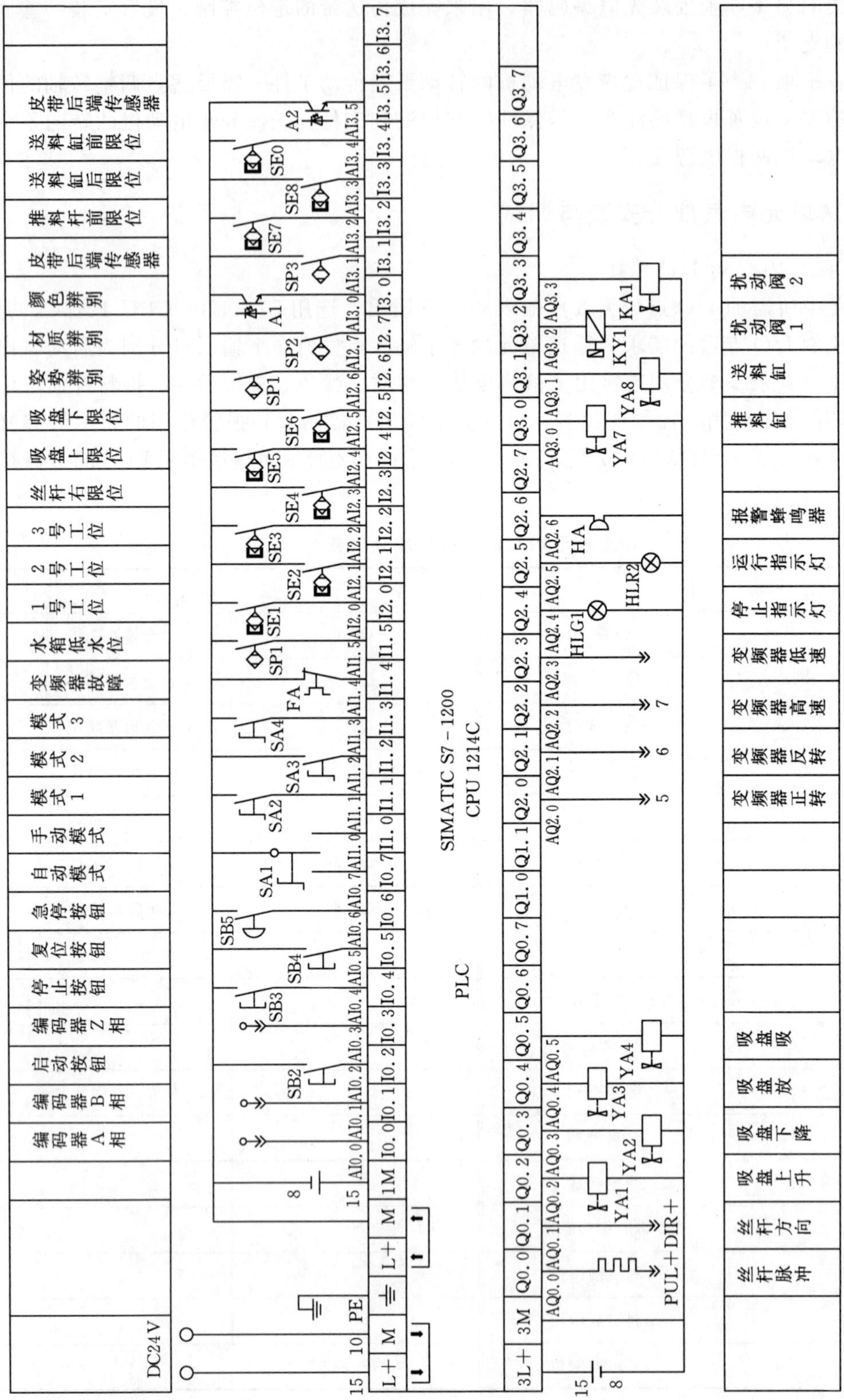

图 4.12　输送单元的 PLC 的 I/O 接线

【例 4－1】 应用举例：利用 S7－1200 PLC 和 MM420 变频器联机实现电动机多段调速，要求：实现 MM420 变频器控制电动机 7 段频率运转。其 I/O 分配表见表 4.9。

表 4.9 变频器多段调速 I/O 分配表

输入		输出	
按钮 1	I0.2	变频器 DIN1 端子	Q2.0
按钮 2	I0.4	变频器 DIN2 端子	Q2.1
按钮 3	I0.5	变频器 DIN3 端子	Q2.2
停止按钮	I0.6		

变频器主要参数设置见表 4.10。

表 4.10 变频器主要参数设置表

序号	变频器参数	出厂值	设定值	功能说明
1	P1120	10	10	斜坡上升时间（10s）
2	P1121	10	10	斜坡下降时间（10s）
3	P0700	2	2	选择命令源（由端子排输入）
4	P0701	1	17	固定频率设值（二进制编码选择＋ON 命令）
5	P0702	12	17	固定频率设值（二进制编码选择＋ON 命令）
6	P0703	9	17	固定频率设值（二进制编码选择＋ON 命令）
7	P1001	0.00	5.00	固定频率 1
8	P1002	5.00	10.00	固定频率 2
9	P1003	10.00	20.00	固定频率 3
10	P1004	15.00	25.00	固定频率 4
11	P1005	20.00	30.00	固定频率 5
12	P1006	25.00	40.00	固定频率 6
13	P1007	30.00	50.00	固定频率 7

切换按钮“SB1”“SB2”“SB3”的通断，变频器各固定输出频率见表 4.11。

表 4.11 变频器输出频率表

SB1	SB2	SB3	输出频率
OFF	OFF	OFF	OFF
ON	OFF	OFF	固定频率 1
OFF	ON	OFF	固定频率 2
ON	ON	OFF	固定频率 3
OFF	OFF	ON	固定频率 4

续表

SB1	SB2	SB3	输出频率
ON	OFF	ON	固定频率 5
OFF	ON	ON	固定频率 6
ON	ON	ON	固定频率 7

S7－1200 PLC 梯形图程序如图 4.13 所示。

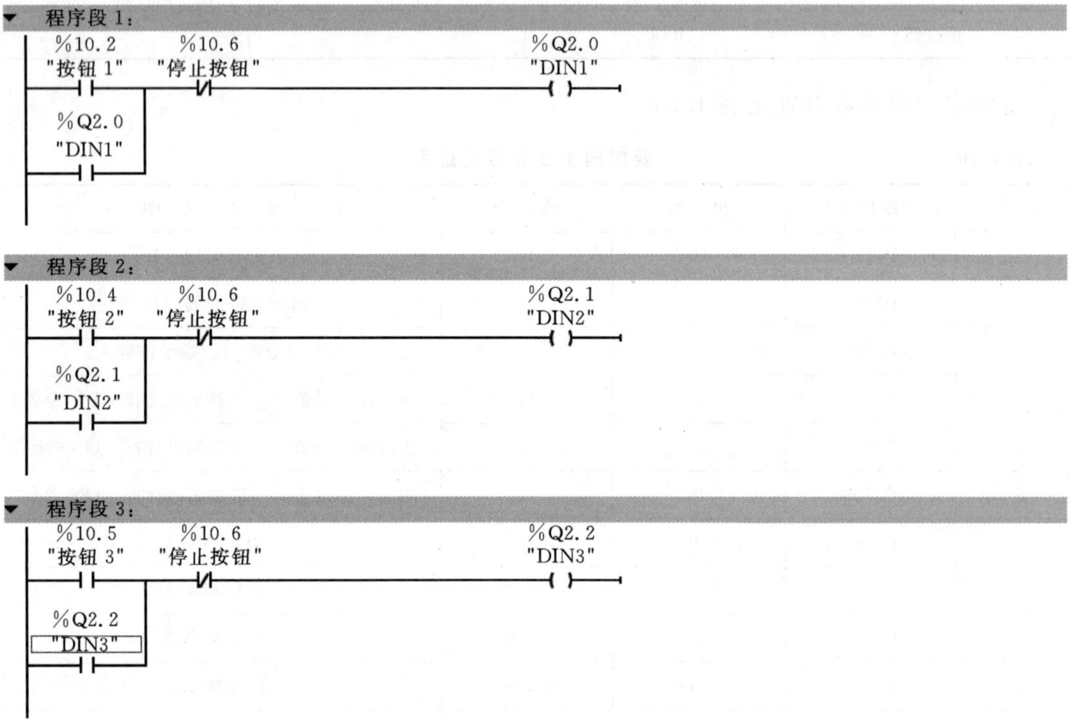

图 4.13　PLC 控制变频器多段调速程序图

2. 输送单元的生产工艺流程

输送单元主要是控制变频器的正转、反转、高速、低速，同时在传送工件的过程中完成对工件的检测，并将检测信息传送给其他站点。

3. 机械手翻转单元 PLC 控制程序设计

根据输送单元生产工艺流程编写控制程序，使设备符合工艺要求并能正常运行。按下启动按钮 I0.2，启动信号 M0.0 置位；点亮运行指示灯 Q2.5，变频器低速正转。

编写输送单元的控制程序如图 4.14 所示。

调试程序时，应先认真检查程序，检查无误后才下载到设备中进行现场调试，否则会造成设备损坏和人员伤害。在调试设备过程中，应认真观察设备运行情况，若出现故障，应采取紧急措施，如急停、切断气源、切断总电源等，避免造成设备损坏。

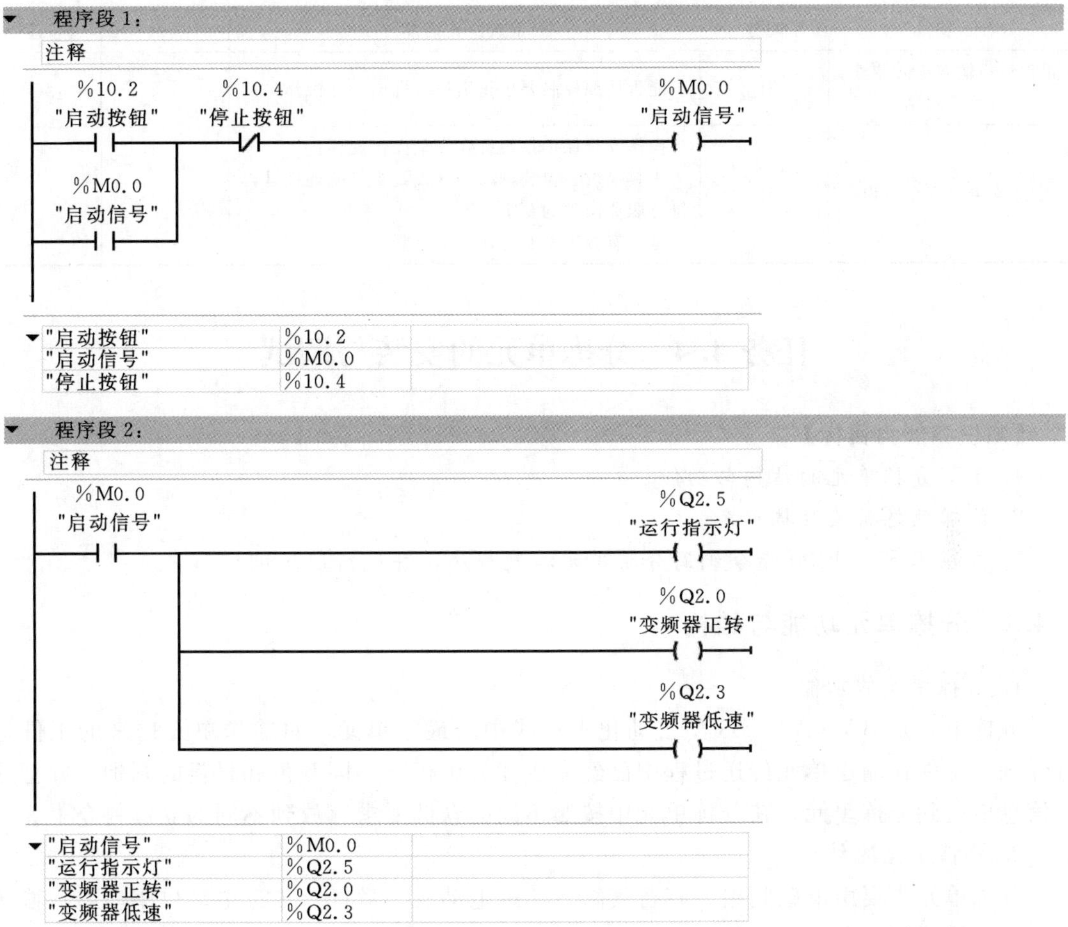

图 4.14　输送单元的 PLC 的控制程序

4.3.4　任务评价

输送单元任务评价表见表 4.12。

表 4.12　　**输送单元任务评价表**

团队成员：__________　成绩：__________　教师：__________

评价项目	配分	重点检查内容	得分	备注
电路设计	10	输送单元控制电路图的绘制		
		电路图符号是否规范		
电路连接工艺	30	端子连接处有无线号，插针压接质量		
		电路接线有无绑扎或电路接线是否凌乱		
机械安装及装配工艺	40	装配是否完成，安装位置与要求是否符合		
		有无紧固件松动现象		

续表

评价项目	配分	重点检查内容	得分	备注
正常运行输送单元调整及程序编制	10	能否按照控制要求正确执行推出工件操作		
职业素养与安全意识	10	操作安全保护是否符合安全操作规程； 工具摆放、包装物品、导线线头等的处理是否符合职业岗位的要求； 是否有分工又有合作，配合紧密		

任务4.4 分拣单元的安装与调试

【知识和能力目标】

1. 了解分拣单元的结构与功能。
2. 能够熟练拆装分拣单元。
3. 能应用S7-1200指令编写分拣单元控制程序，并进行现场调试。

4.4.1 分拣单元功能与结构

1. 分拣单元的功能

分拣单元是BA-AT-03型自动化生产线中的最末单元，对输送单元送来的工件进行分拣。工件在输送单元传送过程中已经完成姿势矫正、不同颜色和材料的判别，并把这些信息传送到分拣单元，在分拣单元中按照不同的仓储要求存放到不同的立体料仓上。

2. 分拣单元的结构

分拣单元主要由电磁阀组、直行气缸、步进电动机、丝杆、步进电动机驱动器、输送线、光电传感器、磁性开关等组成。图4.15为分拣单元的实物图。

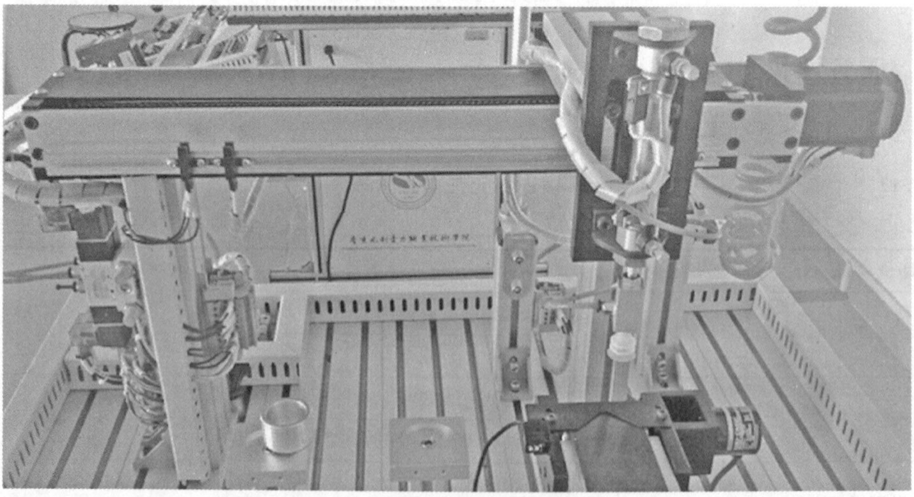

图4.15 分拣单元的实物图

4.4.2 分拣单元机械及气动部分安装与调试

1. 材料清单

仔细观察分拣单元的组成和结构，填写材料清单。分拣单元材料清单见表 4.13。

表 4.13 分拣单元材料清单

序号	物品名称	规格	数量
1	步进电动机驱动器		
2	步进电动机		
3	丝杆		
4	直行气缸		
5	吸盘气缸		
6	电磁阀		
7	端子排		
8	磁性开关		
9	启动按钮		
10	停止按钮		
11	机械支架		
12	对射式限位开关		

2. 机械部分安装与调试

(1) 首先仔细查看所有的元器件，检查是否有损坏或缺失。

(2) 先把分拣单元各个零件组合成整体安装时的组件，然后才对组件进行组装。

(3) 先安装机械支架部分，然后在支架上安装吸盘机械手、步进电动机等，并将整体安装在平台上，安装时注意不能先固定螺丝，方便后面进行调整；接下来安装气缸、电磁阀组以及各类传感器。

(4) 注意事项：安装完后要调整吸盘机械手，保证吸盘机械手下降到下限位时能吸住工件。各类传感器的位置也要进行调整，保证能检测到控制流程中的各个关键位置。直行气缸上的磁性开关用来检测吸盘的上下限位，安装完后需调整磁性开关的位置，使得直行气缸下降到下限位时，吸盘能吸住工件，同时检测下限位的磁性开关接通。对射式光电传感器用来检测原点位置，安装完后需进行调整，保证吸盘机械移动到皮带上方时能接通。对射式光电传感器用来检测吸盘机械手左右移动的机械限位，调整时要保证在撞到机械限位之前接通对射式光电传感器。

3. 传动机构

所谓传动机构，就是可以将动力所提供的运动的方式、方向或速度加以改变，被人们有目的地加以利用。分拣单元的传动机构主要由步进电动机安装支架、步进电动机、联轴器、丝杆、对射式光电传感器、电磁阀组、直行气缸、磁性开关等组成。步进电动机是其中的核心部件，步进电动机的轴和丝杆的轴用联轴器连接起来，从而可以带动丝杆传动。

4. 气动控制回路

气动控制系统是分拣单元的执行机构，气动控制回路如图 4.16 所示。

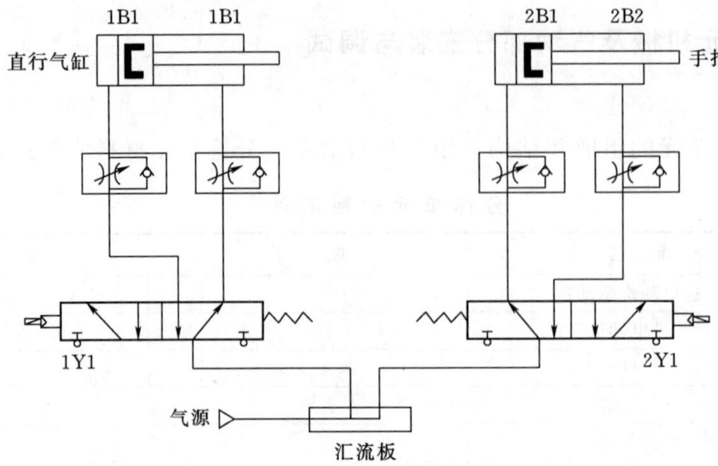

图 4.16　分拣单元气动控制回路

在分拣单元气动控制回路中，直行气缸担当吸盘机械手的提升和下降任务，回路中采用二位五通的双电控电磁阀作为换向阀；1B1 和 1B2 分别是检测提升和下降限位的磁性开关，1Y1 是控制气缸的电磁阀。吸盘气缸也采用二位五通的带手控开关的双电控电磁阀。

4.4.3　分拣单元电气部分安装与调试

1. 分拣单元 PLC 的 I/O 地址分配

分拣单元 PLC 的 I/O 地址分配表见表 4.14。图 4.17 所示为分拣单元 PLC 的 I/O 接线原理图。

表 4.14　　分拣单元的 I/O 分配表

输　入		输　出	
I0.2	启动按钮	Q0.0	丝杆脉冲
I0.4	停止按钮	Q0.1	丝杆方向
I0.5	复位按钮	Q0.2	吸盘上升
I0.6	急停按钮	Q0.3	吸盘下降
I0.7	自动模式	Q0.4	吸盘放
I2.0	手动模式	Q0.5	吸盘吸
I2.1	模式 1	Q2.4	停止指示灯
I2.2	模式 2	Q2.5	运行指示灯
I2.3	模式 3	Q2.6	报警蜂鸣器
I1.0	1 号工位		
I1.1	2 号工位		
I1.2	3 号工位		
I1.3	丝杆右限位		
I2.4	吸盘上限位		
I2.5	吸盘下限位		
I3.1	皮带后端传感器		

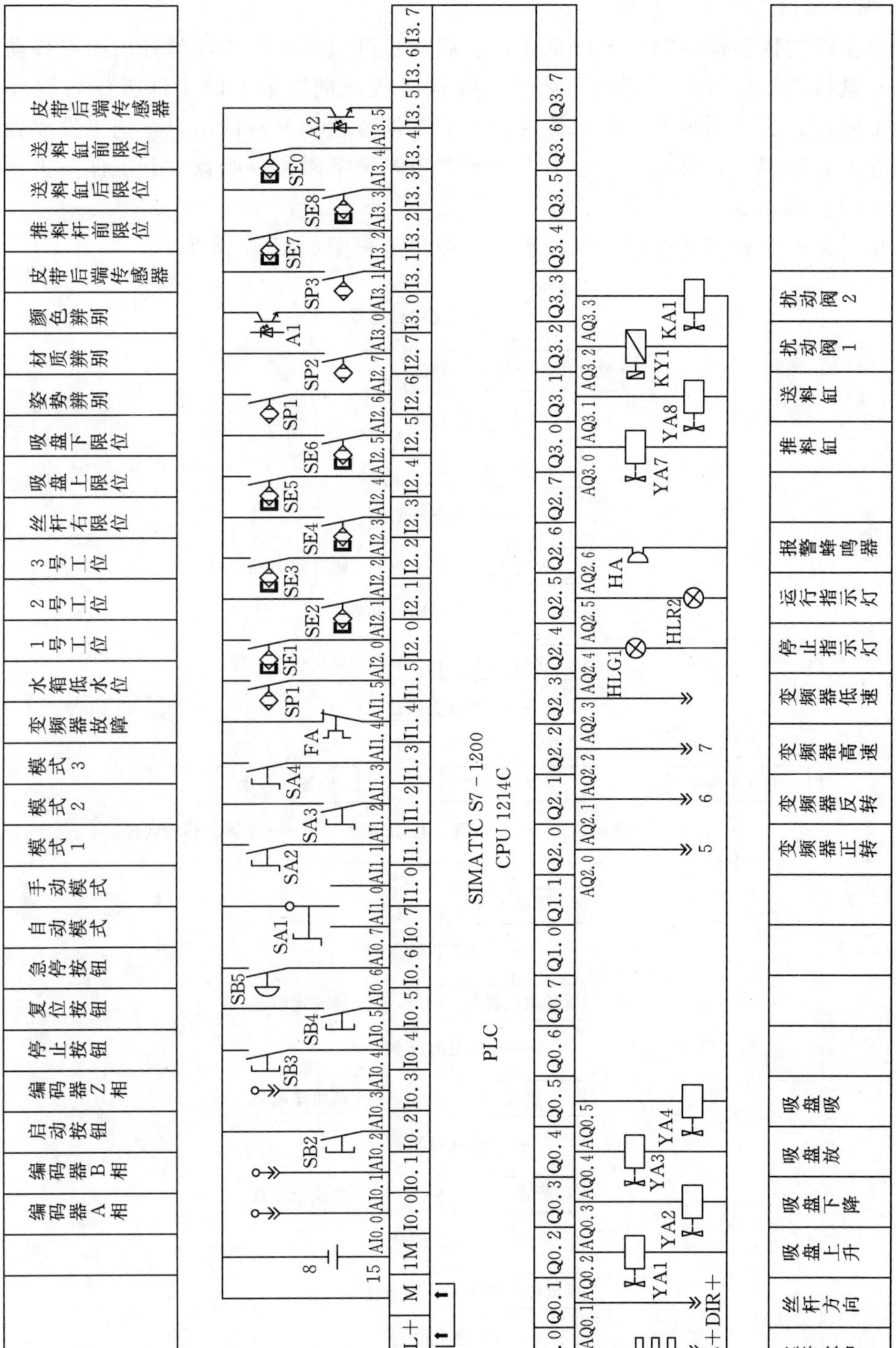

图 4.17　分拣单元的 PLC 的 I/O 接线图

2. 分拣单元的生产工艺流程

当皮带尾端的传感器检测到工件抵达，就启动步进电动机，带动丝杆由原点移动至传送带上方；紧接着直行气缸下降至下限位，吸盘吸气，把皮带上的工件吸住后就开始提升，直至上限位；然后根据上一单元传送过来的工件颜色和材料的信息，把工件放到不同的立体料仓上。过程为：移动至料仓上方→吸盘下降至下限位→吸盘放开工件→吸盘上升至上限位→回复到原点。

分拣单元是一个典型的顺序控制过程，其控制流程图如图 4.18 所示。

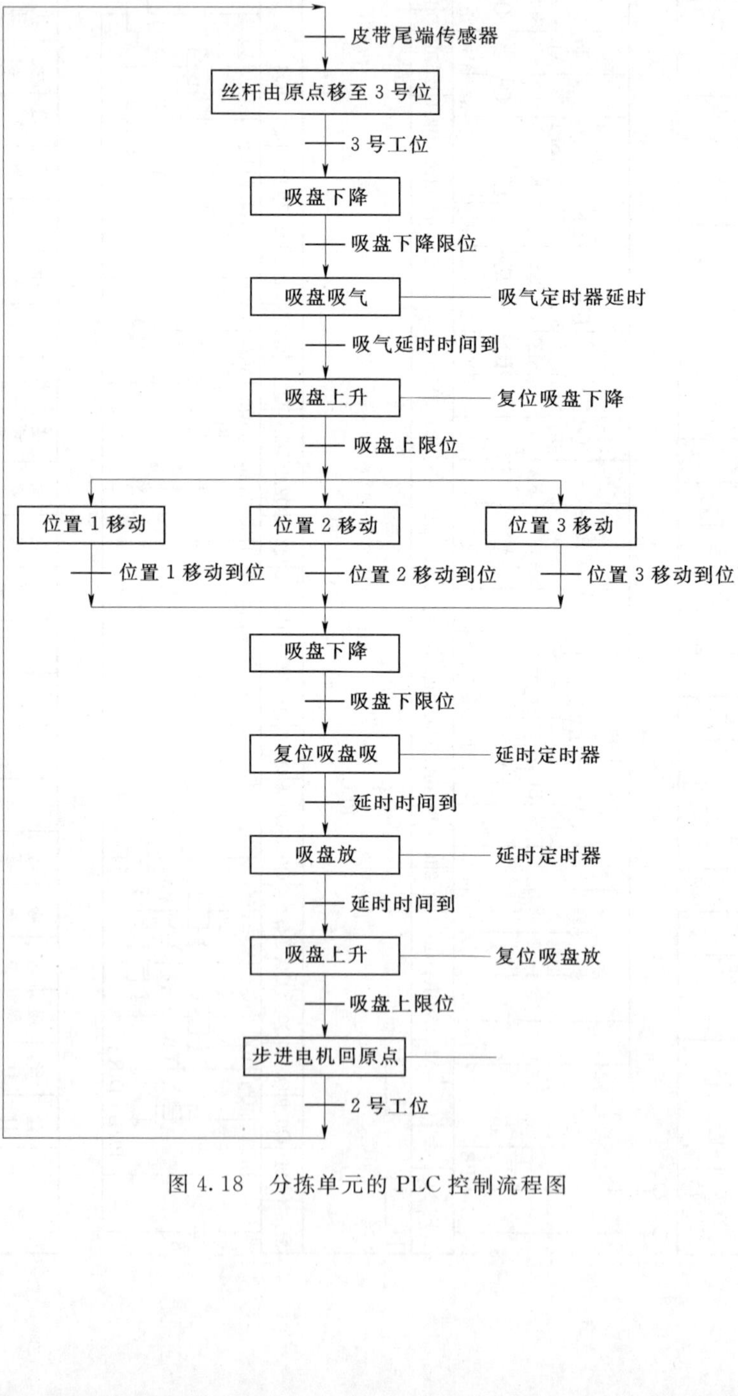

图 4.18　分拣单元的 PLC 控制流程图

3. 分拣单元 PLC 控制程序设计

根据分拣单元生产工艺流程编写控制程序，使设备符合工艺要求并能正常运行。检测到带动丝杆由原点移动至 3 号工位 I1.2，同时皮带后端传感器 I3.1 检测到工件到达，M5.5 置位；接下来完成吸盘下降→吸盘下降到位→吸盘吸→吸盘上升→吸盘上升到位的功能；按照工件的分类（白色金属、白色非金属、黑色金属）激活不同的绝对位置移动指令 MC _ MoveAbsolute 指令，带动丝杆移动到不同的工位上，然后完成吸盘下降→吸盘下降到位→吸盘放的功能；完成放料后，激活 MC _ Home 指令回到原点。

编写分拣单元的控制程序如图 4.19 所示。

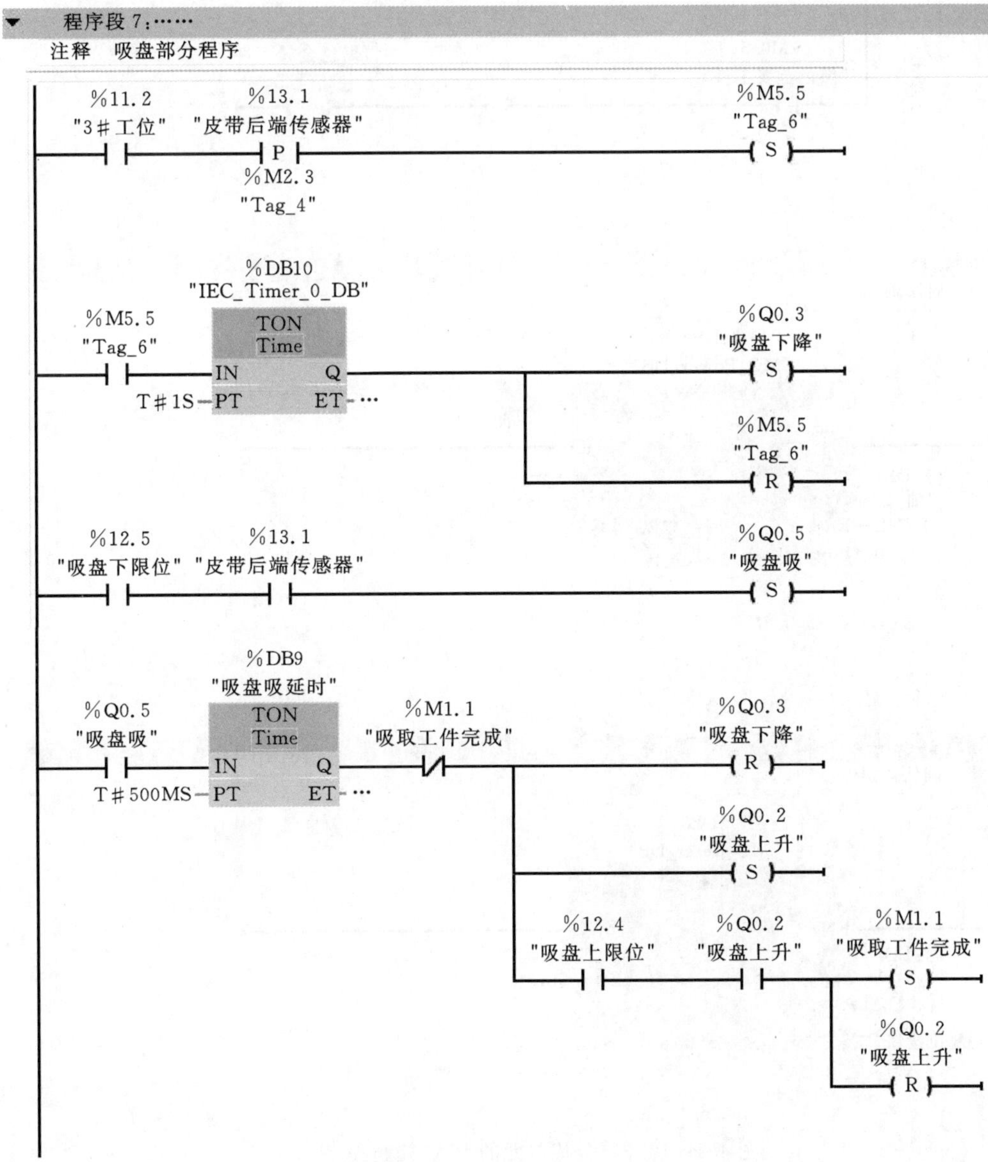

图 4.19（一）　分拣单元的 PLC 控制程序

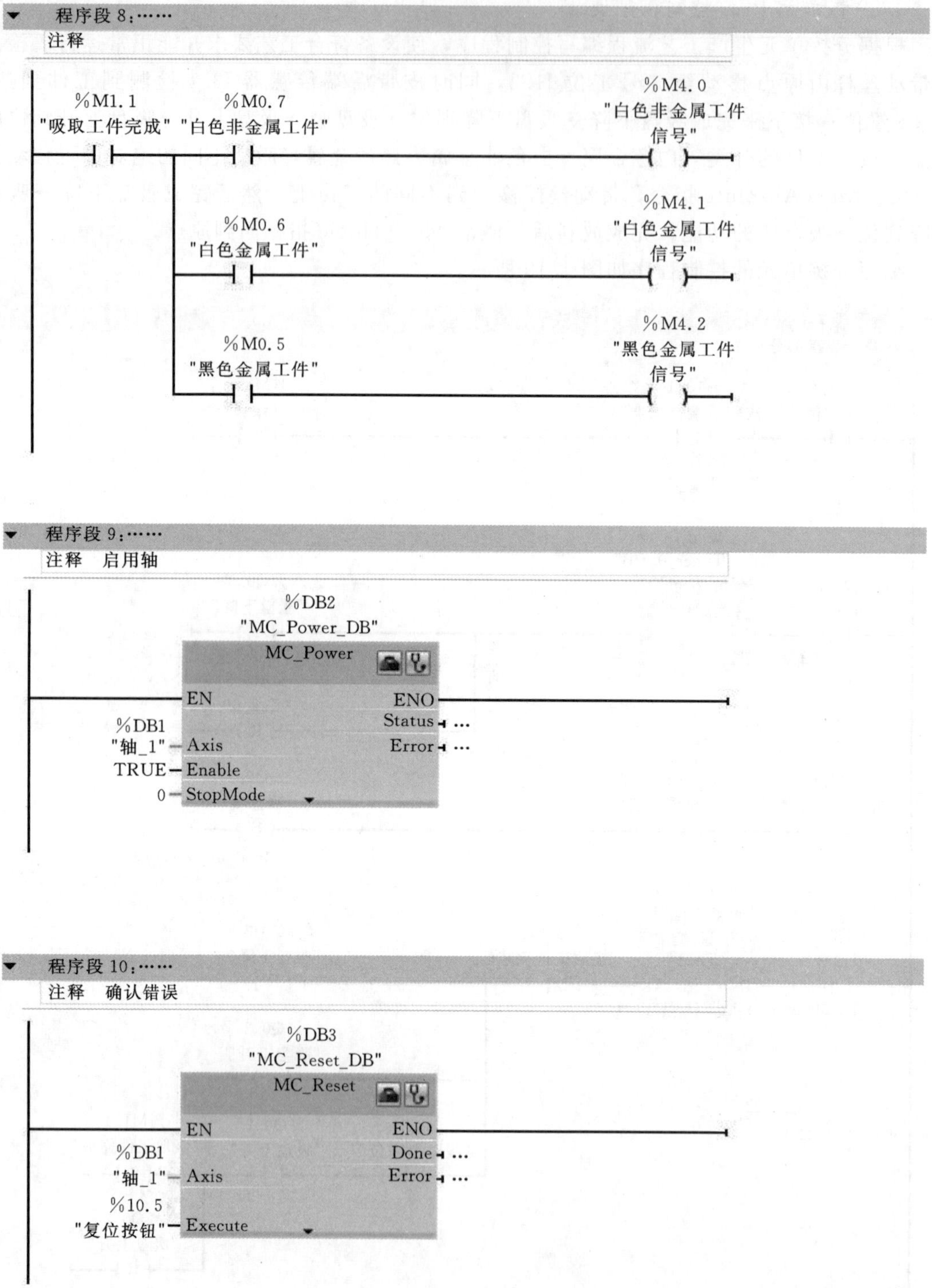

图 4.19（二）　分拣单元的 PLC 控制程序

程序段 11：……

注释 回原点

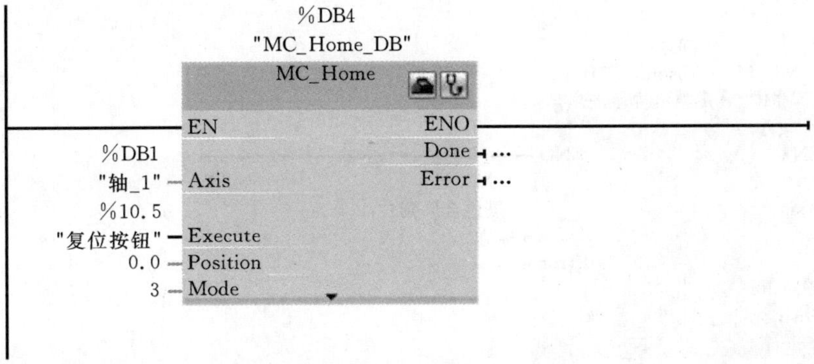

程序段 12：……

注释 绝对位置 1

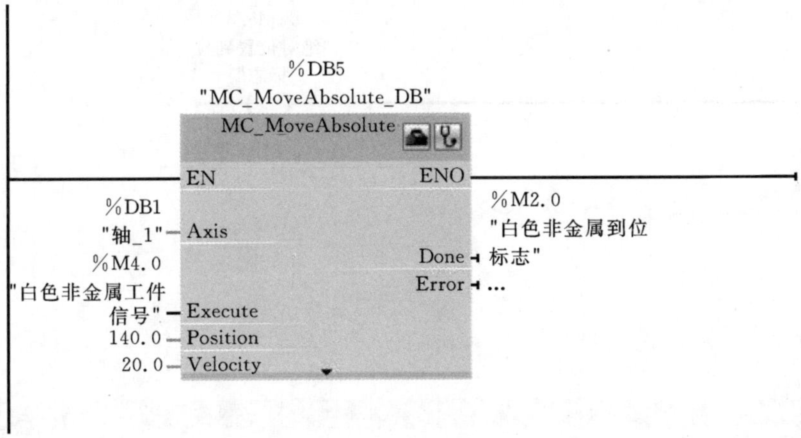

程序段 13：……

注释 绝对位置 2

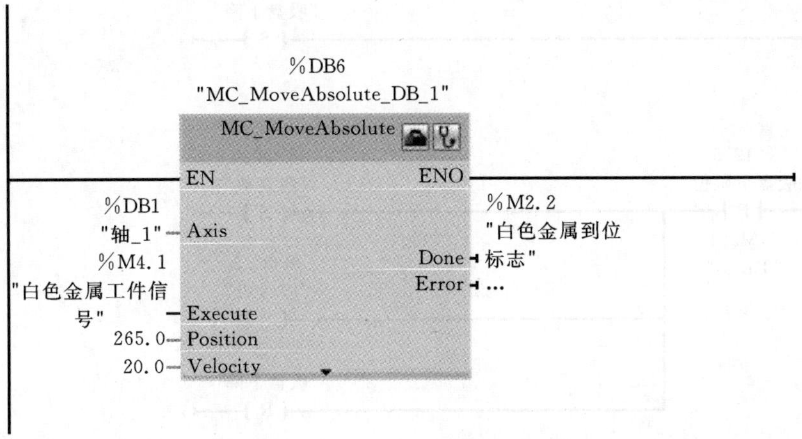

图 4.19（三） 分拣单元的 PLC 控制程序

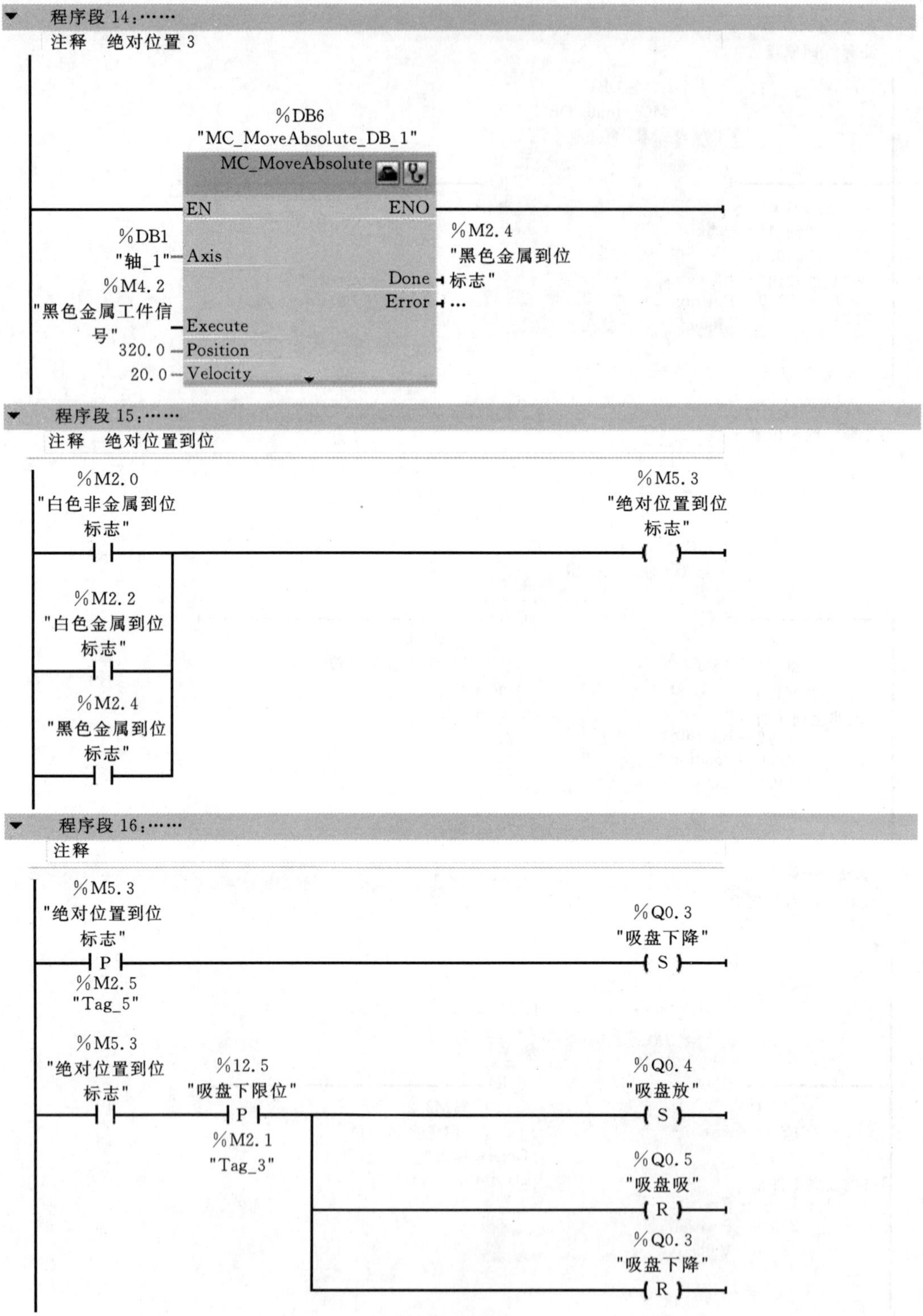

图 4.19（四）　分拣单元的 PLC 控制程序

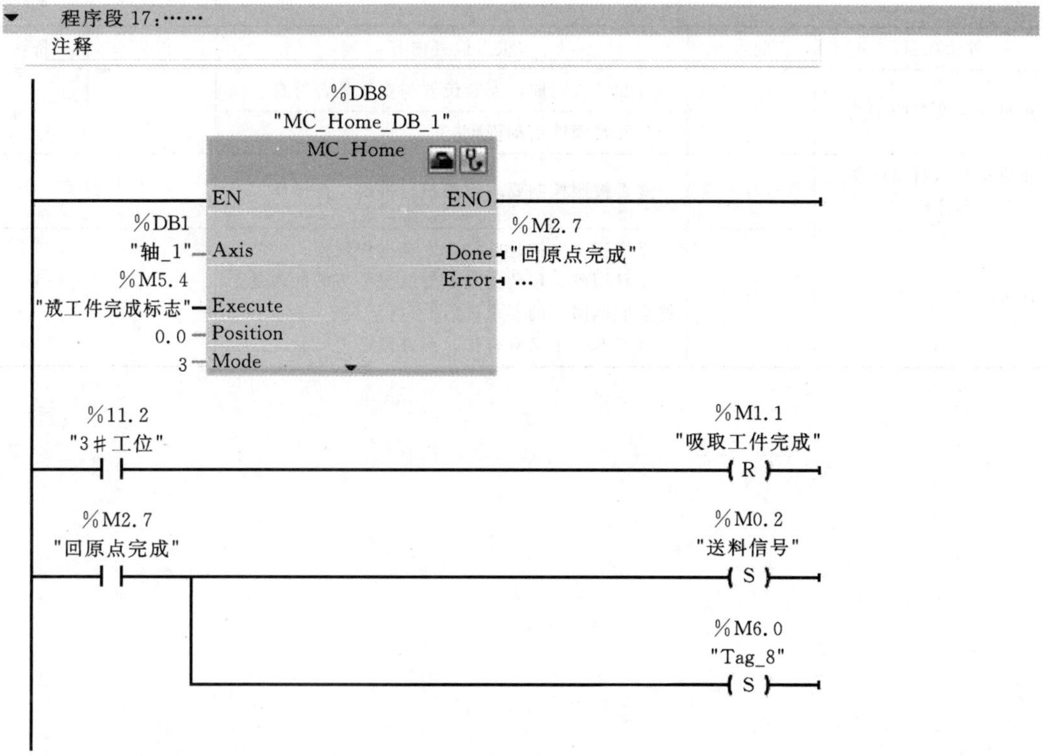

图 4.19（五）　分拣单元的 PLC 控制程序

调试程序时，应先认真检查程序，检查无误后才下载到设备中进行现场调试，否则会造成设备损坏和人员伤害。在调试设备过程中，应认真观察设备运行情况，若出现故障，应采取紧急措施，如急停、切断气源、切断总电源等，避免造成设备损坏。

4.4.4　任务评价

分拣单元任务评价表见表 4.15。

表 4.15　　　　**分拣单元任务评价表**

团队成员：＿＿＿＿＿＿＿＿　成绩：＿＿＿＿＿＿＿＿　教师：＿＿＿＿＿＿＿＿

评价项目	配分	重点检查内容	得分	备注
电路设计	10	分拣单元控制电路图的绘制		
		电路图符号是否规范		
电路连接工艺	20	端子连接处有无线号，插针压接质量		
		电路接线有无绑扎或电路接线是否凌乱		
气路连接工艺	20	气路连接是否完成或有错		
		气路连接有无漏气现象		
		气缸节流阀调整是否恰当		
		气管有无绑扎或气路连接是否规范		

续表

评价项目	配分	重点检查内容	得分	备注
机械安装及装配工艺	30	装配是否完成，安装位置与要求是否符合		
		有无紧固件松动现象		
正常运行供料站调整及程序编制	10	能否按照控制要求正确执行推出工件操作		
职业素养与安全意识	10	操作安全保护是否符合安全操作规程； 工具摆放、包装物品、导线线头等的处理是否符合职业岗位的要求； 是否有分工又有合作，配合紧密		

项目5　自动化生产线系统安装与调试

任务5.1　自动化生产线设备整体安装

【知识和能力目标】

1. 能够熟练掌握生产线设备安装。

2. 能够熟练掌握生产线气路连接。

3. 能够熟练掌握生产线电气连接。

5.1.1　BA－AT－03型自动化生产线设备安装

首先依照材料列表清单检查所有的元器件，包括清点元器件的数目，检查元器件是否完好，能否达到实训要求。根据BA－AT－03型自动化生产线各工作单元的安装要求，分别将供料单元、机械手翻转单元、输送单元和分拣单元进行组装。在安装的过程中，应当注意各分站的结构组件应该严格按照材料清单上的内容，认真检查，做到没有遗漏。

在进行自动化生产线整体安装时，首先安装输送单元，因为后面各单元的安装要以它为参考点，然后按摆放顺序安装固定供料单元、机械手翻转单元和分拣单元。输送单元要分别与供料单元的料槽口中心、机械手翻转单元的气动手指的中心、分拣单元的吸盘机械手的真空吸盘中心对中，以此确定各分站底板的间距，再经过微调后用地脚螺栓固定。地脚固定螺栓要先初步固定，待位置确定后再固定。以下是各单元安装注意事项。

1. 输送单元安装注意事项

(1) 在安装各个单元的铝合金框架结构时，注意结构件与底板要牢固连接，并且不能把每件的安装顺序弄错。紧固内六角螺栓时，要用力适中。框架与工作台面的连接要稳固可靠。各单元站点用的是铝合金材料，重量很大，搬动时要注意轻拿轻放。

(2) 传送带调速电动机的安装位置要准确、运行平稳。在安装传动机构时，要注意如下两点：传动机构安装基线（导向器中心线）与送料站出料口的中心重合；电动机的轴和输送带主动轮的轴重合。

(3) 检测机构的传感器安装要位置合理，方便对工件的信号进行检测。

2. 供料加工单元安装注意事项

(1) 电磁阀的安装要稳固，与框架的中心要接近，便于气路气管的连接。

(2) 送料气缸要与框架稳固连接，位置不能弄错。气缸的进出气口要弄清楚。

(3) 光纤传感器和磁性开关的安装位置以能准确反映出动作为准。

3. 机械手翻转单元安装注意事项

(1) 薄型气缸和气动手指的气缸安装要与机械手翻转单元的框架稳固连接，位置不能弄错，气缸的进出气口要弄清楚。

(2) 电磁阀组的安装要稳固，与框架的中心接近，便于气路气管的连接。

(3) 机械手翻转单元直流电动机的安装位置要准确、运行平稳。直流电动机的轴和带动气动手指转动的转盘的中心重合。

(4) 磁性开关和对射式的光电开关的安装位置以准确反映出动作为准。

(5) 气路汇流排的安装位置要与电磁阀组接近，便于连接。

4. 分拣单元安装注意事项

(1) 气路汇流排的安装位置要与电磁阀组接近，便于连接。

(2) 磁性开关和对射式光电开关的安装位置以准确反映出动作为准。

(3) 电磁阀组的安装要稳固，与框架的中心接近，便于气路气管的连接。

(4) 直型气缸和真空吸盘气缸要与支架稳固连接，位置不能弄错。气缸的进出气口要弄清楚。

(5) 分拣单元步进电动机的安装位置要准确、运行平稳。步进电动机的转轴和丝杆通过联轴器连接，通过步进电动机的转动带动丝杆的传动。

5.1.2 BA-AT-03 型自动化生产线气路的连接

1. 对气路气源的要求

BA-AT-03 型自动化生产线由一台气体流量大于 0.25m^3/s 的空气压缩机提供系统气源。自动化生产线的空气工作压力要求为 0.3～0.4MPa，并且要求气体干净、干燥，无水分、油气、灰尘，因此气源的气体要经过一台油水分离器进行过滤。

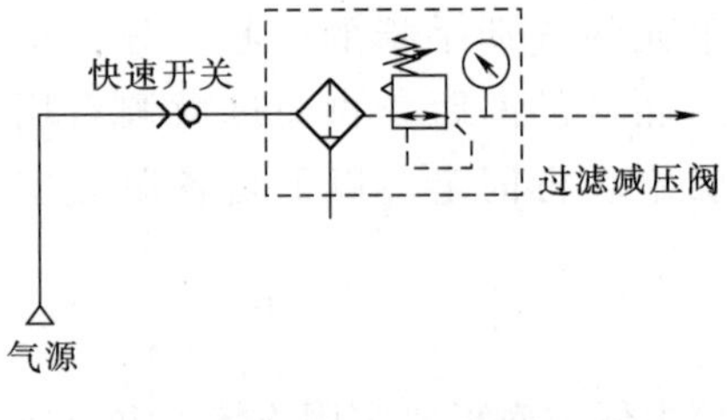

图 5.1 主气源的空气处理原理图

使用压缩空气的注意事项：首先要在通气前检查气路的气密性，只有在确认气路连接正确并且无泄漏的情况下，方能进行通气实验；油水分离器的压力调节旋钮要逐渐增加并注意观察压力表，增加到额定气压后压下锁紧；气流在调试之前要尽量小一点，在调试过程中，可以逐渐加大到合适的气流。图 5.1 为主气源的空气处理原理示意图。

2. 气路连接图

从汇流排开始进行自动化生产线各分站的气路连接。在前面已经对各分站气路连接进行了充分说明。分拣单元的气路连接如图 5.2 所示，送料单元的气路连接如图 5.3 所示，机械手翻转单元的气路连接如图 5.4 所示，输送单元的气路连接如图 5.5 所示。

气动控制回路作为自动化生产线的执行机构，其逻辑控制功能由 PLC 按照工作任务书要求编程实现。

3. 注意事项

(1) 气路连接时，气管一定要在快速接头中插紧，不能够有漏气现象。

图 5.2　分拣单元的气路连接

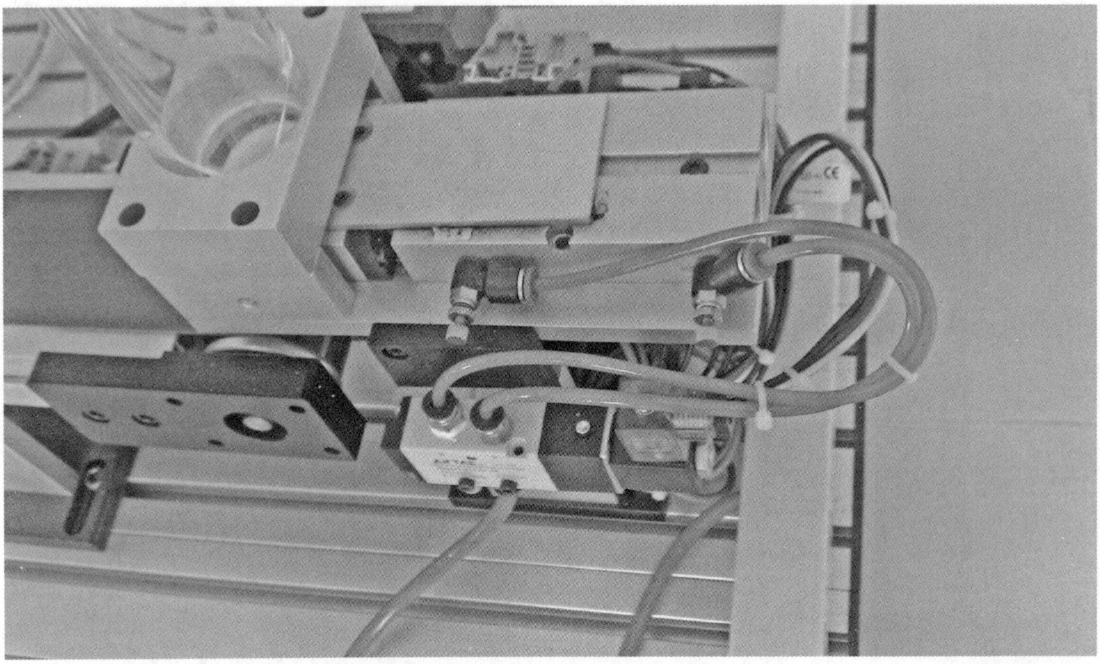

图 5.3　送料单元的气路连接

（2）气路连接要完全按照气路图进行。

（3）气路中的气缸节流阀调整要适当，以柱塞进出迅速、无冲击、无卡滞为宜。

图 5.4　机械手翻转单元的气路连接

图 5.5　输送单元的气路连接

（4）气路气管在连接走向时，应按照顺序排布，均匀美观。不能交叉、打折、叠落、顺序凌乱。

(5) 所有外露气管必须用黑色尼龙带进行绑扎，松紧程度以不使气管变形为宜。

(6) 气体汇流排与电磁阀组的连接要求密封良好，无泄漏。

(7) 调整节流阀的开度控制柱塞的伸出速度，以不推倒工件为准。

5.1.3 BA - AT - 03 型自动化生产线电路设计和电路连接

1. 供料单元的电路连接应注意的事项

(1) 自动化生产线各单元的直流工作电源均由 24V 直流稳压电源提供，经接线端子排引到传感器和电磁阀的接线端子排上。

(2) 导线线端应该处理干净，没有线芯外露，一般应该做冷压插针处理。线端应该套规定的线号。

(3) 导线在端子上的压接，以用手稍用力外拉不动为准。

(4) 导线走向应该平顺有序，不能重叠、挤压、折曲、顺序凌乱。线路应该用尼龙扎带进行绑扎，以不使导线外皮变形为宜。

(5) 供料单元上所有的接线都连接到端子排上的一端，通过端子排上的连接片然后连接到 PLC 对应的输入端子上。

(6) 按照供料单元的 I/O 接线原理图接线时，要仔细辨明原理图中的端子功能标注。注意磁性开关和光纤传感器的极性不能接反。

2. 输送单元的电路连接应注意的事项

(1) 按照输送单元的 I/O 接线原理图接线时，要仔细辨明原理图中的端子功能标注。注意磁性开关和传感器的极性不能接反。

(2) 进行主电路接线时，变频器模块面板上的 L1、L2、L3 插孔接三相电源，三相电源线应该单独布线；3 个电动机插孔按照 U、V、W 顺序连接到三相电动机。千万不能接错电源，否则会损坏变频器。接地插孔一定要可靠地保护接地。

3. 机械手翻转单元的电路连接应注意的事项

(1) 机械手翻转单元上所有的接线都连接到端子排上的一端，通过端子排上的连接片连接到 PLC 对应的输入端子上。

(2) 按照机械手翻转单元的 I/O 接线原理图接线时，要仔细辨明原理图中的端子功能标注。注意磁性开关和传感器的极性不能接反。

4. 分拣单元的电路连接应注意的事项

(1) 分拣单元上所有的接线都连接到端子排上的一端，通过端子排上的连接片连接到 PLC 对应的输入端子上。

(2) 按照分拣单元的 I/O 接线原理图接线时，要仔细辨明原理图中的端子功能标注。注意磁性开关和传感器的极性不能接反。

(3) 进行步进电机驱动器接线时，驱动器上的 U 端与步进电动机的红色、橙色线连接；V 端与步进电动机的蓝色、白色线连接；W 端与步进电动机的黄色、绿色线连接。千万不能接错电源，否则步进电动机将不会工作。接地插孔一定要可靠地保护接地。

5. 主电路控制回路的电路连接

主电路控制回路的电气接线图如图 5.6 所示。

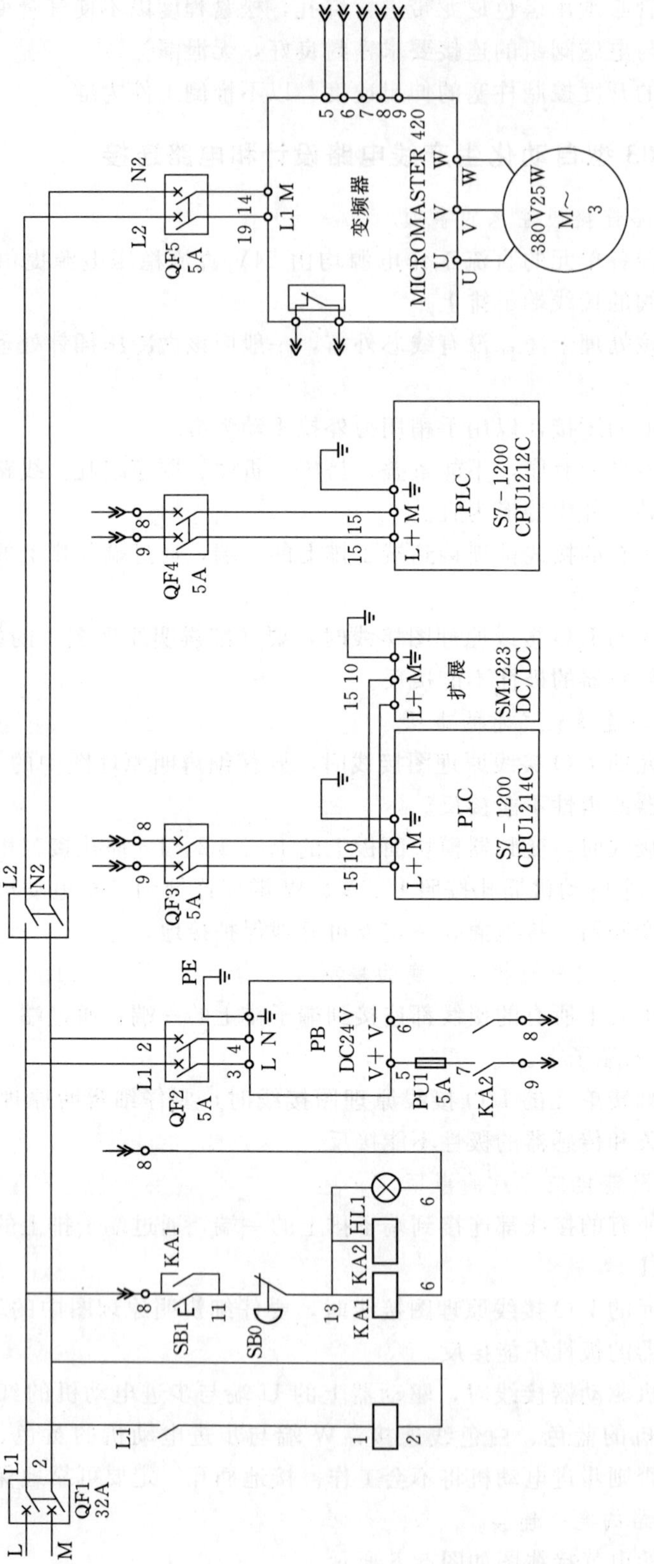

图 5.6　主电路控制回路的电气接线图

任务 5.2　BA－AT－03 型自动化生产线系统程序设计和调试

【知识和能力目标】

1. 了解 BA－AT－03 型自动化生产线的工作流程和控制要求。

2. 能够按要求编写自动化生产线系统控制程序。

5.2.1　系统工作流程

供料单元将工件放置在输送单元的传送带上，传送带在电动机的驱动下将工件送到下一个工作单元；在传送过程中，机械手翻转单元矫正工件的姿势；工件经传感器检测后，分拣单元通过机械手将金属工件和非金属工件分别放置之指定的工位上，以便下一步加工使用。

5.2.2　系统控制要求

1. 自动运行

(1) 按下 SB1，系统检测机械手、送料装置、推料装置的初始状态。初始状态满足执行步骤 (2)，不满足则红色指示灯 HL2 闪烁报警 3s 且自动熄灭；机械手初始位置：处于原点 2 的位置，垂直气缸活塞杆内缩；送料装置初始位置：送料装置气缸活塞杆内缩。推料装置初始位置：推杆气缸活塞杆内缩。

(2) 送料装置内有工件则执行步骤 (3)，无工件则绿色指示灯 HL1、红色指示灯 HL2 闪烁。闪烁延时 10s，期间若有工件放入则执行步骤 (3)，无工件则 HL1、HL2 熄灭并停机。

(3) 送料装置推出工件，输送带启动运行。工件经过检测点时，通过传感器进行检测、识别。根据检测结果，分别进行步骤 (4) 或 (5)。

(4) 若检测为非金属工件，则工件到达推杆工作位时输送带停止，推杆动作将工件推入回收箱。推杆复位后，送料装置推出下一个工件，输送带重新启动运行。

(5) 若检测为金属工件，输送带继续运行，工件到达传送带后端传送带停止，若为黑色金属，机械手启动并将金属工件取至待加工点（距离原点左侧 15cm 处）；若为银色金属，将其放置（距离原点左侧 25cm 处）。将工件放下后，回到原点 2 位置，送料装置又推出下一件工件，输送带重新启动运行。

(6) 只要送料装置内有工件，系统则不停地执行 (3) ～ (5) 所述的步骤对工件进行分拣与传送。若分拣传送完毕并且储料架中无制品则绿色指示灯 HL1、红色指示灯 HL2 闪烁。闪烁延时 10s，期间若有工件放入则执行步骤 (3)，无工件则 HL1、HL2 熄灭并停机。

(7) 正常运行过程中，绿色指示灯 HL1 亮。

2. 自动运行停机

按下停止按钮 SB2，系统执行当前的分拣传送任务后送料装置不再推出工件，机械手等执行机械手返回初始位置后停机。绿色指示灯 HL1 灭。

3. 安全与保护

(1) 紧急停机：按下紧急停止按钮 SB0，系统各执行机构立刻全部停止工作，红色指示灯 HL2 闪烁。

(2) 变频器因电机过载、过流、短路或输入电压过高等故障停机时，系统应即刻停止运行，红色指示灯 HL2 闪烁。

(3) 紧急停机、故障停机时，若机械手吸盘上有工件时不能跌落。

4. 故障处理

(1) 紧急停机后待故障处理完毕，解除紧急停止按钮 SB0，红色指示灯 HL2 熄灭。

(2) 变频器故障排除后，按变频器操作面板上的按键复位，变频器复位，红色指示灯 HL2 熄灭。

5. 原点回归

紧急停机、故障停机后再启动必须对系统进行复位操作。按系统复位按钮 SB3，送料装置、机械手、推杆装置返回原点位置。

6. 其他说明

(1) 输送带驱动电机运行频率：25Hz，0～25Hz；加、减速时间：0.5s。

(2) 机械手运行过程中不得与输送带发生碰撞。

按照以上 BA－AT－03 型自动化生产线的控制要求编写，该自动化生产线的控制程序如图 5.7 所示。

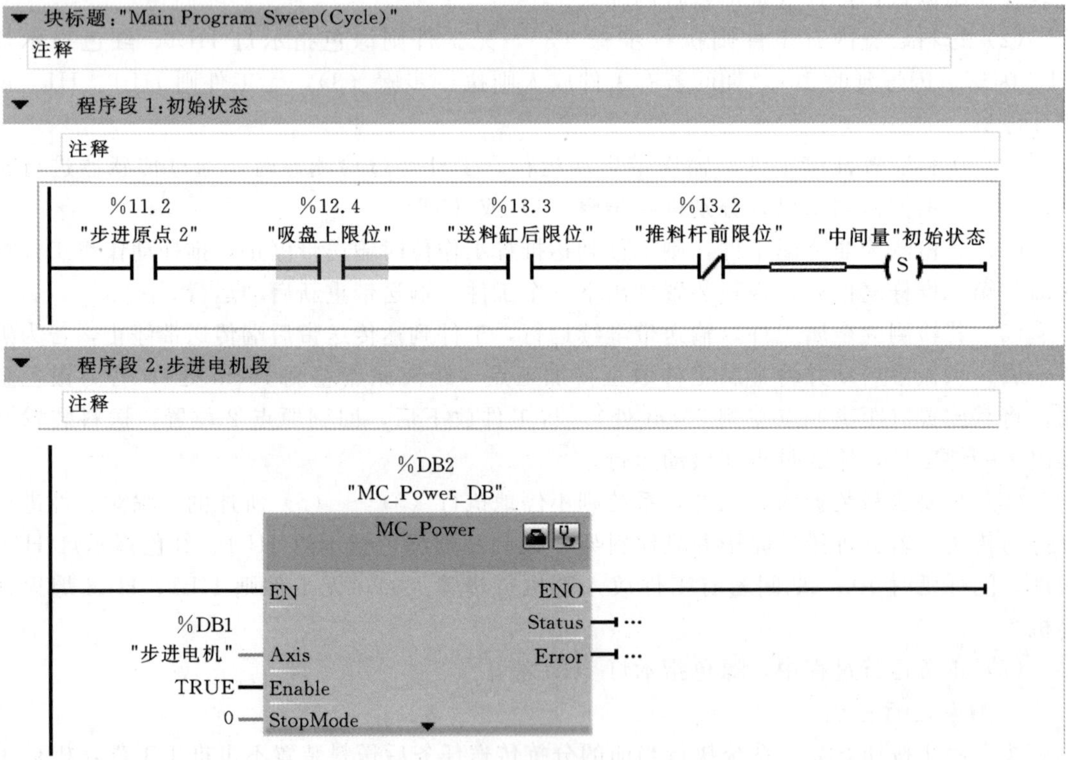

图 5.7（一）　BA－AT－03 型自动化生产线的 PLC 控制程序

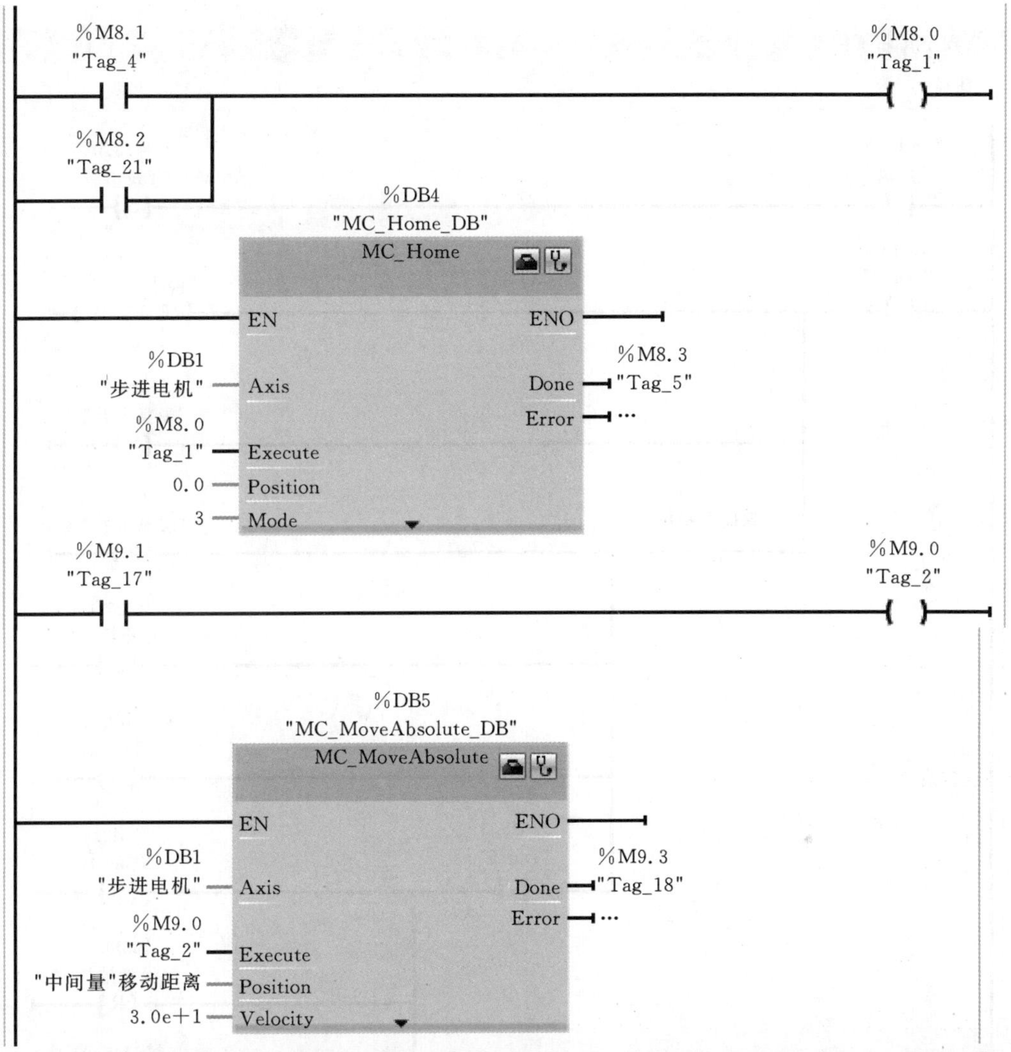

程序段 3:急停辅助

注释

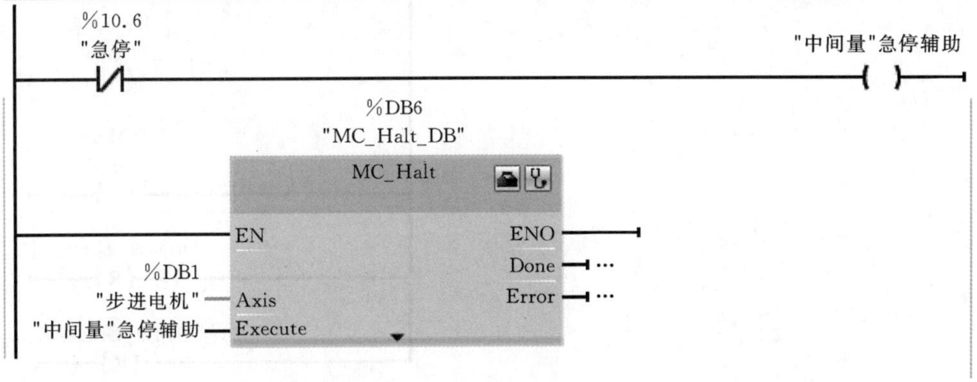

图 5.7（二）　BA－AT－03 型自动化生产线的 PLC 控制程序

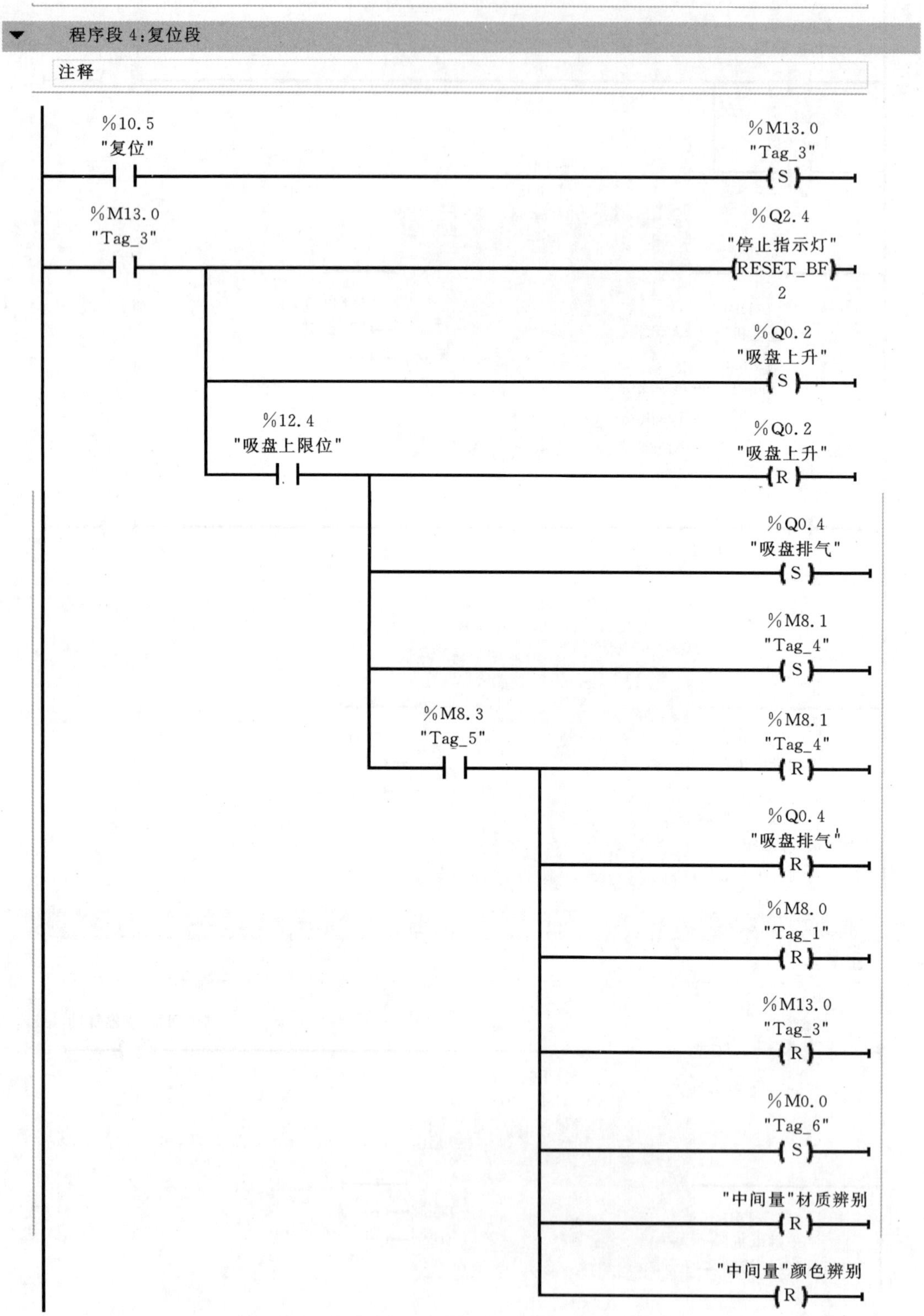

图 5.7（三） BA－AT－03 型自动化生产线的 PLC 控制程序

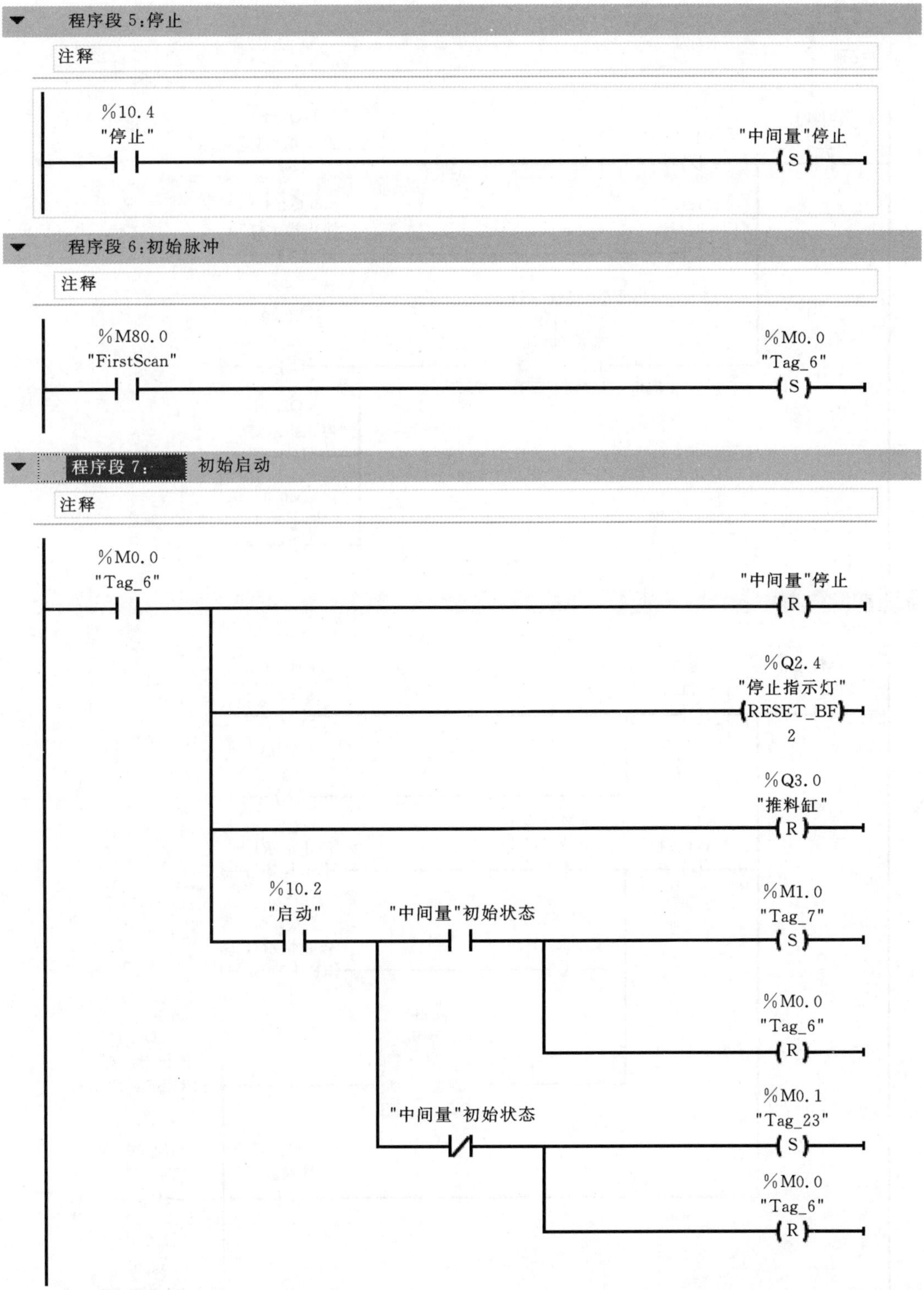

图 5.7（四） BA-AT-03 型自动化生产线的 PLC 控制程序

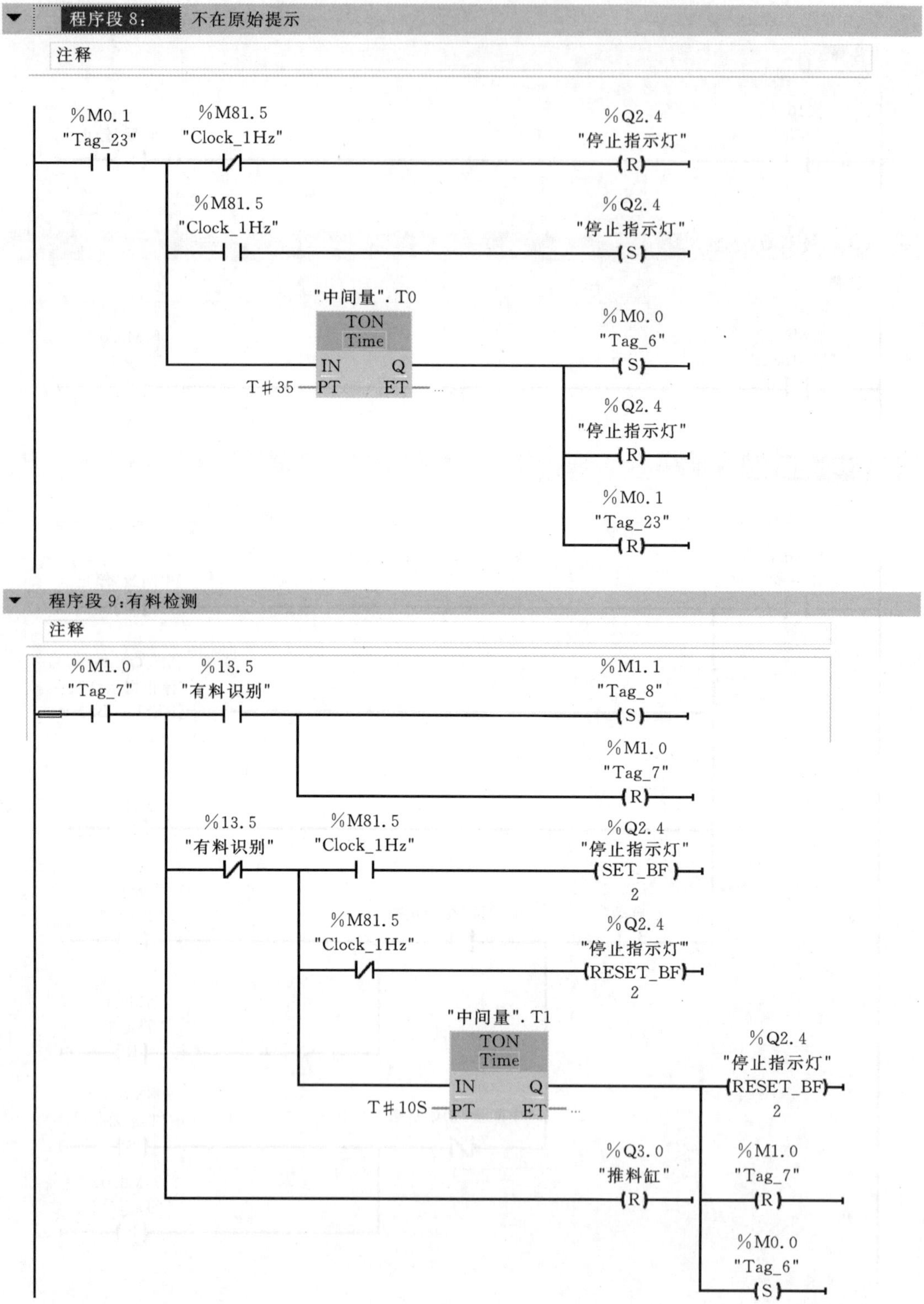

图 5.7（五）　BA－AT－03 型自动化生产线的 PLC 控制程序

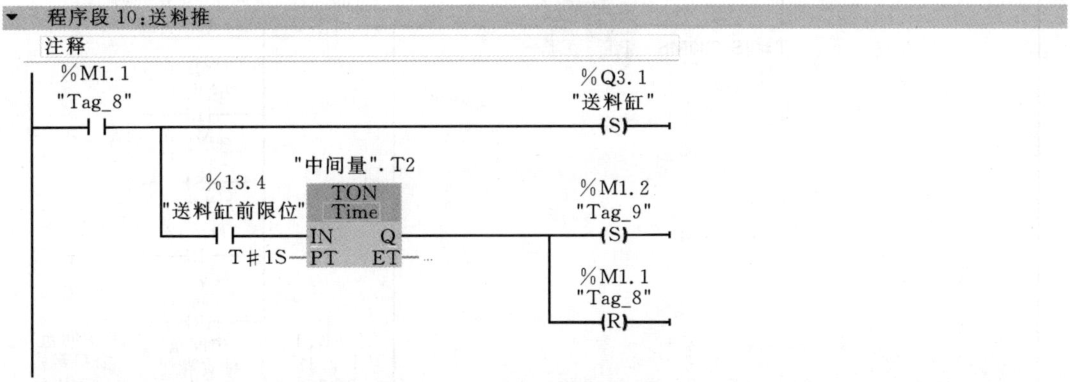

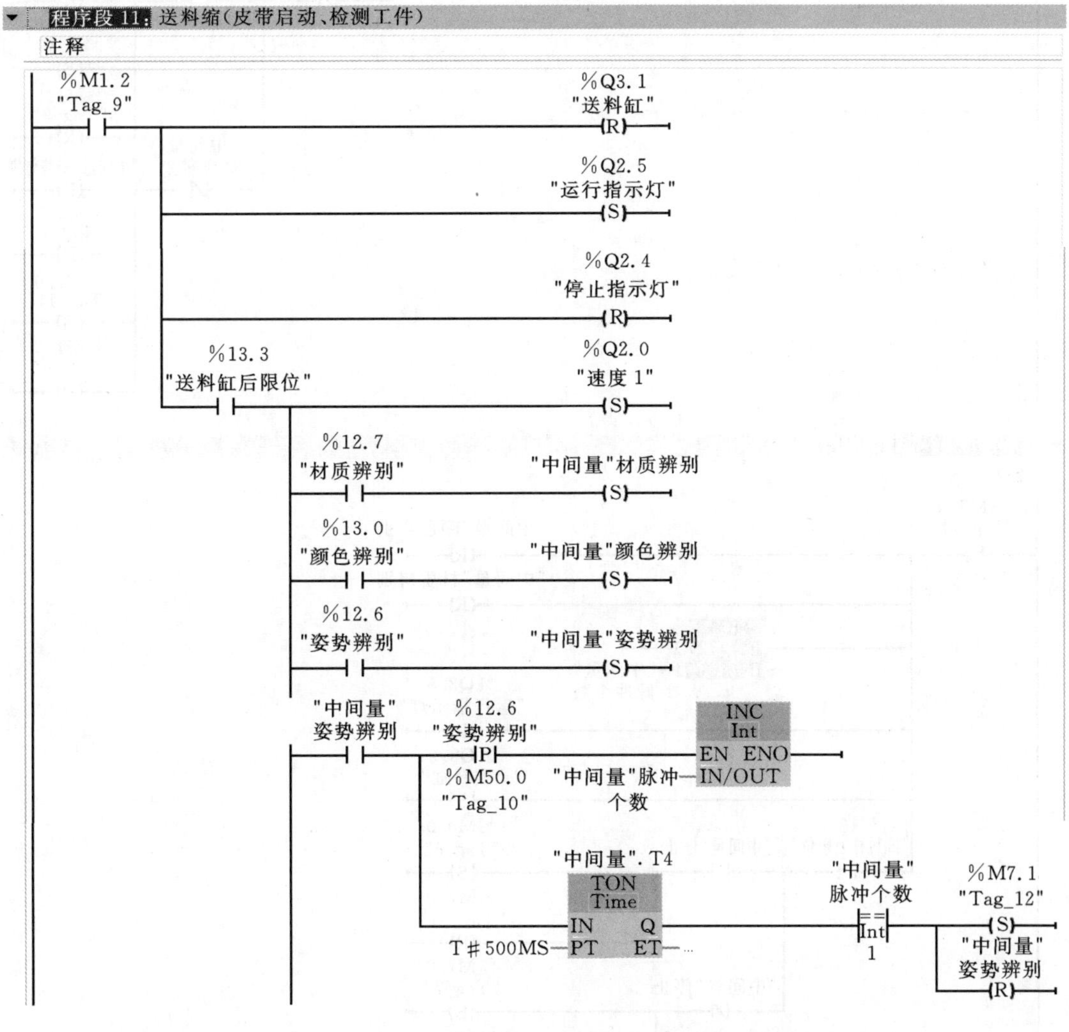

图 5.7（六）　BA－AT－03 型自动化生产线的 PLC 控制程序

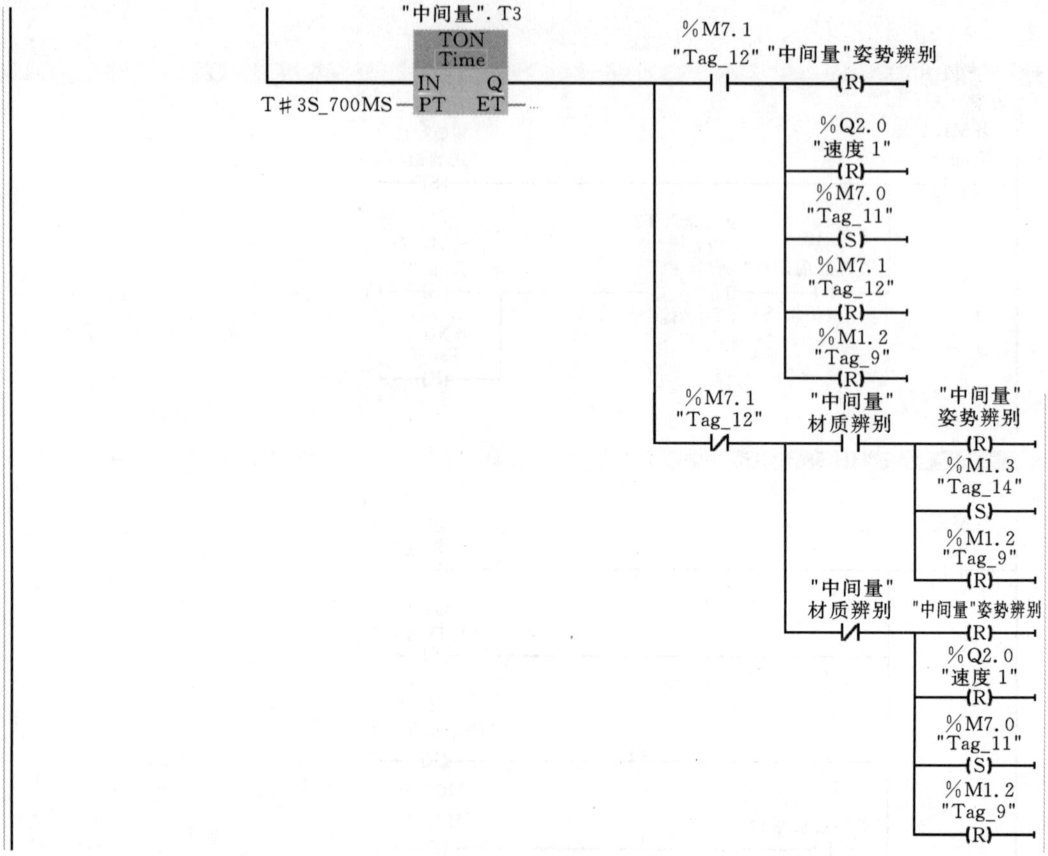

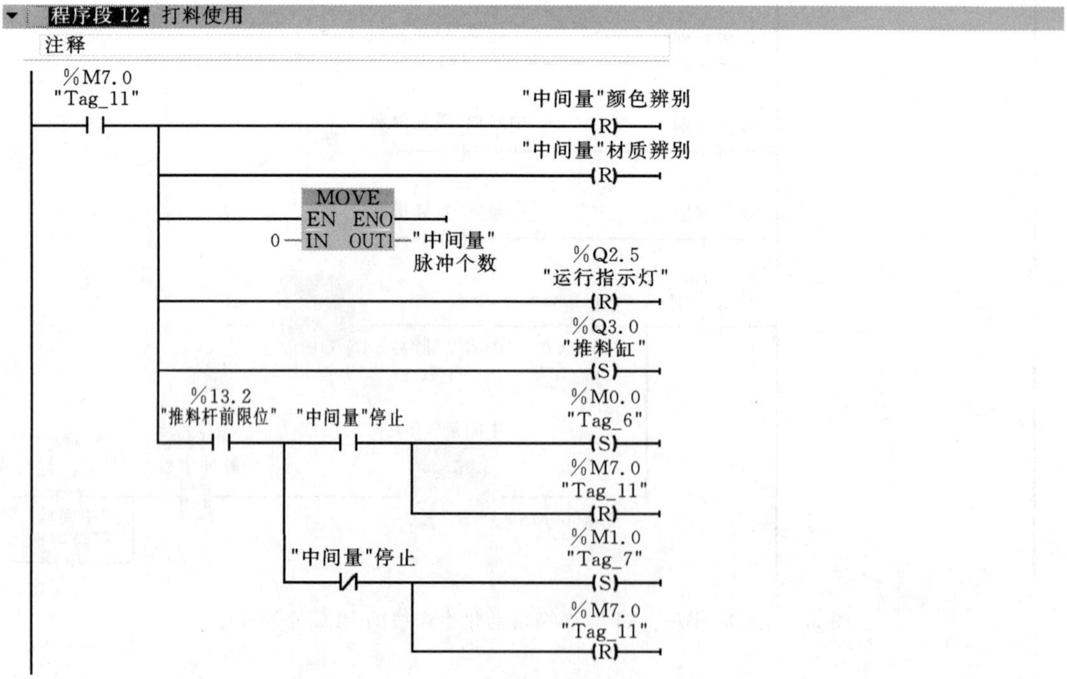

图 5.7（七） BA－AT－03 型自动化生产线的 PLC 控制程序

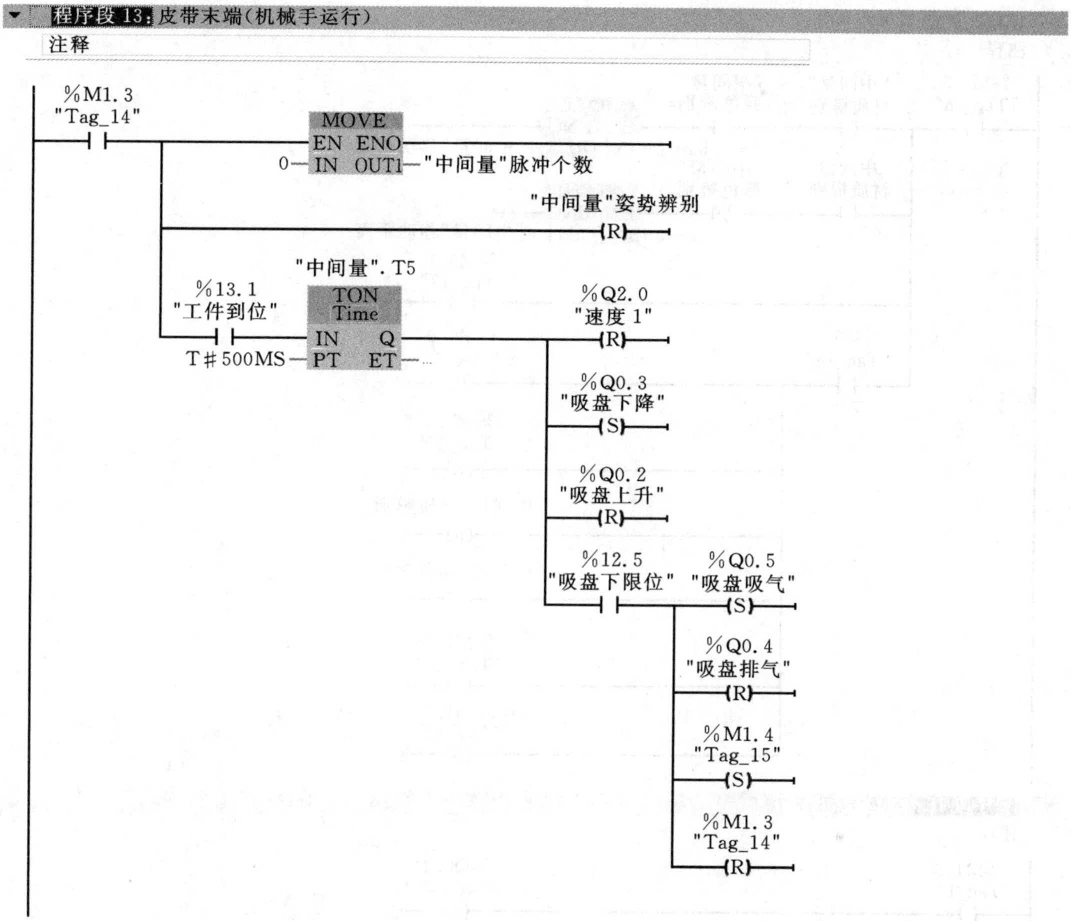

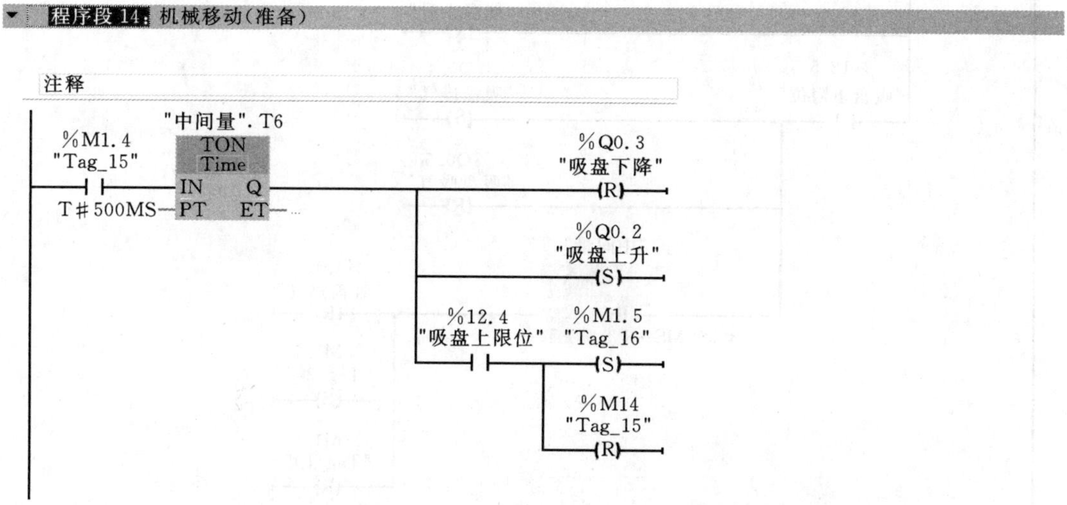

图 5.7(八) BA-AT-03 型自动化生产线的 PLC 控制程序

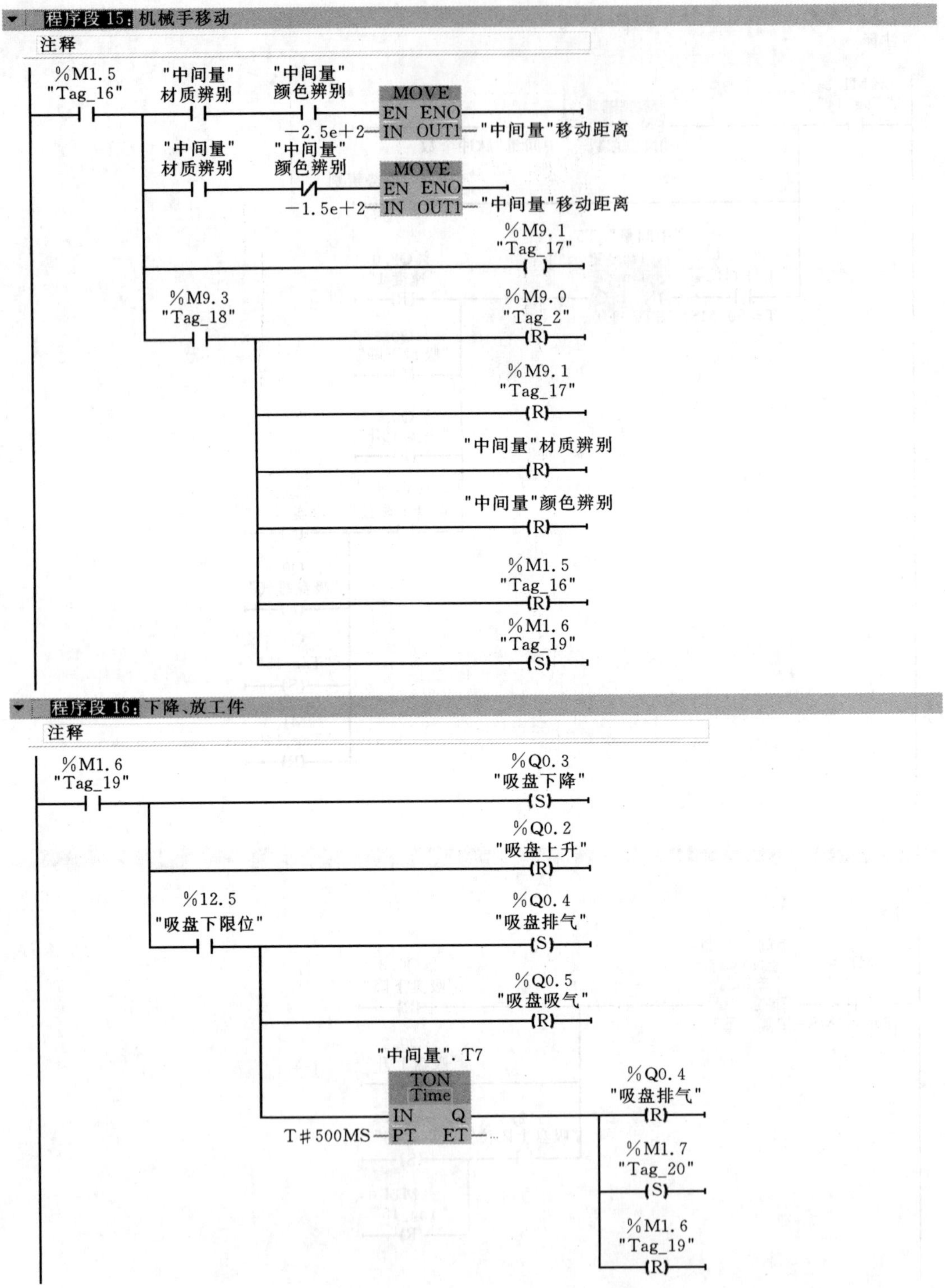

图 5.7（九） BA-AT-03 型自动化生产线的 PLC 控制程序

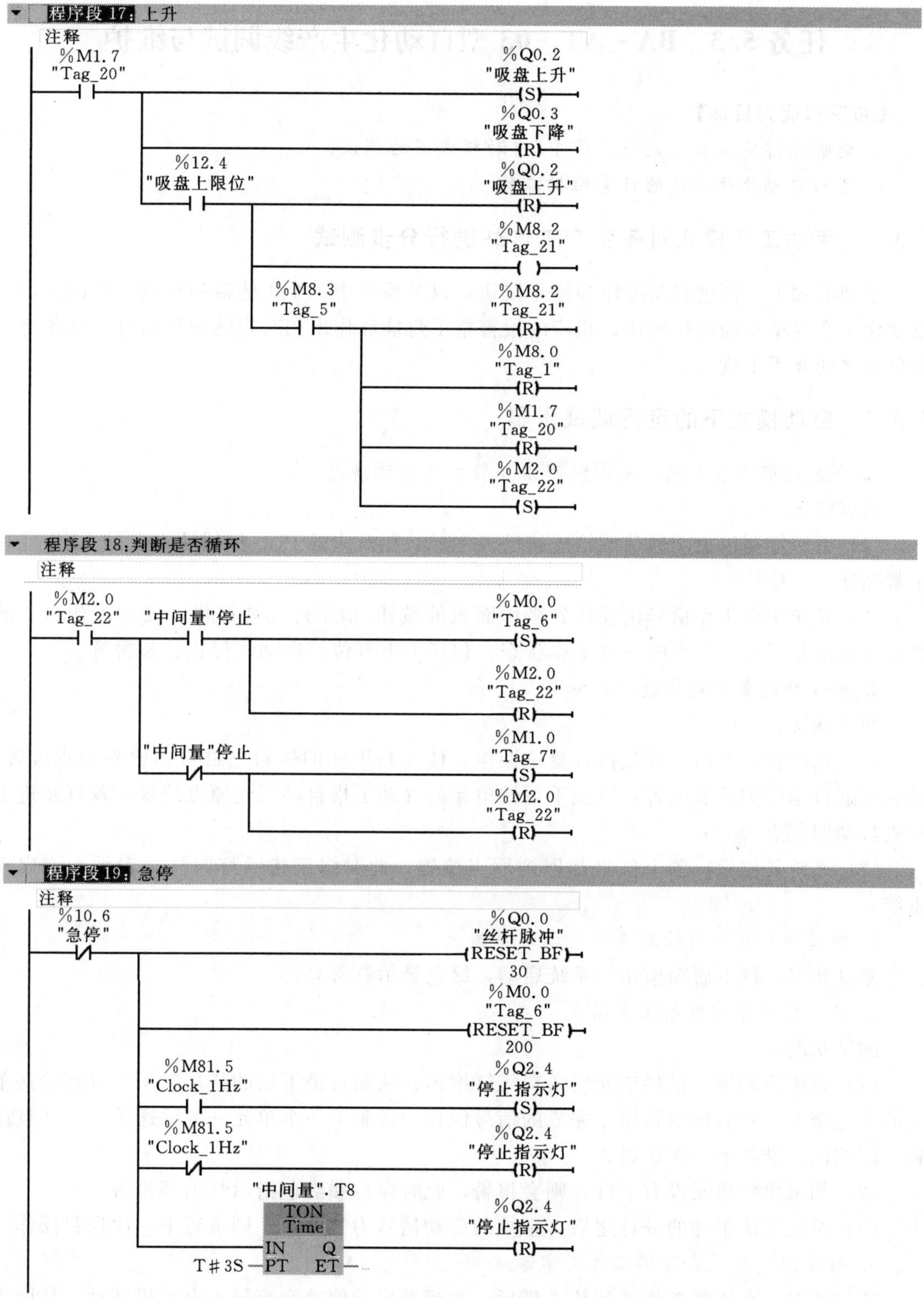

图 5.7（十）　BA－AT－03 型自动化生产线的 PLC 控制程序

任务5.3 BA-AT-03型自动化生产线调试与维护

【知识和能力目标】

1. 能够熟练完成自动化生产线手/自动模式下的调试。
2. 了解自动化生产线的日常维护工作。

5.3.1 手动工作模式对各生产工作站进行分步测试

手动模式下，通过启动按钮和停止按钮，以及系统中各个传感器的检测，可以实现该自动化生产线单步的运行操作，相应的报警指示灯能够作出相对应的报警信号，且各个工作单元之间互不干扰。

5.3.2 自动模式下的运行调试步骤

1. 检查通信网络系统、主控制回路和警示灯接通情况

测试状况：

(1) 系统控制以太网通信网络连接已经完成，相对应的PLC模块输出点的LED能够正常亮起。

(2) 系统主令工作信号由连接到操作面板的按钮/指示灯模块提供，安装工作台上的警示灯应能显示整个系统的主要工作状态，包括上电复位、启动、停止、报警等。

2. 对系统的复位功能进行检测

测试状况：

(1) 系统在上电后，首先执行复位操作，使送料单元的送料气缸自动回到原点位置，推料气缸自动回到原点位置，机械手翻转单元的气动手指自动回到原点位置，丝杆步进电动机自动回原点。

(2) 系统复位后，各个气缸都回到原点位置，此时绿色指示灯闪烁，表示允许启动系统。

3. 通过运行指示灯检测系统气动运行情况

测试状况：按下启动按钮，系统启动，绿色警示灯常亮。

4. 检测供料单元供给工件情况

测试状况：

(1) 系统启动后，供料单元的送料气缸推出，从而将最下层的待加工工件推到输送单元的传送带上，然后把供料操作完成的信号保存后送到下一个单元——输送单元，并且送料气缸缩回，准备下一次送料。

(2) 如果供料单元没有工件，则会报警，此时绿色和红色指示灯闪烁报警。

(3) 系统完成工件的分拣之后，系统的启动信号为“ON”，则进行下一次送料操作。

5. 检查输送单元能否将工件正常输送

测试状况：在工件被推送到传送带后，变频器启动使得交流异步电动机转动，从而带动传送带将工件传送至下一个工作单元等待加工。

6. 检测机械手翻转单元对工件进行加工的情况

测试状况：

（1）抓取工件的气动手指在抓取工件之前应该是手指松开的。

（2）机械手翻转单元的动作顺序是：手指张开→手指下降→手指夹紧→手指上升→手指旋转→手指下降→手指松开→手指上升→手指夹紧。

7. 测试分拣单元的分拣工件过程

测试状况：

（1）当输送单元将工件输送到皮带的末端时，皮带后端传感器检测到工件输送到位之后，即可执行以下操作：吸盘机械手下降→吸盘机械手吸气→吸盘机械手上升→步进电动机移动带动吸盘机械手移动。

（2）如果工件是黑色的金属工件，则步进电动机移动至 1 号仓储位停止，然后执行以下操作：吸盘机械手下降→吸盘机械手放气→吸盘机械手上升→步进电动机回原点。

（3）如果工件是白色的金属工件，则步进电动机移动至 2 号仓储位停止，然后执行以下操作：吸盘机械手下降→吸盘机械手放气→吸盘机械手上升→步进电动机回原点。

（4）执行完工件的分拣之后，在步进电动机自动回原点之后，将会把分拣完成的信号发送至 PLC，系统的启动信号为 ON，则进行下一次送料操作。

8. 检测分拣单元工作完成后供料单元的复位过程

测试状况：

（1）在分拣单元分拣工作完成之后，吸盘机械手自动回原点之后，系统完成一个工作周期。

（2）如果在工作周期没有按下过停止按钮，系统在延时 1s 后开始下一个工作周期。

（3）如果在工作周期曾经按下过停止按钮，则在本工作周期结束后，系统不再启动，警示灯中绿色灯熄灭。

9. 非正常运行的状况测试

（1）供料单元缺料时指示灯闪烁，如果供料单元料仓中缺少工件的预警信号，指示灯中红色和绿色指示灯闪烁，闪烁 10s，期间若有工件放入料仓中，则指示灯停止闪烁，否则指示灯熄灭，且系统停机。

（2）供料单元缺料时，分拣单元完成分拣工件之后，吸盘机械手自动回原点后不再工作。

（3）异常工作状态的测试：系统工作过程中按下急停按钮，则系统立即全线停车。当急停按钮按下时，系统各执行机构立刻全部停止工作，红色指示灯闪烁。假如分拣单元的丝杆步进电动机正在向某一标点移动，则急停复位后丝杆步进电动机回原点位置。

5.3.3 自动化生产线的维护

1. 气动装置的维护

BA－AT－03 自动化生产线机械手的部件主要是气动部件，气动部件的好坏对整个系统能否正常工作至关重要，因此对气动装置的维护是一项重要的工作。具体包括：定期检查过滤器是否有积水；检查电磁换向阀是否漏气，有老化或损坏的要更换；检查气缸活塞杆动作是否有卡壳现象；检查回转部件的配合部位是否灵活，是否有磨损；要求按照气动装置操作规程操作设备。

2. 可编程控制器的维护

BA－AT－03型自动化生产线自动控制部件是西门子S7－1200 PLC，需要对PLC进行日常维护保养工作。具体包括：设备工作环境卫生的清洁和设备的清洁，夏天降温，潮湿天气防潮；检查PLC的供电电源是否符合要求；观察设备有无不正常破损、变色、发热等现象；检查PLC安装是否符合规范；要求按照PLC安全操作规程操作设备。

项目6　触摸屏技术在自动化生产线中的应用

任务6.1　工业触摸屏的使用

【知识和能力目标】

1. 了解触摸屏的工作原理。
2. 掌握触摸屏的使用方法。
3. 能够设计简单的人机交互程序。

6.1.1　触摸屏简介

人机界面（HMI）一般用于同PLC（变频器、PID）等控制器进行通信，人机界面一般用于显示和记录PLC等控制器中采集和计算出来的数据，并可以把需要控制的设定值或设备开关信号送入PLC等控制器中。带有触摸功能的人机界面俗称触摸屏，是人机界面的发展方向，可以由用户在触摸屏的画面上直接开关显示屏画面上的按钮和输入/输出数据。触摸屏的面积小，使用直观、方便。

触摸屏的基本工作原理如下：用户用手指或其他物体触摸安装在显示器上的触摸屏时，被摸位置的坐标被触摸屏控制器检测，并通过通信接口将触摸屏信息传送给PLC，从而得到输入的信息。

按照触摸屏的工作原理和传输信息的介质进行分类，可以分为以下四种：电阻式、红外线式、电容式以及表面声波式。

在BA-AT-03型自动化生产线中，采用西门子公司的KTP 600 Basic Color PN触摸屏（以下简称KTP 600触摸屏）。通过触摸屏监控自动化生产线的工作状况。KTP 600触摸屏是西门子公司推出的SIMATIC HMI精简系列面板，该系列触摸屏具有需要的基本功能，经济实用，性价比高；与S7-1200 PLC无缝兼容，为使用小型机器和简单应用的场合，提供了完美的解决方案。KTP 600 Basic Color PN触摸屏面板尺寸5.7in，分辨率为320×240，通信接口为以太网RJ45接口。精简系列面板可以用WinCC flexible 2008来组态，也可以用STEP 7 Basic集成的SIMATIC WinCC Basic来组态。本书介绍SIMATIC WinCC Basic的组态方法。

TIA Portal集成用于SIMATIC控制器编程的SIMATIC STEP 7 Basic和用于触摸屏的组态软件SIMATIC WinCC Basic。SIMATIC WinCC Basic简单、高效，上手容易，功能强大。通过点击鼠标便可以生成HMI项目的基本结构，简化了复杂配置任务的图形化配置界面；基于表格的编辑器简化了对象的生成和编辑；提供对精简系列面板的仿真，对学习组态方法非常有用。

6.1.2 KTP 600触摸屏的基本使用

6.1.2.1 KTP 600触摸屏的连接方式

KTP 600触摸屏与PC通过以太网RJ45接口相连，如图6.1所示。

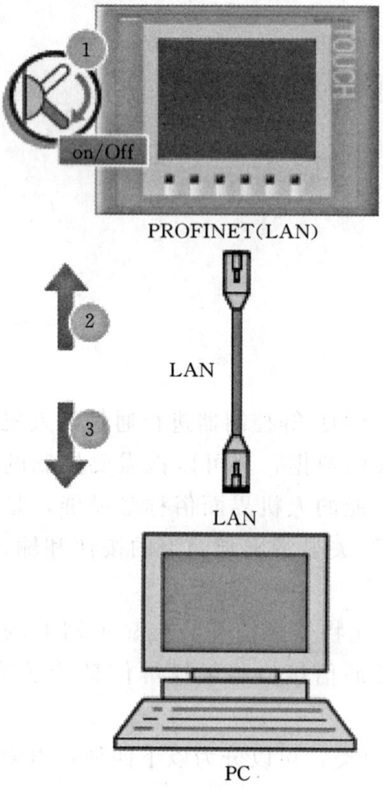

图6.1 KTP 600通过以太网RJ45接口与PC相连

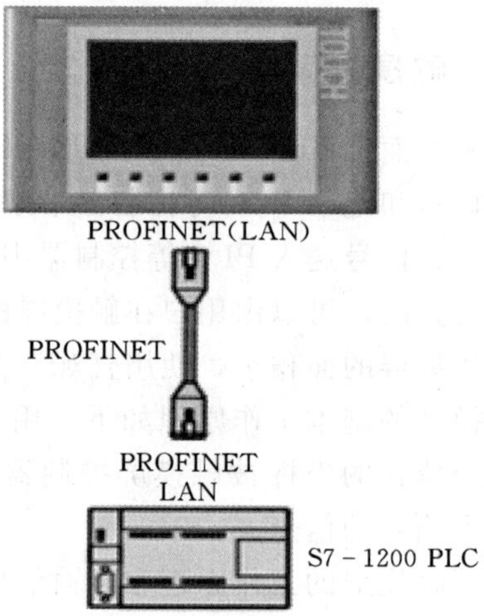

图6.2 KTP 600通过以太网RJ45接口与S7-1200 PLC相连

KTP 600触摸屏与S7-1200 PLC相连，如图6.2所示。

KTP 600触摸屏、S7-1200 PLC及PC可以通过交换机相连，如图6.3所示。

6.1.2.2 触摸屏的一般使用方法

触摸屏的一般使用方法包括以下步骤：

(1) 明确监控任务要求，选择合适的触摸屏产品。

(2) 在PC上用画面组态软件编辑“工程文件”。

(3) 测试并保存已编辑好的“工程文件”。

(4) PC连接触摸屏硬件，下载“工程文件”到触摸屏中。

(5) 连接触摸屏和工业控制器（如PLC、仪表等），实现人机交互。

6.1.2.3 KTP 600触摸屏组态快速入门

下面通过一个实例来介绍KTP 600触摸屏组态的方法。具体控制要求如下：结合S7-1200 PLC进行控制，按下启动按钮（M0.0），指示灯Q2.5亮；按下停止按钮（M0.1），指示灯 Q2.5 熄灭。

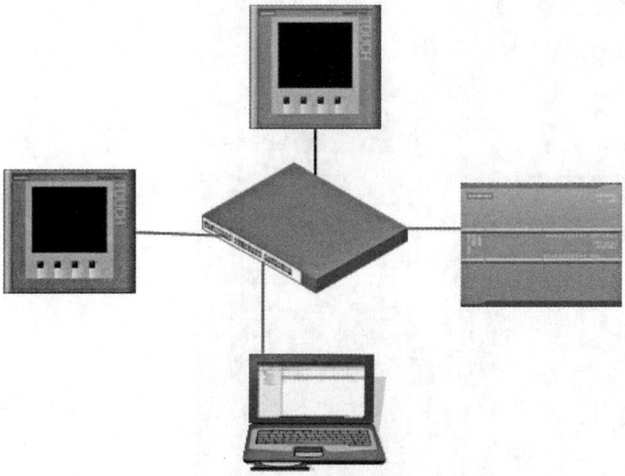

图 6.3 通过交换机连接 PLC、KTP 600 和 PC

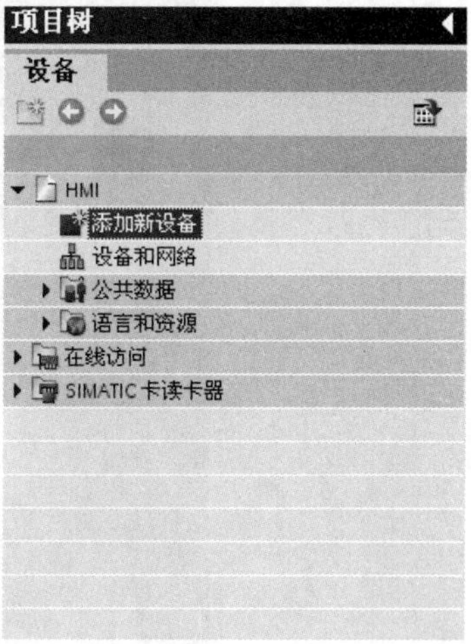

图 6.4 双击项目下面“添加新设备”

1. 利用触摸屏设备向导进行组态

在 TIA 软件中新建一个项目，并切换到项目视图。如图 6.4 所示，双击项目下面的“添加新设备”，弹出的添加新设备窗口中将会出现 SIMATIC PLC 或 SIMATIC HMI 两种选择，如图 6.5 所示。

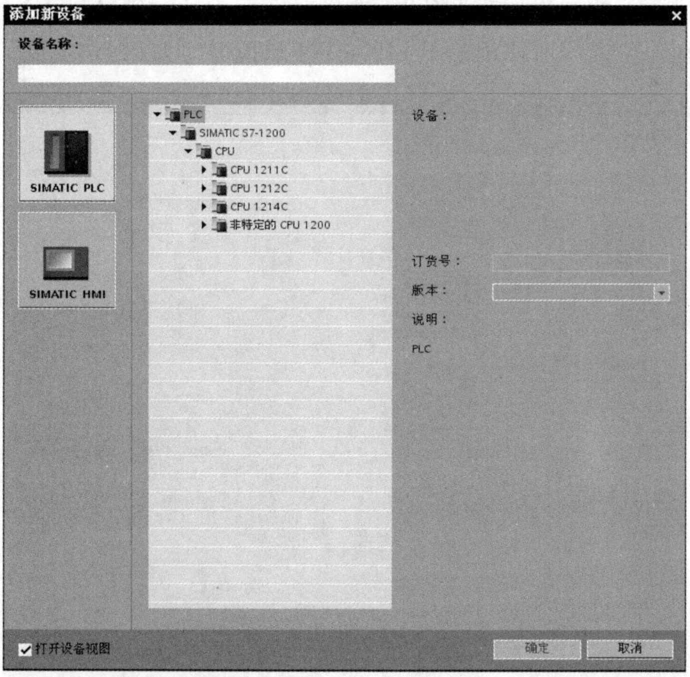

图 6.5 添加新设备窗口

首先选择对话框中的“SIMATIC PLC”，在下拉列表框中找到本自动化生产线所使用的 CPU 1214C，点击“确定”，即可生成名为“PLC _ 1”的 PLC，如图 6.6 所示。

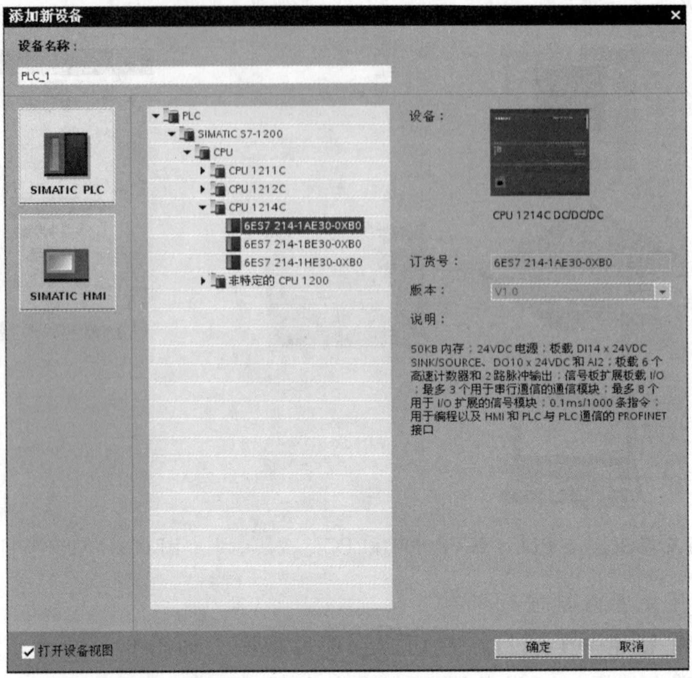

图 6.6　选择所需 PLC

再次双击项目下面的“添加新设备”，选择对话框中的“SIMATIC HMI”，在下拉列表框中找到本自动化生产线所使用的 KTP600PN 触摸屏，如图 6.7 所示。

图 6.7　选择所需触摸屏

在图6.7中左下角的“启动设备向导”中打上勾，则进入如图6.8所示的HMI设备向导（KTP600PN）。

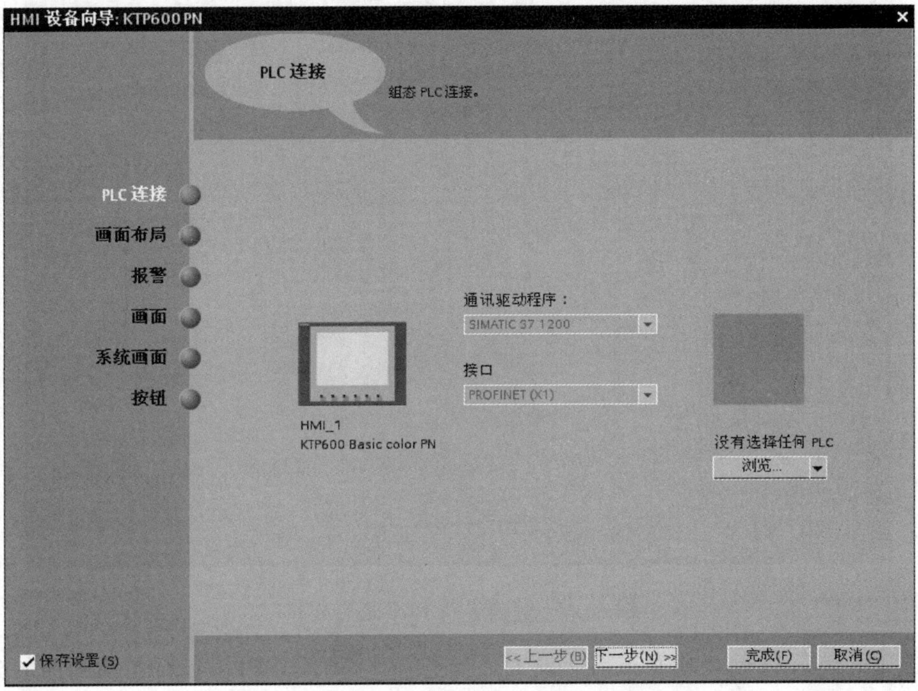

图6.8　HMI设备向导

首先进行PLC连接设置，点击图6.8右边下拉按钮，如图6.9所示选择“PLC _ 1”，则出现PLC图标以及触摸屏和PLC之间的连线，如图6.10所示。

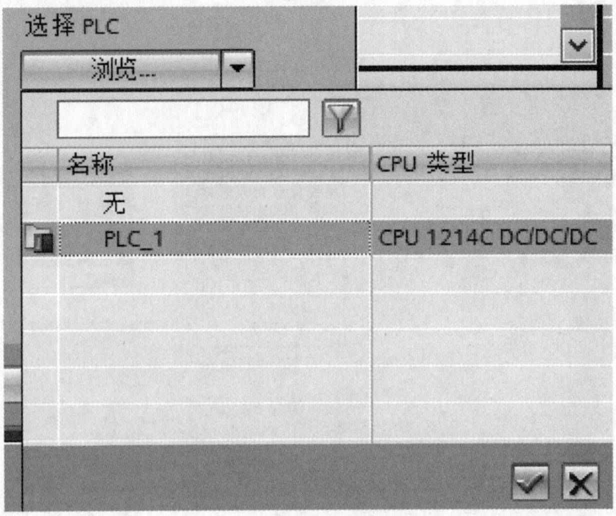

图6.9　选择“PLC _ 1”

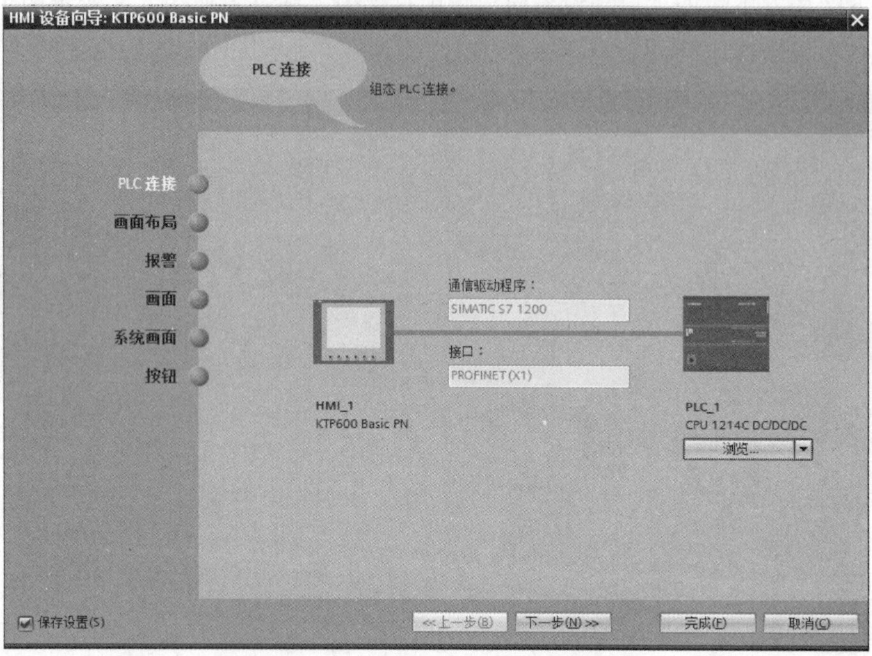

图 6.10　触摸屏和 PLC 进行连接

点击下一步，进行“画面布局”设置，如图 6.11 所示，可以进行包括画面的分辨率、背景色、页眉等设置；右边的预览区可以预览生成的画面。

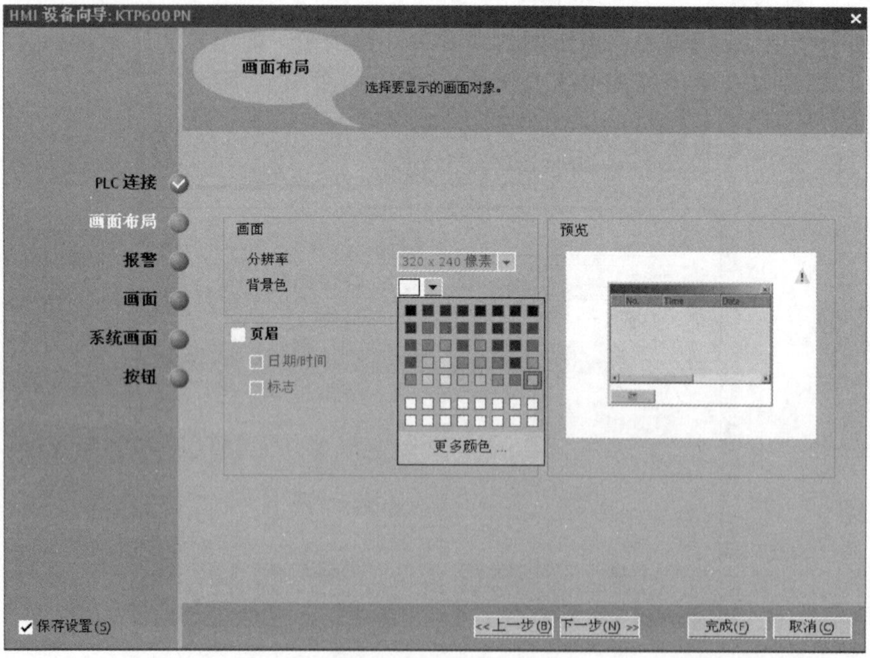

图 6.11　“画面布局”窗口

点击下一步，进行“报警”设置，如图 6.12 所示。

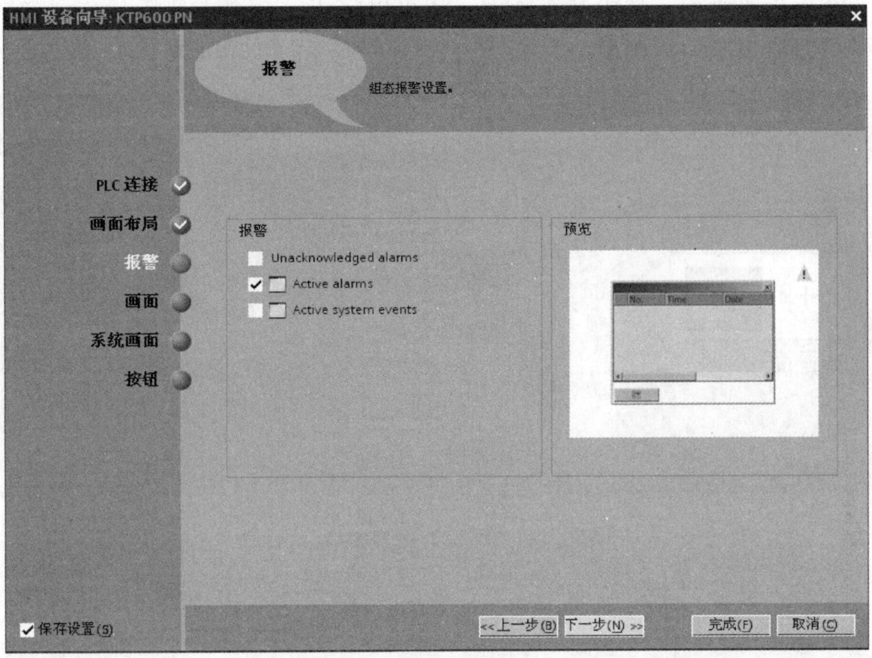

图 6.12 “报警”设置窗口

点击下一步，进行“画面”设置，如图 6.13 所示，可以进行的操作包括添加画面、

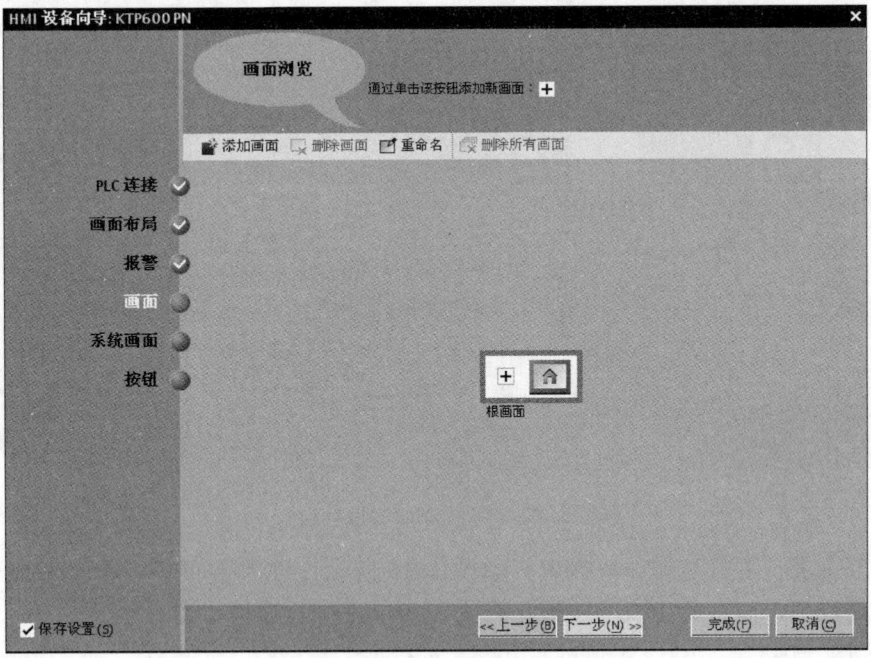

图 6.13 “画面”设置窗口（1）

删除画面、重命名、删除所有画面等功能。初始画面只有一个根画面，点击一次+按钮，就会生成一个下一级画面，选中某个画面，还可以完成重命名或删除操作，如图 6.14 所示。本实例中只有根画面和画面 0。

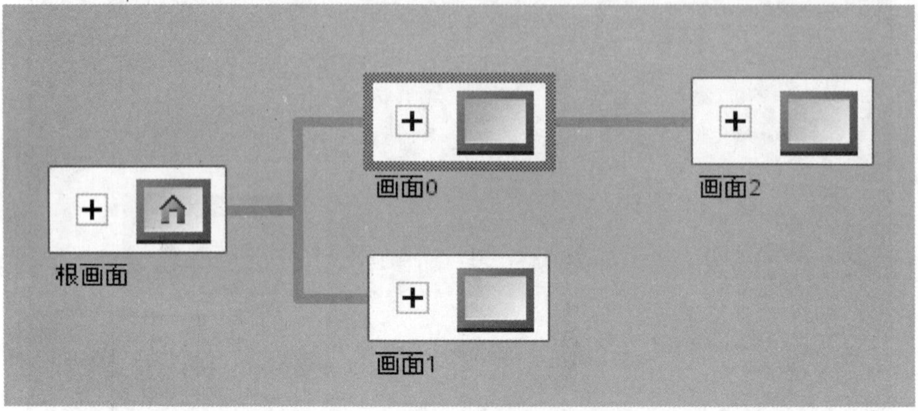

图 6.14　“画面”设置窗口（2）

点击下一步，进行“系统画面”设置，如图 6.15 所示。本实例没有系统画面。

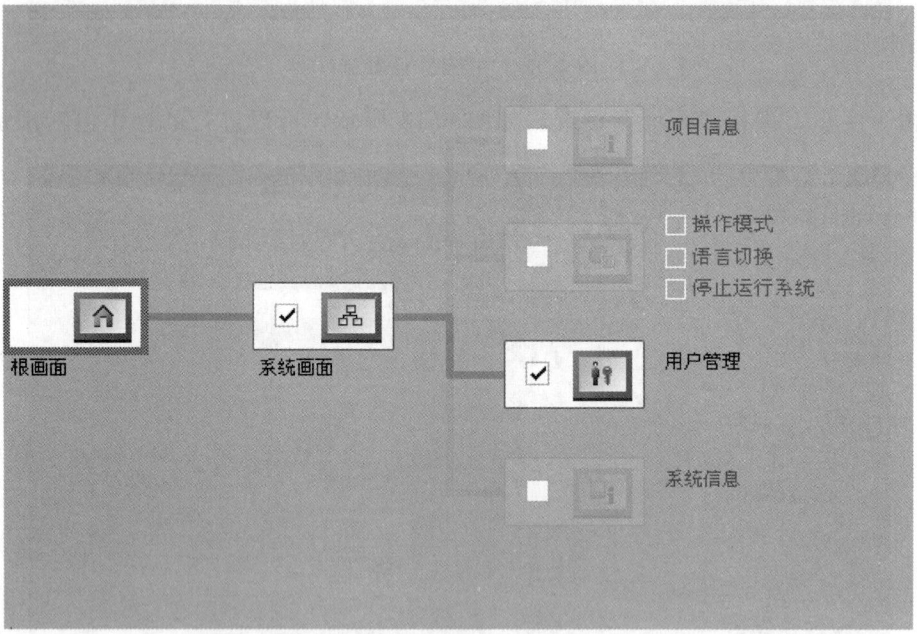

图 6.15　“系统画面”设置窗口

点击下一步，进行“按钮”设置，如图 6.16 所示。在本实例中，由于考虑到所使用的触摸屏比较小，而自动生成的按钮比较大，所以点击复选框，使其中的“√”消失，画面上的按钮就消失。

最后，点击“完成”按钮，则会出现如图 6.17 所示的画面。至此，本实例中生成了

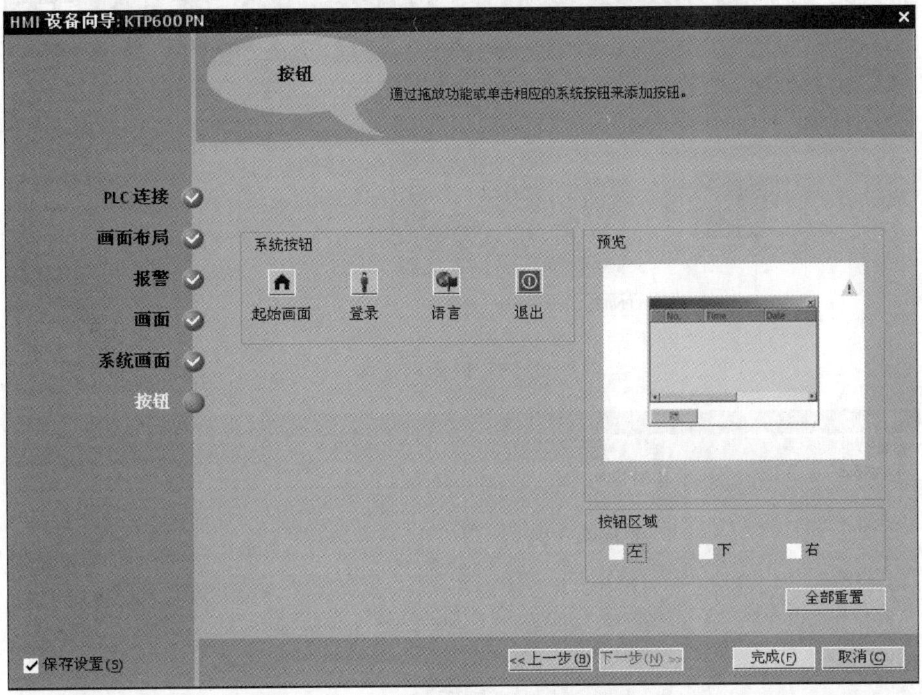

图 6.16 “按钮”设置窗口

PLC 和触摸屏，并利用触摸屏设备向导完成触摸屏初步设置。

2. 设置触摸屏的以太网接口属性

双击上图中的“设备和网络”，弹出如图 6.18 所示的 PLC 与 HMI 通过 PN/IE _ 1 进行的以太网连接。

点击触摸屏的，则会看到如图 6.19 所示的触摸屏以太网接口属性，可以设置触摸屏的 IP 地址和子网掩码。用同样的方法，可以设置 PLC 的 IP 地址和子网掩码，如图 6.19、图 6.20 所示。为保证两者能相互通信，所设置 IP 地址需要在同一个网段。

3. 编写 PLC 程序

触摸屏上的启动按钮、停止按钮使用中间继电器 M0.0 和 M0.1，PLC 变量如图 6.21 所示。

在 OB1 中编写控制程序，如图 6.22 所示。

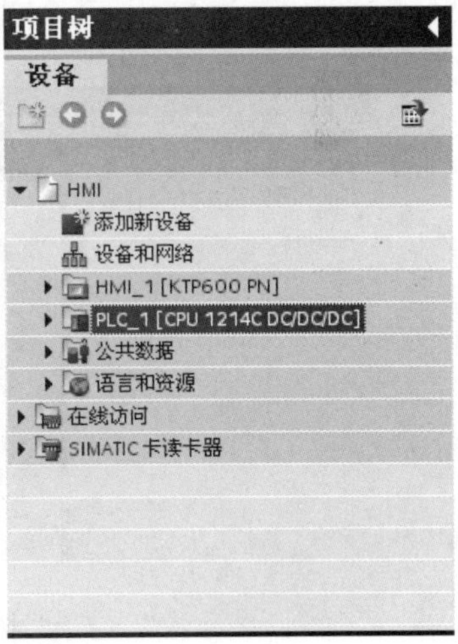

图 6.17 设置完成画面

4. 组态触摸屏画面

(1) 生成画面切换按钮。在项目树的“\ HMI _ 1 \ 画面”文件夹中，右键单击“根画面”，在弹出的菜单中选择“重命名”，可以将它改为“初始画面”。同样的方法，可以把“画面 0”改为“指示灯控制”，如图 6.23 所示。

双击打开初始画面，并将项目树中的“指示灯控制”画面拖放到初始画面，可以自动生成画面切换按钮，按钮上面的字符是“指示灯控制”。

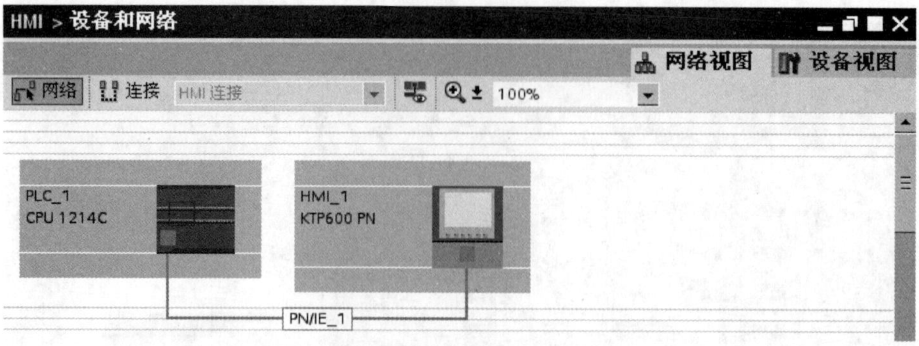

图 6.18　以太网连接

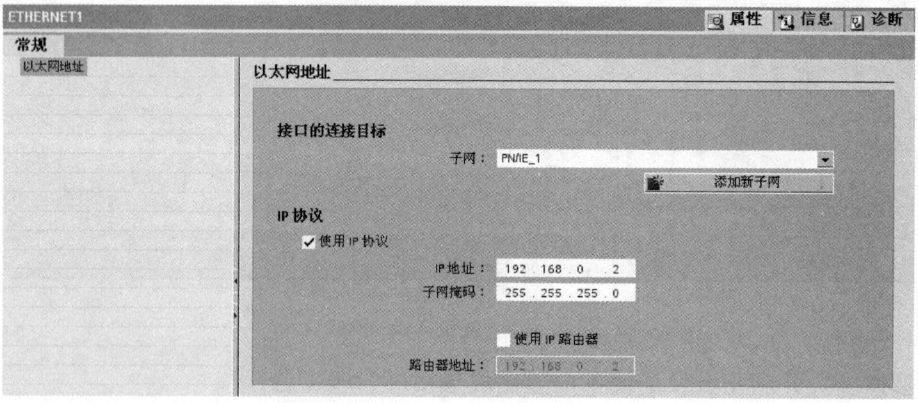

图 6.19　触摸屏以太网接口属性设置

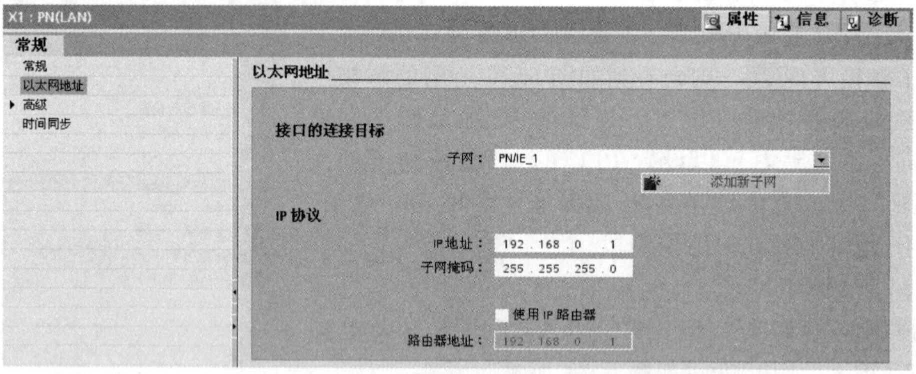

图 6.20　PLC 以太网接口属性设置

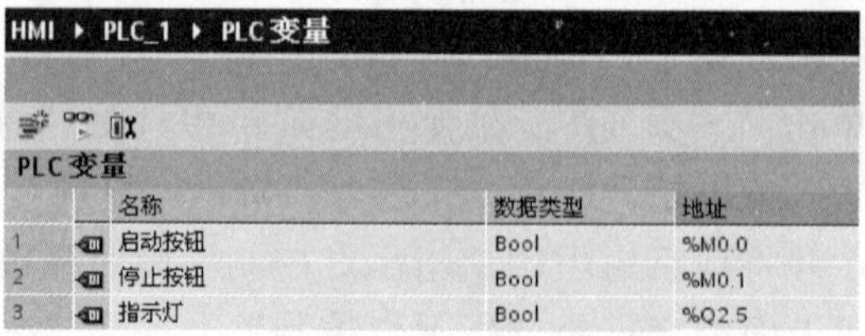

	名称	数据类型	地址
1	启动按钮	Bool	%M0.0
2	停止按钮	Bool	%M0.1
3	指示灯	Bool	%Q2.5

图 6.21　PLC 变量

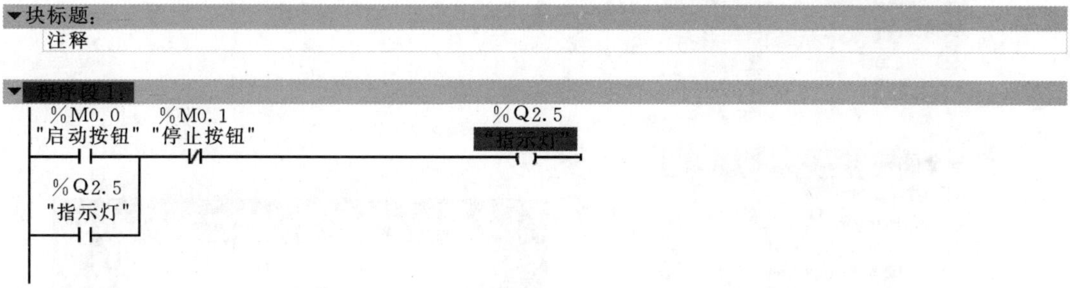

图 6.22　PLC 控制程序

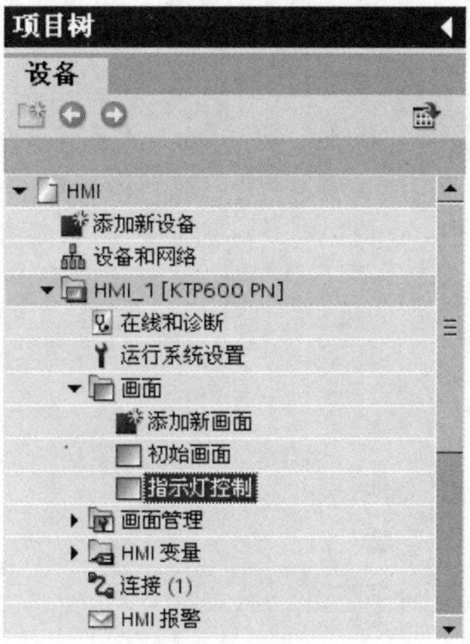

图 6.23　“画面”改名

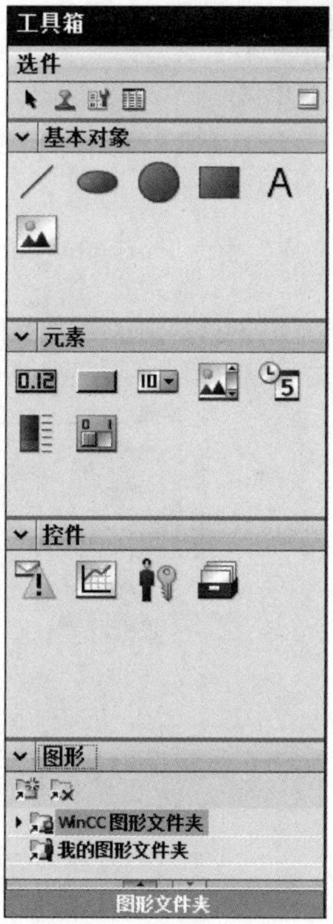

图 6.24　工具箱

（2）组态指示灯。编写触摸屏程序主要是进行画面组态，将需要的对象插入到画面，并进行组态使其满足控制要求，图 6.24 为工具箱。

点击最右边的“库”按钮，打开如图 6.25 所示的“全局库”中的 Plot Lights 文件夹，里面有各种式样的指示灯，选中红色指示灯拖拽到画面中，如图 6.26 所示。

选中画面中的指示灯，单击鼠标右键，弹出快捷菜单，点击“属性”选项可以打开下面巡视窗口的“属性”选项卡，如图 6.27 所示。

点击常规属性画面中的 按钮，选择 PLC 变量“指示灯%Q2.5”，如图 6.28 所示。

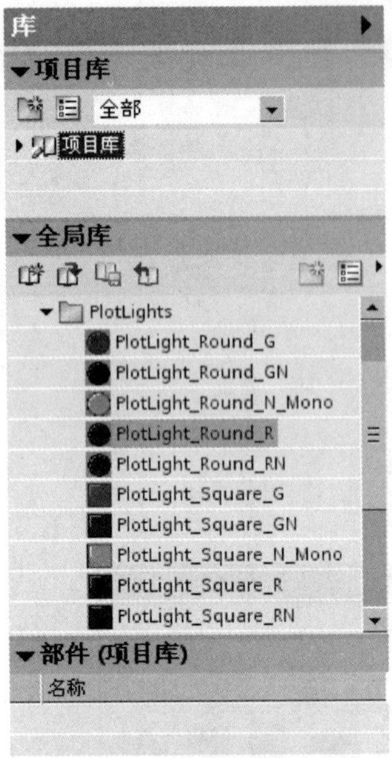

图 6.25　“全局库”中的 PlotLights 文件夹

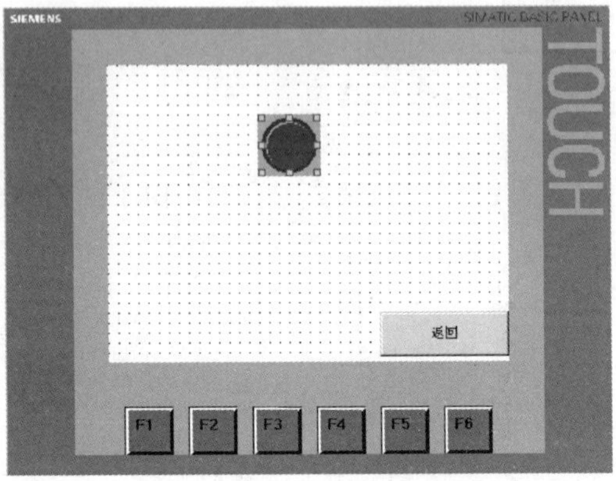

图 6.26　拖拽红色指示灯到画面

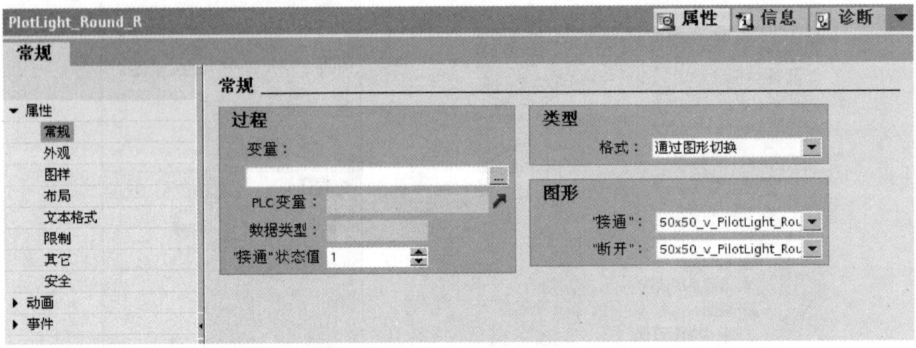

图 6.27　“属性”选项卡

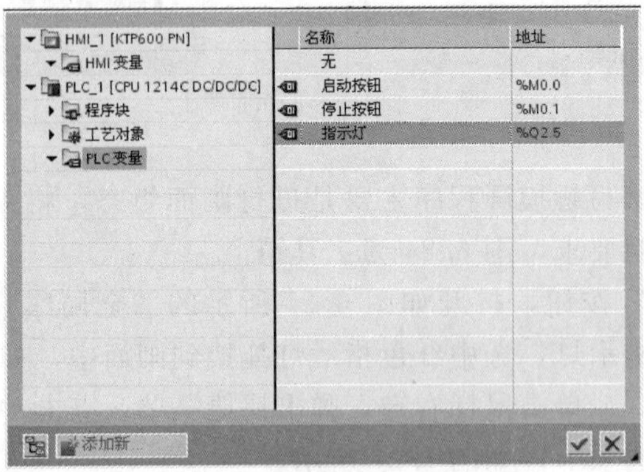

图 6.28　连接 PLC 变量

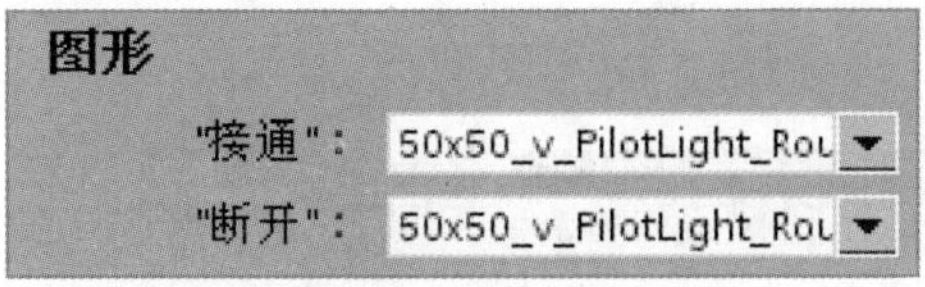

图 6.29 选择指示灯状态图形

点击图形选择框中▼按钮，如图 6.29 所示，选择指示灯“接通”和“断开”时显示的图形。

最后，把指示灯原来的“灰色”背景色改为与画面的背景色相同的白色，如图 6.30 所示。

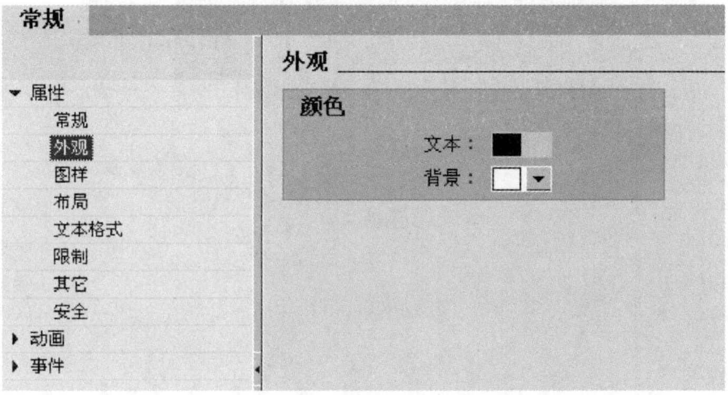

图 6.30 修改指示灯背景色

(3) 组态按钮。在本实例中，组态按钮用于启动、停止指示灯。如图 6.31 所示，在工具箱的“元素”窗口中选择按钮控件，拖拽到画面中。

选中画面中的按钮，单击鼠标右键，弹出快捷菜单，点击“属性”选项可以打开下面巡视窗口的“属性”选项卡，如图 6.32 所示。在常规选项中，可以设置按钮的文本标签，在本实例中一个按钮文本标签设置为“启动”，另一个按钮文本标签设置为“停止”。

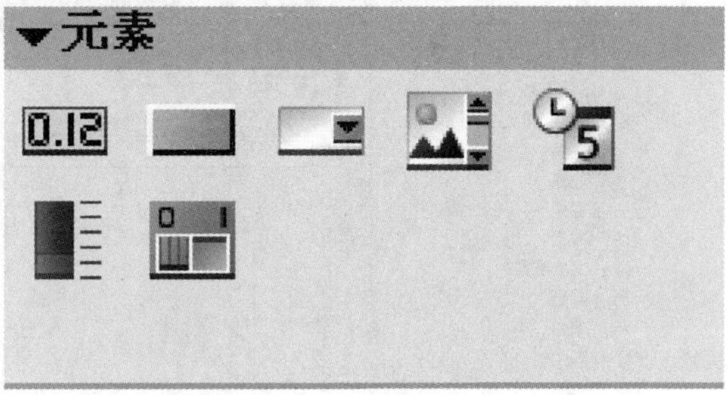

图 6.31 选择工具箱中按钮控制

接下来是设置按钮的事件，当按下按钮时，将 PLC 的相关变量置位（即该变量处于 1 状态）；当释放按钮时，将 PLC 的相关变量复位（即该变量处于 0 状态）。本实例中设置启动按钮事件的步骤如图 6.33 所示，打开事件文件夹的“按下”组，右边会出现“添加函数”。

在添加函数下拉列表框中，选择编辑位中函数“SetBit”，如图 6.34 所示。函数“SetBit”的作用是置位，能将变量值置位为“1”。

在变量行的下拉列表框中选择要置位的变量“启动按钮”，如图 6.35 所示。

接下来是设置按钮释放事件，选择编辑位中函数“ResetBit”，如图 6.36 所示。函数“ResetBit”的作用是复位，能将变量值置位为“0”。

在变量行的下拉列表框中选择要复位的变量“启动按钮”，如图 6.37 所示。用同样的方法，设置停止按钮的“按下”和“释放”事件。

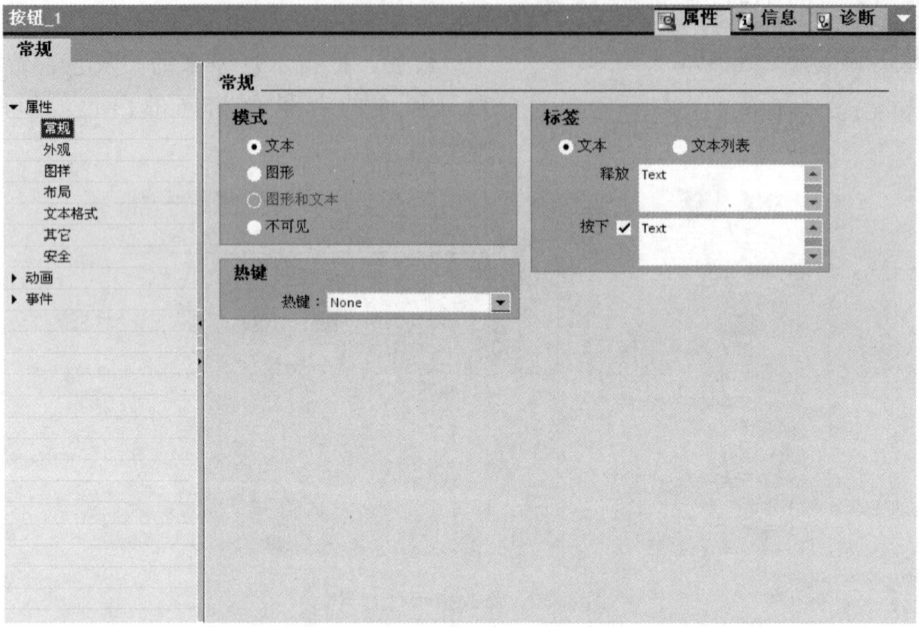

图 6.32　设置按钮文本标签

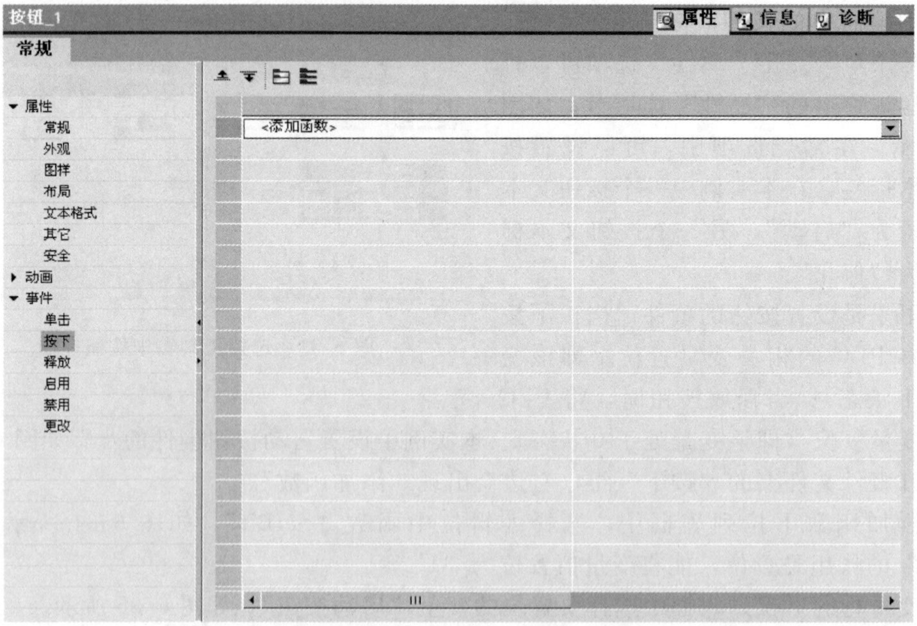

图 6.33　设置启动按钮事件（1）

图 6.34 设置启动按钮事件（2）

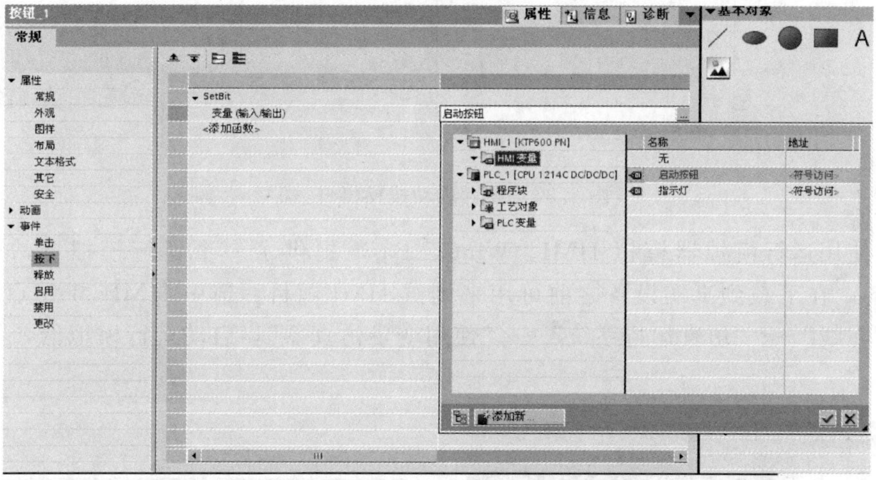

图 6.35 设置启动按钮事件（3）

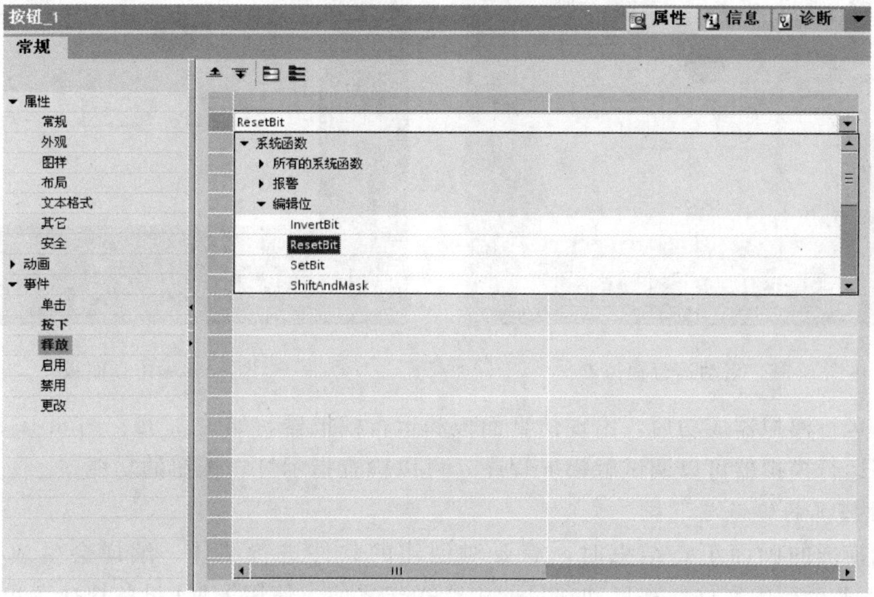

图 6.36 设置启动按钮事件（4）

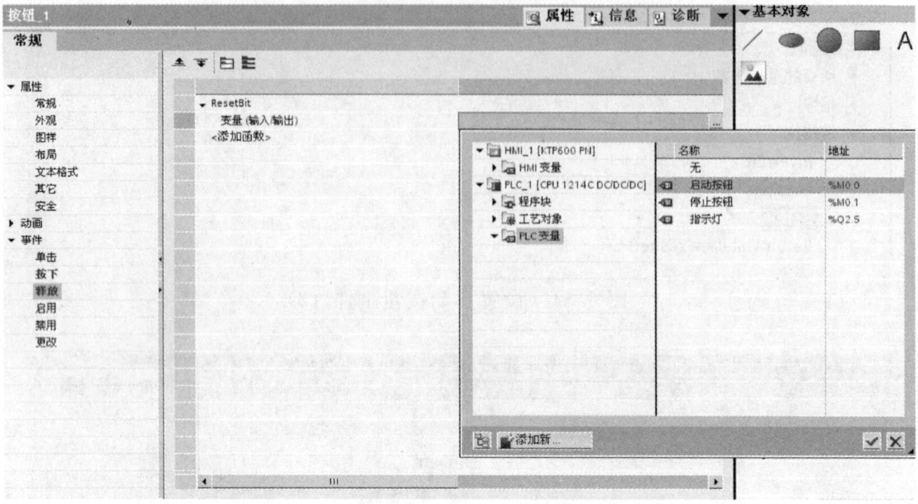

图 6.37　设置启动按钮事件（5）

（4）使用运行模拟器模拟 HMI。WinCC Basic 提供了一个运行模拟器，可以模拟 HMI 设备，在下载到真实设备之前可用来调试 HMI 项目。选中 HMI _ 1 站点，执行菜单命令"在线"→"仿真运行系统"→"使用变量仿真器"，启动运行模拟器，如图 6.38 所示。

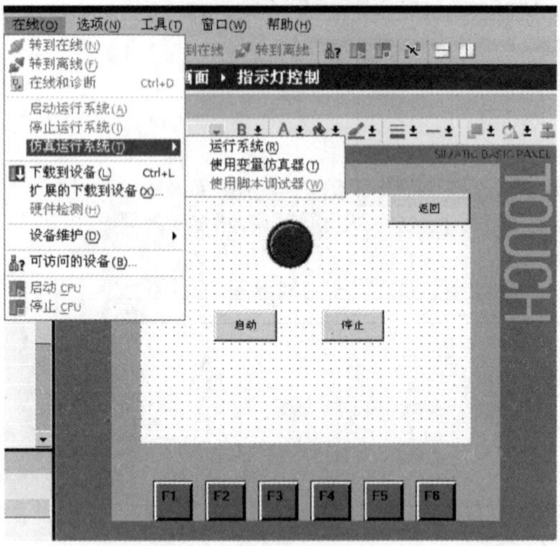

图 6.38　启动运行模拟器

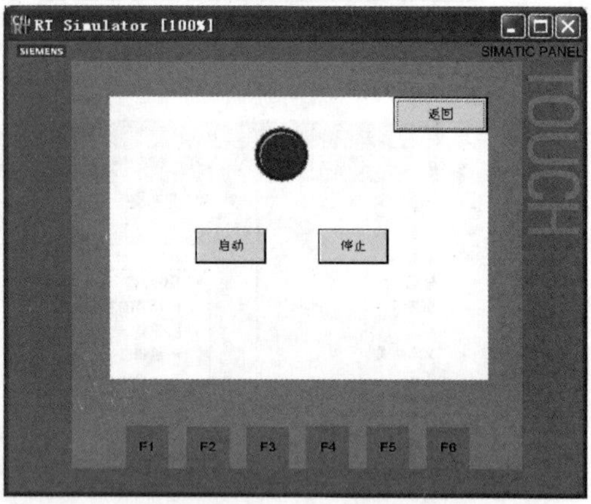

图 6.39　仿真面板

启动运行模拟器成功后，出现仿真面板和运行模拟器，如图 6.39、图 6.40 所示。利用运行模拟器可以调试触摸屏程序，可以检查指示灯、按钮的功能。

5. 触摸屏的编译与下载

当触摸屏的画面组态结束时，需要对创建的软件进行编译。编译会生成可在相应 HMI 设备上运行的文件。在启动项目的生产操作之前，使用 HMI 设备快捷菜单中的"编译"→"软件（全部重建）"命令对项目进行完全编译。如果在项目中使用连接到控制变

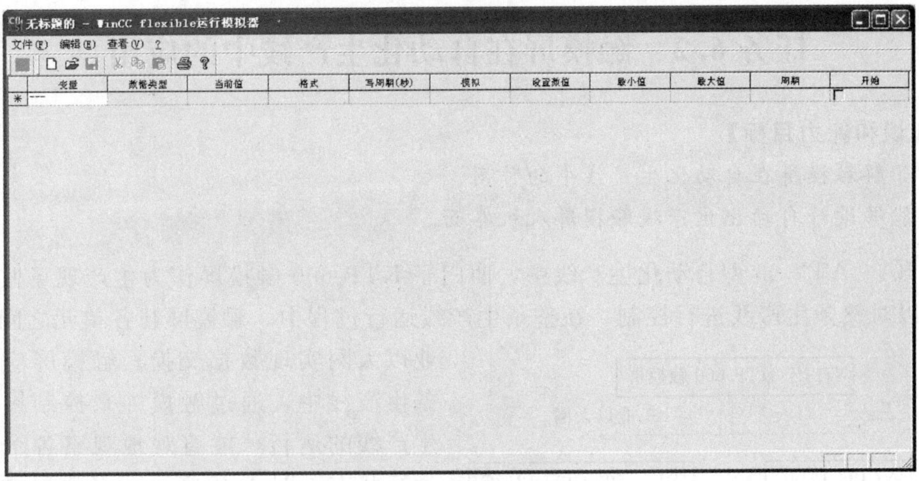

图 6.40　运行模拟器界面

量的 HMI 变量，则使用快捷菜单中的“编译”→“软件”命令对所有修改的块进行编译，然后再编译 HMI 设备。为了减少当前组态下编译更新内容的时间，建议时常使用“编译”→“软件（全部重建）”命令。

如果提示编译信息正确，可以按照如图 6.41 所示进行下载，即将组态软件从 PC 下载至 PLC 中去。成功下载项目后，用户即可在 HMI 设备上执行工艺操作。

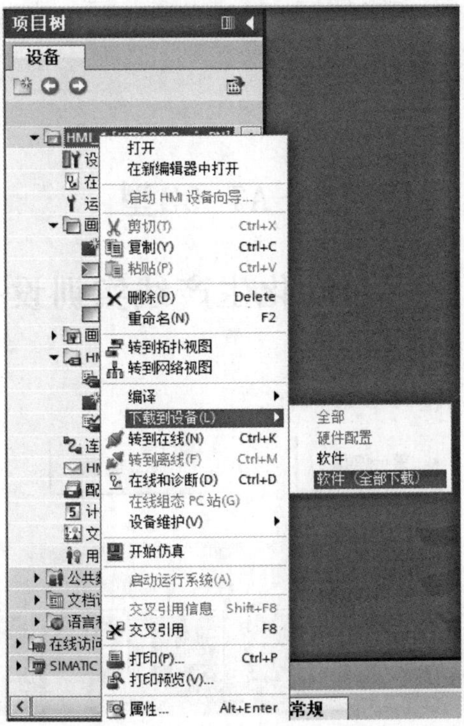

图 6.41　触摸屏组态下载

任务6.2　触摸屏在自动化生产线中的应用

【知识和能力目标】

1. 了解触摸屏在自动化生产线中的作用。
2. 能够设计自动化生产线触摸屏人机界面。

在BA-AT-03型自动化生产线中，西门子KTP 600触摸屏作为生产现场监控人机设备可以对整条生产线进行控制。在整条生产线运行过程中，触摸屏与各单元之间通过工业以太网实现数据交换。触摸屏应用于整条生产线中，通过触摸屏来控制操作整条生产线的运行，能直观地观察各个单元的运行状态。图6.42所示为触摸屏在生产线上的连接示意图。

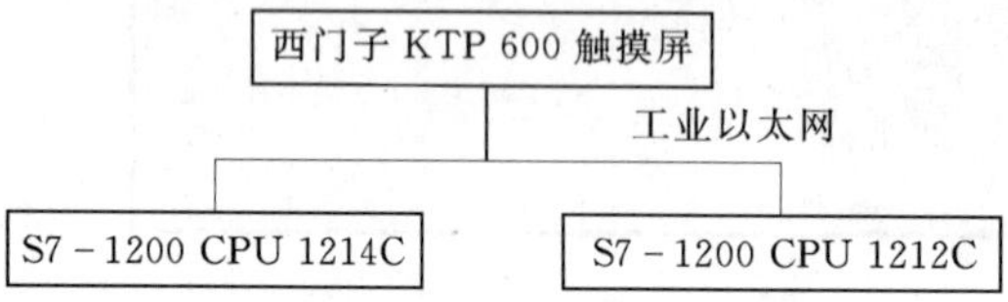

图6.42　触摸屏在生产线的连接示意图

下面是BA-AT-03型自动化生产线的组态画面，总共有3个界面，如图6.43、图6.44、图6.45所示。图6.43是触摸屏初始界面，可以通过"第一画面"按钮、"第二画面"按钮进入两个触摸屏控制界面；图6.44是触摸屏控制界面(1)，包括供料单元、机械手翻转单元、输送单元的控制信息；图6.45是触摸屏控制界面(2)，包括分拣单元的控制信息。

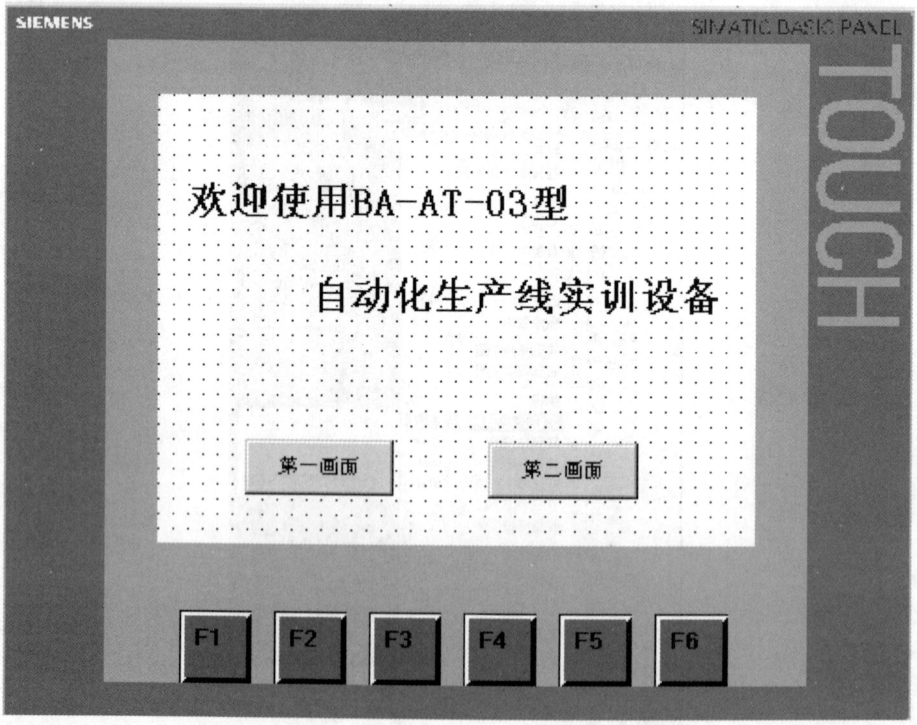

图6.43　触摸屏初始界面

图 6.44　触摸屏控制界面（1）

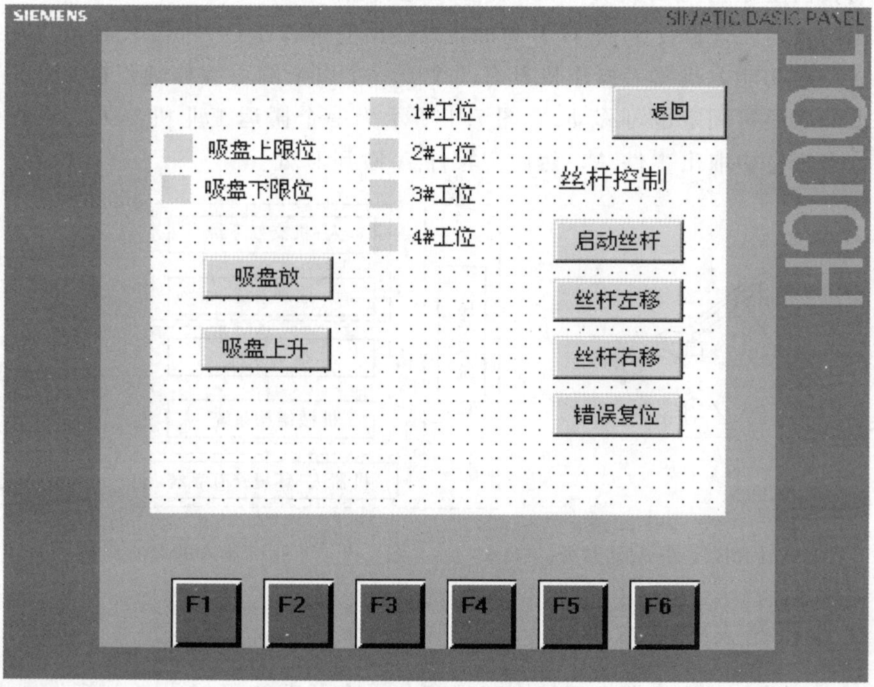

图 6.45　触摸屏控制界面（2）

项目7　工业机器人认知

任务 7.1　工业机器人定义及基本组成

【知识和能力目标】

了解工业机器人的定义及基本组成。

7.1.1　工业机器人的定义

机器人可以代替或者协助人类完成各种工作，凡是枯燥的、危险的、有毒的、有害的工作，都可由机器人大显身手。机器人除了广泛应用于制造业领域外，还应用于资源勘探开发、救灾排险、医疗服务、家庭娱乐、军事和航天等其他领域。

机器人（Robot）是1920年由捷克作家卡雷尔·查培克在剧本中塑造的一个具有人的外表、特征和功能，愿意为人服务的机器奴仆“Robota”一词衍生出来的。可以这样说，机器人是一个在三维空间中具有较多自由度的，并能实现诸多拟人动作和功能的机器。这里的自由度是指运动或转动的轴。而工业机器人（Industrial Robot）则是在工业生产上应用的机器人。ISO 8373对工业机器人给出的解释是：“机器人具备自动控制及可再编程、多用途功能，机器人操作机具有两个或三个以上的可编程轴，在工业自动化应用中，机器人的底座可固定也可移动。”图7.1所示为一个搬运工业机器人正在进行搬运作业。它从许多零件中取出零件A，然后把零件A搬到B处。

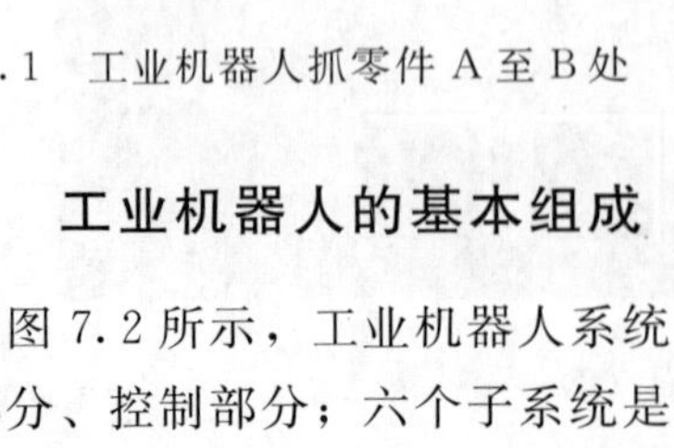

图7.1　工业机器人抓零件A至B处

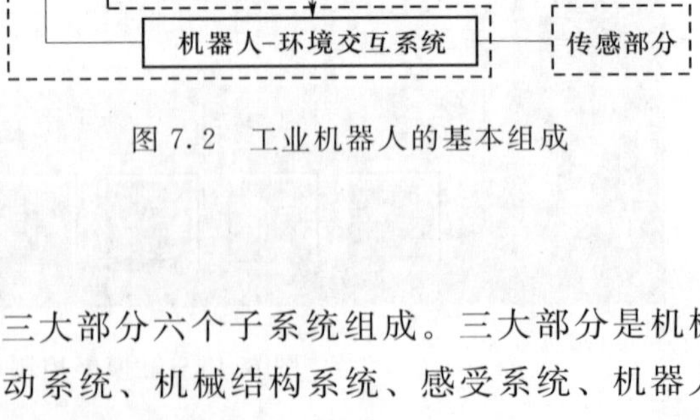

图7.2　工业机器人的基本组成

7.1.2　工业机器人的基本组成

如图7.2所示，工业机器人系统由三大部分六个子系统组成。三大部分是机械部分、传感部分、控制部分；六个子系统是驱动系统、机械结构系统、感受系统、机器人-环境交互系统、人-机交互系统、控制系统。下面将分述六个子系统。

（1）驱动系统。要使机器人运行起来，就需给各个关节即每个运动自由度安置传动装置，这就是驱动系统。驱动系统可以是液压传动、气动传动、电动传动，或者把它们结合起来应用的综合系统，可以直接驱动或者通过同步带、链条、轮系、谐波齿轮等机械传动机构进行间接驱动。

（2）机械结构系统。工业机器人的机械结构系统由机身、手臂、末端操作器三大件组成，如图 7.3 所示。每一大件都有若干自由度，构成一个多自由度的机械系统。若机身具备行走机构便构成行走机器人；若机身不具备行走及腰转机构，则构成单机器人臂。手臂一般由上臂、下臂和手腕组成。末端操作器是直接装在手腕上的一个重要部件，它可以是两手指或多手指的手爪，也可以是喷漆枪、焊具等作业工具。

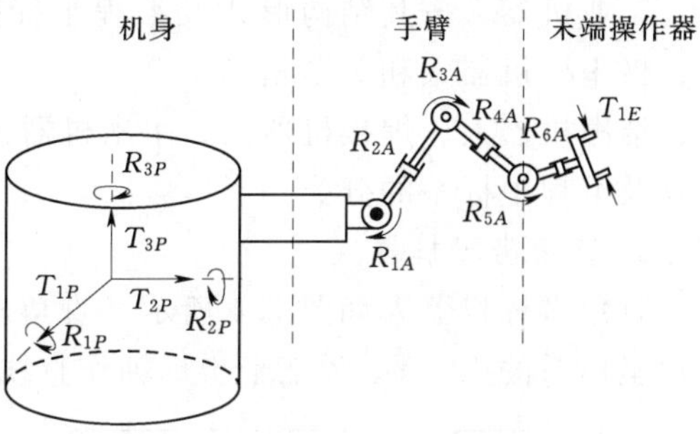

图 7.3　工业机器人机械结构的三大件

（3）感受系统。它由内部传感器模块和外部传感器模块组成，获取内部和外部环境状态中有意义的信息。智能传感器的使用提高了机器人的机动性、适应性和智能化的水准。人类的感受系统对感知外部世界信息是极其灵巧的。然而，对于一些特殊的信息，传感器比人类的感受系统更有效。

（4）机器人-环境交互系统。工业机器人-环境交互系统是实现工业机器人与外部环境状态中的设备相互联系和协调的系统。工业机器人与外部设备集成为一个功能单元，如加工制造单元、焊接单元、装配单元等。当然，也可以是多台机器人、多台机床或设备、多个零件存储装置等集成一个去执行复杂任务的功能单元。

（5）人-机交互系统。人-机交互系统是使操作人员参与机器人控制与机器人进行联系的装置。例如，计算机的标准终端、指令控制台、信息显示板、危险信号报警器等。归纳起来为两大类：指令给定装置和信息显示装置。

（6）控制系统。控制系统的任务是根据机器人的作业指令程序以及从传感器反馈回来的信号支配机器人的执行机构去完成规定的运动和功能。若工业机器人不具备信息反馈特征，则为开环控制系统；若具备信息反馈特征，则为闭环控制系统。根据控制原理可分为程序控制系统、适应性控制系统和人工智能控制系统。根据控制运动的形式可分为点位控制和轨迹控制。

任务 7.2　工业机器人的分类及应用

【知识和能力目标】

了解工业机器人的分类及应用。

7.2.1　工业机器人的分类

机器人是工业和非产业界的重大生产和服务性设备，也是先进制造技术领域不可缺少的自动化设备。工业机器人作为一种特殊的自动化设备具备智能技术，所以工业机器人在传统产业的应用将大大提升企业产品的竞争力，促进产品的更新换代，对国家经济产生巨大的推动作用。而在科学研究、资源勘探等方面，工业机器人可替代人的大部分工作，因此促进了国家的可持续发展，并增强了国家的国际地位。

工业机器人按其结构形式及编程坐标系主要分类为直角坐标机器人、圆柱坐标机器人、极坐标机器人和关节机器人等。按主要功能特征及应用分为移动机器人、水下机器人、洁净机器人、焊接机器人、手术机器人和军用机器人等。下面介绍工业机器人按结构形式及编程坐标系的分类。

1. 直角坐标机器人

直角坐标机器人如图 7.4 所示。直角坐标机器人具有三个移动关节，能使手臂末端沿直角坐标系的 X、Y、Z 三个坐标轴作直线移动。

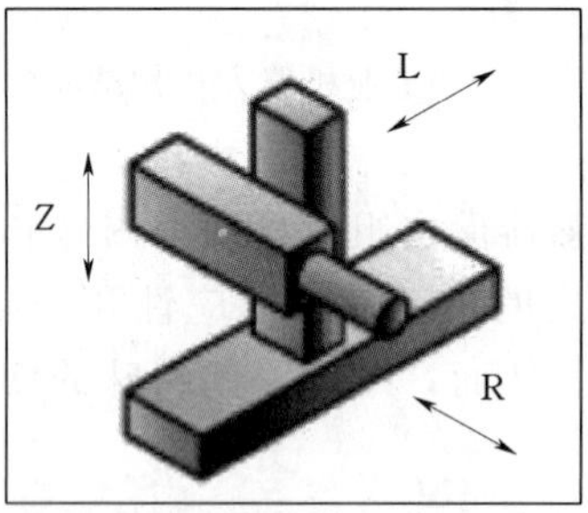

图 7.4　直角坐标机器人

特点：刚性、定位精度优异，便于控制；移动速度不快；作业范围小于占地面积；适用于需要在流水线加工机械上装卸工件，X、Y 轴定位的作业、码垛堆积作业、高精度作业。

2. 圆柱坐标机器人

圆柱坐标机器人如图 7.5 所示。圆柱坐标机器人具有一个转动关节和两个移动关节，构成圆柱形状的工作范围。

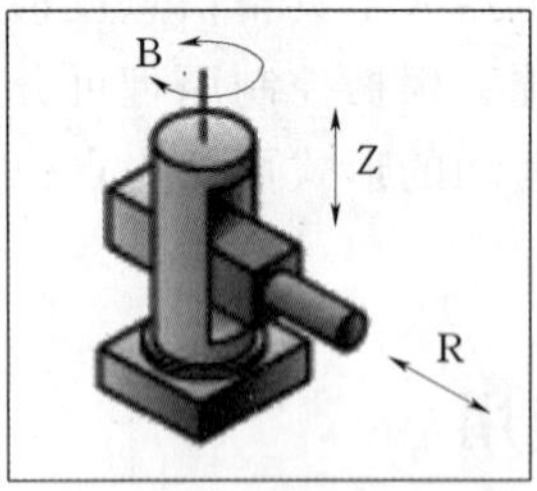

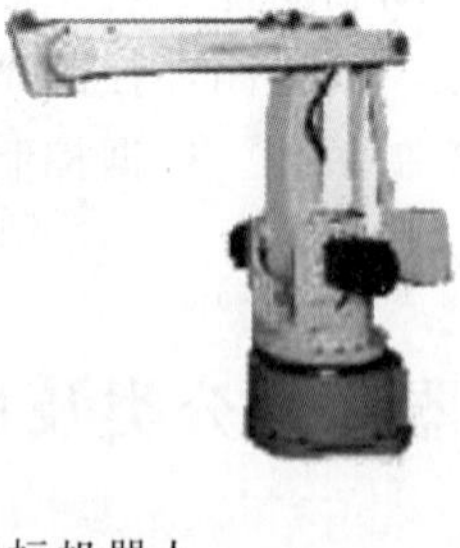

图 7.5　圆柱坐标机器人

特点：动作范围不再局限于正面，而是扩展到两个侧面，但向上倾斜、向下倾斜的移动有所限制，迂回等复杂动作难以执行。刚性、定位精度优异，操作方便。具有回转功能，因此前端部的线速度很快。适用于机械上的工件安装、装箱作业等装卸作业。

3. 极坐标机器人

极坐标机器人如图 7.6 所示。极坐标机器人具有一个转动关节和两个移动关节。

特点：作业空间上、下方扩展，在低于或高于机器人躯体的位置处进行作业时，机械臂可上下回转。可进行某种程度的迂回作业。可搬运的工件重量小于其他形态的机器人。

适用于点焊、喷涂等空间位置较复杂的作业及曲面仿形加工作业（目前，这种结构的机器人几乎不被采用）。

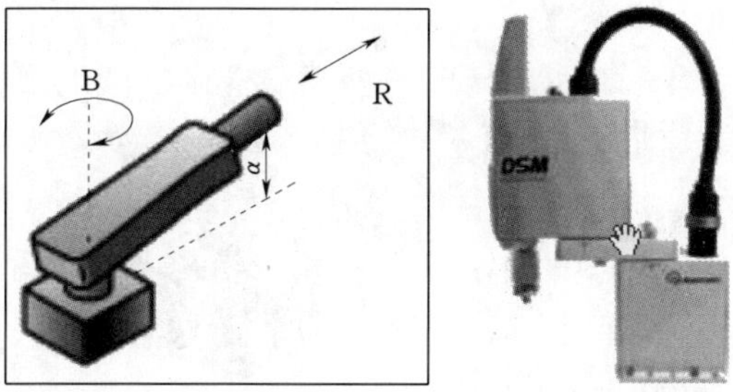

图 7.6　极坐标机器人

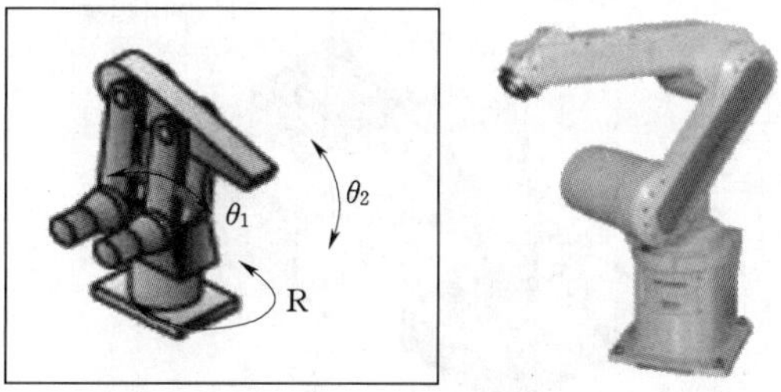

图 7.7　关节机器人

4. 关节机器人

关节机器人如图 7.7 所示。关节机器人具有 3 个转动关节，其中 2 个关节轴线是平行的，构成形状较为复杂的工作范围。

特点：迂回运动性能优良，机械手可绕到物体后方作业，可完成复杂动作，活动面积大于占地面积。各机械臂均作圆周运动，适用于高速作业；精度、刚性、可搬运重量较差，操作比较复杂；适用于组装作业和复杂的曲面随动等作业。

7.2.2　工业机器人的应用

工业机器人是现代制造业的基础设备，多年的工业机器人使用经验表明，使用工业机器人可以降低废品率和产品成本，提高机床的利用率，降低工人误操作带来的残次零件风险等。在面临全球性竞争的形势下，制造商们正在利用工业机器人技术来帮助生产价格合理的优质产品。一个公司想要获得一个或多个竞争优势，实现机器人自动化生产将是推动业务发展的有效手段。下面举例说明常见的机器人的应用。

1. 码堆作业机器人

码堆作业机器人如图 7.8 所示。对象作业：主要在产品出厂工序和仓库的储存保管时进行的作业，该作业是将几个产品放在托板或箱内，在产品出厂或仓库储存保管时使用。如果靠人工搬运数量庞大的产品，不仅是一项艰巨的任务，作业效率也会非常低。使用码堆机器人，就能够在短时间内按照订单将各类产品大量、迅速地堆积在托板上交付。

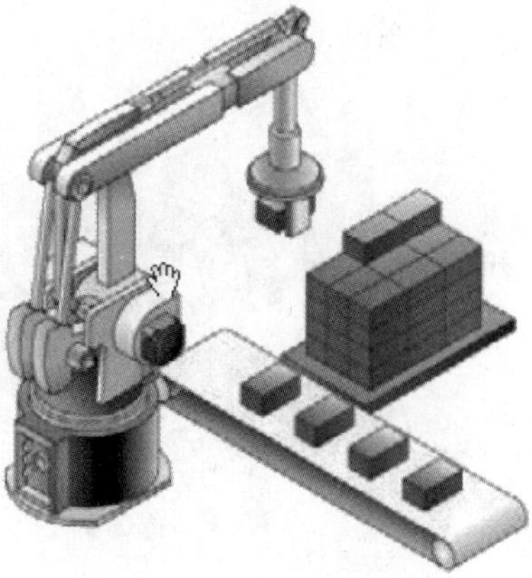

图 7.8　码堆作业机器人

2. 密封作业机器人

密封作业机器人如图 7.9 所示。对象作业：在机械手前端安装涂敷头，进行密封剂、填料、焊料涂敷等作业。进行示教、编程时必须考虑涂敷作业的技术。例如须处理好涂敷开始时的行走等待时间、涂敷停止时间、确保轨迹精度等因素。

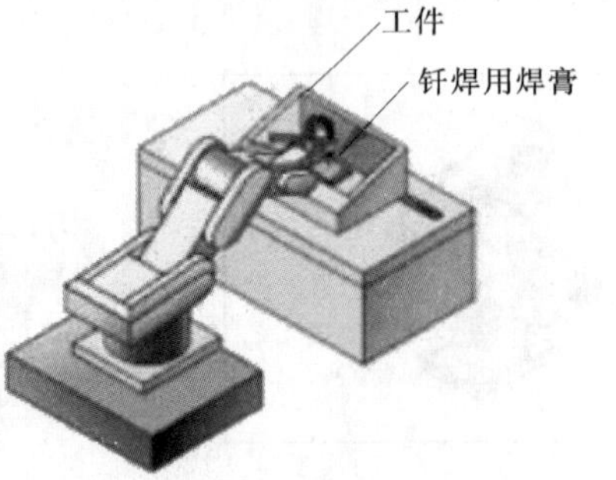

图 7.9 密封作业机器人

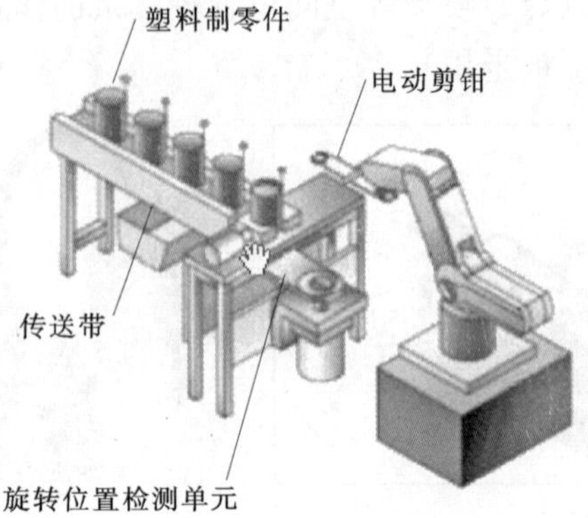

图 7.10 浇口切割作业机器人

3. 浇口切割作业机器人

浇口切割作业机器人如图 7.10 所示。对象作业：切割塑料注塑成型时产生的浇口。在机械手前端装上切割工具（剪钳等）进行作业。为了切割位于复杂位置处的浇口，使用可适应各种姿势的具有 5 轴、6 轴自由度垂直多关节机器人。

4. 机床上的工件装、卸作业机器人

机床上的工件装、卸作业机器人如图 7.11 所示。对象作业：在机床（NC 车床）的工件夹头上安装未加工的工件，加工后取下加工结束的工件。通过传送带送入未加工工件。将加工完毕的工件整齐地排列在托板上，然后经传送带送走。因为在整个工作流程中，使工件整齐排列等作业比较复杂，因此必须使用 5 轴、6 轴自由度，并且在结构上能承受车床加工时产生的粉尘的机器人。

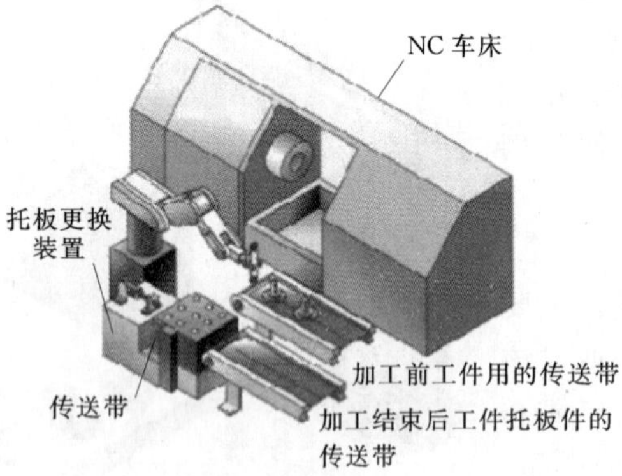

图 7.11 机床上的工件装、卸作业机器人

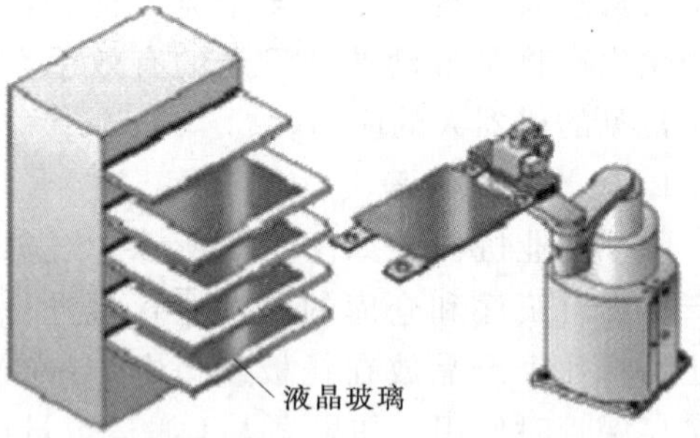

图 7.12 洁净室作业机器人

5. 洁净室作业机器人

洁净室作业机器人如图 7.12 所示。对象作业：用于半导体制造和液晶制造等需要非常清洁的环境，通常在“洁净室”这个特别的空间中运行。洁净机器人简而言之就是设计成不产生灰尘（尘埃）的机器人。为此，伺服系统全部采用 AC 伺服，旋转部分均作了密封处理。此外，还通过真空装置将机器人内部的粉尘排放到洁净室的外部。随着制造技术的发展，（半导体）晶片和液晶玻璃日趋大型化。这是为了降低成本需从一块晶片制取更

多的IC芯片，以及大型液晶面板需求不断增加的缘故。例如，三菱电机的液晶玻璃搬运机器人可搬运 $1m^2$ 的大玻璃。

任务7.3 工业机器人的未来

【知识和能力目标】

了解工业机器人的未来发展。

目前，工业机器人的开发正处在一个蓬勃发展的阶段，在先进的工业发达国家里，工业机器人的开发与制造正在形成一个庞大的产业。随着国民经济对先进制造业及自动化技术的需求，工业机器人产业在不断拓展。从近几年国外知名企业推出和正在研制的产品来看，新一代工业机器人正在向智能化、柔性化、网络化、人性化、编程图形化等方向发展。

（1）结构的模块化、可重构化。研究机构、控制与感知的可重构技术，通过快速重构生成适应新环境、新任务的机器人系统，体现出良好的作业柔性。

（2）控制系统的开放化、网络化。研究控制系统的可扩展性、互操作性、可移植性、可裁减性，使机器人由独立系统向群体系统发展。

（3）驱动系统的数字化、分散化。通过分布式控制、远程联网和现场控制，实现机器人驱动系统的数字化和网络化的运动控制。

（4）多传感器融合的实用化。利用多个传感器相互协同操作的优势，同时也综合处理其他信息源的数据来提高整个机器人系统的智能化。

（5）机器人作业的人性化、集成化。研究以人为核心的作业系统，实现作业过程中机器人群体协调、群智能和人机和谐共存。

（6）人机交互的图形化、三维全息化。未来将采用全浸入式图形化环境、三维全息环境建模、真三维虚拟现实装置，以及具有力、温度、振动等多种物理作用效应的人机交互装置。

美国、欧洲、日本等分别在未来工业机器人的研发中强调了新型人-机合作的重要性。奥巴马宣布美国国家机器人计划：创造可与人类操作员密切配合的下一代机器人，使机器人更聪明、更安全，作为人类合作者（co-robot），使工厂工人有能力完成难以实现的关键任务。欧洲提出了未来十年建设“欧洲机器人技术平台EUROP”的战略规划，力图构造出产业工人的co-worker，以图重振欧洲制造业。实现机器人与人共用工具、设备及工作空间，以助手等更为自然的方式为人类提供服务等功能。要达到机器人与人类生活行为环境以及人类自身和谐共处的目标，需要解决多个关键问题，包括：机器人本质安全问题，保障机器人与人、环境间的绝对安全共处；任务环境的自主适应问题，自主适应个体差异、任务及生产环境；多样化器具的操作问题，灵活使用各种器具完成复杂操作；人-机高效协同问题，准确理解人的需求并主动协助。

参 考 文 献

[1] 廖常初．S7－1200 PLC 编程及应用．北京：机械工业出版社，2011.

[2] 吕景泉．自动化生产线安装与调试．北京：中国铁道出版社，2008.

[3] 廖常初，陈晓东．西门子人机界面（触摸屏）组态与应用技术．北京：机械工业出版社，2008.

[4] 刘延俊．液压与气压传动．北京：高等教育铁道出版社，2007.

[5] 王庆有．光电传感器应用技术．北京：机械工业出版社，2007.

[6] 程军．传感器及实用检测技术．西安：西安电子科技大学出版社，2008.

[7] 张益．现场总线技术与实训．北京：北京理工大学出版社，2008.

[8] 胡健．工控网络组建与调试．天津：天津大学出版社，2010.

[9] 王廷才．变频器原理及应用．北京：机械工业出版社，2009.

[10] 崔坚．西门子工业网络通信指南．北京：机械工业出版社，2009.

[11] 田淑珍．电机与电气控制技术．北京：机械工业出版社，2009.

[12] 汪志峰．工控组态软件．北京：电子工业出版社，2007.

[13] 廖常初．西门子工业通信网络组态编程与故障诊断．北京：机械工业出版社，2011.

[14] 王德吉．西门子工业网络通信技术详解．北京：机械工业出版社，2012.

[15] 张春．深入浅出西门子 S7－1200 PLC. 北京：北京航空航天大学出版社，2009.